BLUE BOOK

智 库 成 果 出 版 与 传 播 平 台

安全发展蓝皮书

BLUE BOOK OF SAFETY DEVELOPMENT

中国安全风险治理和安全发展报告
（2024）

ANNUAL REPORT OF CHINA'S RISK GOVERNANCE AND SAFETY DEVELOPMENT
(2024)

中国人民大学公共治理研究院
组织编写／中国人民大学危机管理研究中心
全国风险管理标准化技术委员会
主　　编／唐　钧

社会科学文献出版社
SOCIAL SCIENCES ACADEMIC PRESS（CHINA）

图书在版编目（CIP）数据

中国安全风险治理和安全发展报告. 2024 / 唐钧主
编. --北京：社会科学文献出版社，2024.6
（安全发展蓝皮书）
ISBN 978-7-5228-3103-9

Ⅰ.①中…　Ⅱ.①唐…　Ⅲ.①安全风险-风险管理-
研究报告-中国-2024②安全管理-研究报告-中国-
2024　Ⅳ.①X913②X922.2

中国国家版本馆 CIP 数据核字（2023）第 253816 号

安全发展蓝皮书
中国安全风险治理和安全发展报告（2024）

主　　编／唐　钧

出 版 人／冀祥德
责任编辑／黄金平
责任印制／王京美

出　　版／社会科学文献出版社·文化传媒分社（010）59367004
　　　　　地址：北京市北三环中路甲 29 号院华龙大厦　邮编：100029
　　　　　网址：www.ssap.com.cn
发　　行／社会科学文献出版社（010）59367028
印　　装／三河市东方印刷有限公司

规　　格／开　本：787mm×1092mm　1/16
　　　　　印　张：22.25　字　数：330 千字
版　　次／2024 年 6 月第 1 版　2024 年 6 月第 1 次印刷
书　　号／ISBN 978-7-5228-3103-9
定　　价／178.00 元

读者服务电话：4008918866

安全发展蓝皮书专家组和编委会

专家组组长简介

苏 洁 国务院安委办城市安全专家组副组长，全国风险管理标准化技术委员会（SAC/TC310）主任委员，应急管理部国家安全科学与工程研究院副院长。历任国家安全监管总局监管二司司长、统计司司长、应急管理部安全生产综合协调司司长、应急管理部新闻发言人等；荣获应急管理部二等功。

长期致力于安全生产综合监管工作，特别是应急管理部组建以来，在应急管理体系框架下，积极推进安全生产领域改革发展制度创新和实践探索，组织制定出台了一系列安全生产重大政策措施和若干指导意见。在事故调查方面拥有丰富理论和实践经验，作为国务院事故调查组成员，先后参加了黑龙江伊春空难、甬温线特大铁路交通事故、吉林德惠特大火灾爆炸事故、"东方之星"号客轮翻沉事件、江西丰城发电厂特大坍塌事故等近30起影响较大的特别重大事故调查处理工作。

主编简介

唐　钧　中国人民大学公共治理研究院副院长、危机管理研究中心主任，中国人民大学公共管理学院教授、博士生导师；全国风险管理标准化技术委员会（SAC/TC310）副主任委员，ISO 注册专家，国务院安委办城市安全专家组专家成员，公安部中国警察网专家顾问，国家消防救援局特约研究员，中国行政管理学会第六、七、八届理事，中国机构编制管理研究会第三、四届理事；《中国机构编制》编委、《中国消防》顾问。

长期从事风险管理、应急管理、社会治理、机构改革、社会舆情、公共关系等领域的理论研究和实践创新；牵头起草国家标准《公共事务活动风险管理指南》等；主持中央和地方的重大课题项目三十余项，多次获中央领导批示；出版《公共安全风险治理》《应急管理与风险治理》《新媒体时代的应急管理与危机公关》《社会稳定风险评估与管理》等专著十余部；发表学术论文百余篇。

摘　要

　　《中国安全风险治理和安全发展报告（2024）》是把安全和发展有机结合研究的创新性成果。安全发展是坚持"两个至上"、统筹"两件大事"的必由之路，是省、市、县完善公共安全体系、实现高质量发展的重要抓手。报告综合测量我国安全发展水平，梳理省份安全发展类型，为各级领导干部了解安全发展现状、把握安全发展规律、明确安全发展方向、创建"高质量安全发展"格局提供理论支撑和实践指引。

　　总报告第一部分，构建安全发展指数，开展实证分析，研究安全发展规律。报告以省级行政区为分析对象，提出"四梁八柱四地基"的"安全发展型省份"总体框架，构建包含"安全、创新、绿色、协调、开放、共享、持续、穿透"8个维度共计100项指标的"安全发展指数"（Safety Development Index，SDI），基于2021~2023年省份统计数据和安全发展典型实践，对31个省份的安全发展现状进行量化测评与质性检验，得出8条实证分析结论，总结出3个方向、15种典型安全发展类型。

　　总报告第二部分，提出创建高质量安全发展型省份的"三维三态九要素统筹模型"。公共安全风险治理和安全发展的核心在发展。综合安全治理—发展持续—人民向往的"范畴维度"和危态—常态—未态的"时空维度"，报告提出创建高质量安全发展型省份的九大要素，即"安全治理"层次的危态"救"、常态"督"、未态"防"；"发展持续"层次的危态"稳"、常态"创"、未态"谋"；"人民向往"层次的危态"改"、常态"谐"、未态"智"；并从动态的角度实现集成优化，以"一地一策""一行业一策"

的精度和力度开创安全发展新格局，以省份高质量安全发展支撑我国高质量发展。

总报告第三部分，制作《我国安全发展"补短板""强弱项"工作要点清单（2024 版）》。第一项，去旧创新，落实"危污乱散低"企业隐患整改与升级工作，以产业高质量发展促进省份高质量安全发展；第二项，确保投入，保证危化品企业安全生产投入不低于营业总收入的 5‰；第三项，夯实根基，以"网格"力量提升社会治理效能，实现基层治理的高质量安全发展；第四项，及时回应，加强舆情引导与依法处置，巩固提升高质量安全发展的社会评价；第五项，落实安全生产责任险、巨灾险等安全保险制度，充分发挥保险的风险对冲功能，促进高质量安全发展更加稳健；第六项，高度重视"重大生产安全责任事故重复发生"现象，力求杜绝干部重大失职渎职或重大决策失误；第七项，提升应急新闻管理能力，提升危机新闻发布"时度效"，维护应急救援部门的形象；第八项，落实要素市场化配置改革，探索高质量的国内区域一体化安全发展；第九项，推动智能智慧安全应急产业发展，以创新驱动高质量安全发展更加充分、更有保障；第十项，领导干部提高安全发展的创新能力和管理能力，找准发展和安全结合点，开创符合属地或行业现状的高质量安全发展新格局。

在总报告的统领下，分报告由"评价篇""要素篇""行业篇"和"地方篇"4 个板块组成，共计 13 篇分报告。

"评价篇"共有 1 篇分报告，详细介绍了安全发展指数（SDI）的模型构建、量化测评与质性检验过程。

"要素篇"共有 5 篇分报告，以"高质量安全发展型省份"的要素——"救""督""防""稳""创""谋""改""谐""智"为抓手，凝练共性规律和典型经验，提出发展对策，以高质量完成"十四五"建设目标。

"行业篇"共有 5 篇分报告，涵盖社情民意的大数据分析、社会应急力量安全发展、中国安全应急产业发展、消防救援应急指挥通信体系现代化、青少年游学研学的风险治理和安全发展研究。

"地方篇"共有 2 篇分报告，以江苏省江阴市"公共安全体系探索"、江苏省常州市"统筹发展和安全示范区建设"为城市典型案例进行介绍。

　　关键词： 安全发展型省份　高质量发展　高质量安全发展　公共安全风险治理

Abstract

Annual Report of China's Risk Governance and Safety Development (*2024*) (abbreviated as report, the same below) is an innovative result of the organic combination of safety and development research. Safety development is the necessity to adhere "put people and their lives first", and to integrate the "two major events". It is an important grasp to improve the public safety system, to achieve high-quality development of provinces. The report provides theoretical support and practical guidance for government executives to understand the current situation of safety development of China, grasp the rules of safety development, clarify the direction of safety development, and create "high-quality safety development" in provinces. The report is divided into 5 levels.

Part 1 of the report: construct Safety Development Index (SDI) to study the laws of security development. We take provinces as the subject of analysis, propose the general framework of "four beams + eight pillars + four foundation" for "safety development provinces", and construct the "Safety Development Index" (SDI, same as below). Using provincial statistical data and news reports (year 2021 ~ 2023), we quantifies and summarizes the safety development in China from a total of 100 indicators in eight dimensions: Safety, Innovation, Green, Coordination, Openness, Sharing, Sustainability and Penetration. We draw 8 empirical analysis conclusions, and summarize 15 typical types of security development.

Part 2 of the report: Propose "panorama" and "toolkit" to create "high-quality safe development provinces". The key of public safety risk management and safety development is development. Comprehending "scope dimension": safety governance-sustainable development-people aspirations, and the "space-time dimension": emergency state-normal state-future state, we proposes a "panorama" and a "toolkit" for creating high-quality safe development provinces: a) at safety governance level, concentrate on "Prevention" (future state), "Supervision" (normal state) and "Rescue" (emergency state); b) at sustainable development level, concentrate on "Stabilization" (emergency state), "Creation" (normal state) and "Integration" (future state); c) at aspirations of people level, concentrate on "Reform" (emergency state), "Harmony" (normal state) and "Intelligence" (future state). By the lens of dynamic development, provinces should combine their own level of safety development and China's typical practice type, "one policy of one place" "one policy of one industry" to create a new pattern of safety development, high-quality safety development in provinces to support China's high-quality development.

Part 3 of the report: establish "the work list of 'fill the short board', 'strong weaknesses' in China's safety development (2024)". First, remove old industries and create new industries, implement "dangerous, dirty, scattered and low" enterprise remediation and elimination and upgrading work, and promoting high-quality and safety development of provinces with high-quality industrial development. Second, ensure investment, guarantee that the investment in safety production of hazardous chemical enterprises is not less than 5 per thousand of the total operating income. Third, strengthen the foundation, enhance the effectiveness of social governance with the power of "grid", and achieve high-quality and safety development of grassroots governance. Fourth, timely response, strengthen public opinion guidance and legal disposal, consolidate and enhance the social evaluation of high-quality safety development. Fifth, implement safety insurance, catastrophe insurance and other safety insurance system, fully utilize risk loss mitigation and hedging functions, and promote more robust of high-quality safety and development. Sixth, attach great importance to the phenomenon of "recurrence of similar safety accidents", and strive to eliminate major dereliction of duty by cadres or major mistakes in decision-making. Seventh, strengthen the emergency news release training, enhance the "timeliness, extent and effectiveness" of the crisis release, maintain the positive image of the emergency rescue department, and ensure that emergency management is deeply rooted in the hearts of the people. Eighth, implement the reform of market-oriented allocation of

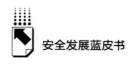

factors, to explore high-quality domestic regional integration of safety development. Ninth, promote the development of intelligent safety and emergency industry, and drive high-quality safety development more fully and securely with innovation. Tenth, guarantee leading cadres to improve the innovation ability and management ability of safety development, find the correct combination of development and safety, and create a new pattern of high-quality safety development in line with the status of the territory or industry.

Under the leadership of the overall report, there are four parts of branch reports: "Evaluation Reports", "Element Reports", "Industry Reports" and "Local Reports", with a total of 13 branch reports.

"Evaluation Reports" makes up with 1 report, which introduces in detail the model construction, quantitative measurement and qualitative test of SDI.

"Element Reports" consists of 5 reports, which are elements of creating a "high-quality safety development provinces": "Prevention", "Supervision", "Rescue", "Stabilization", "Creation", "Integration", "Reform", "Harmony" and "Intelligence", in order to consolidate common laws, typical experiences, and development strategies to achieve the construction goals of the 14th Five Year Plan with high quality.

There are 5 branch reports in "Industry Reports", covering research on big data analysis of social opinion, safety development of social emergency forces, development of China's safety and emergency industry, modernization of fire rescue and emergency command and communication system, and youth and school travels.

2 branch reports make up the "Local Reports", namely about the typical creation of safety development in Jiangyin City, and Changzhou City.

Keywords: Safety Development Provinces; High-quality Development; High-quality Safety Development; Public Safety; Risk Governance

目 录 ⏎

Ⅰ 总报告

Ⅱ 评价篇

Ⅲ 要素篇

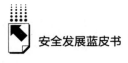

皮书数据库阅读使用指南

CONTENTS ⟨⟩

I   General Report

II   Evaluation Report

III   Element Reports

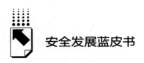
IV　Industry Reports

V   Regional Reports

总 报 告
General Report

B.1

中国安全风险治理和安全
发展评价报告（2024）

唐 钧　黄伟俊　张家乐*

摘　要： 安全发展是坚持"两个至上"、统筹"两件大事"的必由之路。
安全发展的内涵范畴、总体水平、典型类型、未来提升方向等规
律性研究和实证研究在我国仍较缺乏。本报告以省份为分析单位，
提出"四梁八柱四地基"的"安全发展型省份"总体框架，构建
省份"安全发展指数"，从安全、创新、绿色、协调、开放、共
享、持续、穿透8个维度共计100项指标进行评价，并结合2022~
2023年省份安全发展实践案例进行质性分析，发现我国安全发展
水平总体达到"优良"等级，持续、穿透、共享、安全维度得分
较高；同时发现了属地和行业安全投入未达到"最佳收益点"，政

* 唐钧，中国人民大学公共治理研究院副院长、危机管理研究中心主任，公共管理学院教授、
博士生导师；黄伟俊，中国人民大学公共管理学院博士生，中国安全风险治理和安全发展课
题组成员；张家乐，中国人民大学公共管理学院博士生，中国安全风险治理和安全发展课题
组成员。

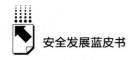

府应急新闻管理能力不强，绿色维度"非均衡发展"等安全发展"短板项"。在实证分析的基础上，本报告提出创建"高质量安全发展"目标，从全范畴、全时空的高度，以"救""督""防""稳""创""谋""改""谐""智"为要素，制作省份高质量安全发展的创建指引，同时编制 2024 年我国安全发展"补短板""强弱项"工作要点清单，以省份高质量安全发展开创我国高质量发展新格局。

关键词： 安全发展型省份　安全发展指数　高质量安全发展　公共安全风险治理

  坚持统筹发展和安全"两件大事"，实现新发展格局和新安全格局的良性互动，是推动实现中国式现代化、不断满足人民群众对美好生活需求的重大战略部署。从党的十九大到党的二十大，高质量发展的内涵不断扩展升级，"安全发展"的重要性愈发凸显。2018 年，中共中央办公厅、国务院办公厅印发《关于推进城市安全发展的意见》，提出到 2035 年建成与基本实现社会主义现代化相适应的安全发展城市；2019 年，国务院安全生产委员会出台《国家安全发展示范城市评价与管理办法》，提出建立一批安全发展示范城市，以点带面推动我国安全发展。

  《中国安全风险治理和安全发展评价报告（2024）》（以下简称总报告）是把安全和发展有机结合研究的创新性成果。总报告以省份为分析单位，在第一部分提出"安全发展型省份"概念，搭建"四梁八柱四地基"的安全发展型省份总体框架，阐述省份实现安全发展的核心原则、建设要务与基础保障，回应安全发展的概念内涵与建设范畴问题。在第二部分，总报告原创性提出"安全发展指数"（Safety Development Index，SDI），在充分参考国家标准和政策文件的基础上，发挥大数据优势，突出安全发展重点领域，纳入若干原创性指标，形成 8 个维度、100 项三级指标的安全发展指数，回应安全发展的量化测评、可视化分析问题。在第三部分，总报告发布 2024 年 31 个省份的安全发展水平研究成果，分析我国安全风险治理和经济社会发展方面的优势项与短板项，梳理我国 15 种安全发展类型，回应安全发展的省份现状与实践规律问题。在第四部分，总报告立足高质量发展的时代主题，提出高质量安全发展型省份创建目标，从全范畴、全时空的高度，制作省份高质量安全发展的创建指引，编制 2024 年我国安全发展"补短板""强弱项"工作要点清单，为贯彻落实"十四五"期间我国高质量安全发展目标提供坚实的理论支撑，提出实用的政策建议。

一　安全发展型省份总体框架：安全风险治理和安全发展"四梁八柱四地基"体系

本部分回答省份安全发展的概念内涵与建设范畴问题，以"四梁八柱四地基"体系规划了安全发展型省份的构建原则、建设要务和基础保障。

"四梁八柱"是习近平总书记对搭建总体框架的形象比喻，是指导工作开展并贯穿始终的引领性框架。为确保在工作过程中始终能找准方向、牢固基础，必须要夯基垒台、立柱架梁，把安全发展的"四梁八柱"建立起来，发挥好顶层设计的统领和导向作用。总报告提出"四梁八柱四地基"的安全发展型省份总体框架，以"四梁"统领安全发展型省份的构建原则，以"八柱"支撑安全发展型省份的建设要务，以"四地基"承载安全发展型省份基础保障（见图 1）。

（一）"四梁"统领安全发展型省份的构建原则

"四梁"凝练着发展和安全的核心内涵和最终目的，统领着安全发展型省份的构建原则。一是坚持生命至上，贯彻"生命第一，预防为主"理念，一切安全风险治理工作要以不发生人员伤亡作为"金标准"。二是坚持新发展理念，努力实现创新成为第一动力、协调成为内生特点、绿色成为普遍形态、开放成为必由之路、共享成为根本目的的高质量发展。三是坚持总体国

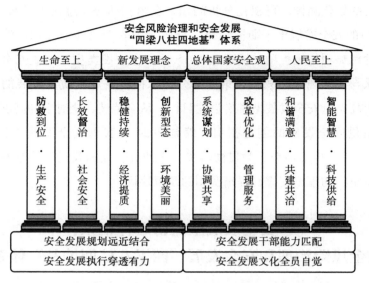

图1 安全风险治理和安全发展"四梁八柱四地基"体系

注：加粗字为省份"高质量安全发展"的创建指引要素，详见总报告第四部分；模型适用于省、市、县的高质量安全发展。

家安全观，立足"大安全"框架，保障人民群众生产生活各方面的安全，确保人民安居乐业、社会安定有序、国家长治久安。四是坚持人民至上，一切安全发展工作要以人民群众"满不满意、答不答应、高不高兴"作为出发点和落脚点，达到人人建设、人人享有的安全发展状态。

（二）"八柱"支撑安全发展型省份的建设要务

遵循"四梁"的原则统领，安全发展型省份的"八柱"涵盖了生产安全、社会安全、经济提质、环境美丽、协调共享、管理服务、共建共治、科技供给八个方面。"八柱"作为安全发展型省份的建设要务，既体现了安全发展的内涵与范畴，也蕴含安全发展的动态变化与提升方向。

支柱一：生产安全，不断提升生产安全状态，建设本质安全。劳动生产有三种安全状态：一是本质安全状态，二是控于低危状态，三是不安全生产状态。本质安全状态，要素和流程均处于不易或者不会发生危害的状态，这是各方力争想要实现的理想状态和最佳情况，但较难实现或维持。控于低危状态，要素和流程在特定环境中将整体状况控制在低风险的状态，通过风险治理、安全监管等综合方式实现事故数和死亡人数处于低位，此状态是实践中较为普遍的现实状况。我国基本实现了由不安全生产状态向控于低危状态的转变，但不安全生产现象仍偶发（见表1）。

表1 劳动生产的安全状态

阶段	安全状态	我国分布情况	示例
高级阶段	本质安全	较稀少	工业互联网+安全生产等
中级阶段	控于低危	较普遍	风险治理、应急管理等
初级阶段	不安全生产	较稀少	粗放式煤矿开采等

资料来源：唐钧《论安全发展的创建和统筹》，《中国行政管理》2022年第1期。笔者制作该表时有补充。

改变不安全生产状态，使生产控于低危状态，主要通过安全隐患整改、安全监督管理、风险监测预警等措施，规避和防范安全风险，维护安全生产环境；提升应急管理能力，提升应急处突、抢险救援、事后恢复等能力，力求降低生命财产损失。从控于低危状态升级为本质安全状态，主要通过引进先进生产技术，消除生产要素和流程中的致灾因子；提高应急管理的智能化、智慧化水平，在风险暴发的临界值自动响应处置等。

支柱二：社会安全，打造平安社区、和谐社会。党的二十大报告提出"完善社会治理体系"，第一项要求就是"健全共建共治共享的社会治理制度"。① 在实践中，截至2022年12月，我国13个省份和地级市颁布了平安建设条例或社会治理促进条例，推动打击违法犯罪，开展意识形态宣传教育、重点场所平安建设等工作，预防和减少社会不稳定因素，为国民经济增长营造有秩序、有活力的社会环境。

支柱三：经济提质，保持活力与韧性，实现质的有效提升与量的合理增长。

① 习近平：《高举中国特色社会主义伟大旗帜 为全面建设社会主义现代化国家而团结奋斗——在中国共产党第二十次全国代表大会上的报告》，人民出版社，2022，第54页。

实现经济平稳良性增长需要综合谋划，统筹市场活力、产业竞争力与经济金融安全韧性的关系，包括且不限于以下四个方面：（1）牢牢守住不发生系统性金融风险底线；（2）加强市场监督管理和行政执法，维护市场秩序；（3）加强产业链供应链韧性建设，落实能源和粮食安全稳定供应，保障经济发展稳定可持续；（4）找到安全和发展的结合点，通过产业转型升级提高安全发展水平等。

支柱四：环境美丽，实现绿色低碳循环发展。统筹兼顾经济增长和环境保护，发展"绿色经济"，开创符合地区和行业实际的绿色发展道路，包括且不限于以下四个方面：（1）建设绿色低碳循环发展的能源体系、生产体系、流通体系、消费体系等，打造绿色低碳循环共享的经济体系；（2）发展健康休闲产业，打造乡村观光旅游、农事体验、休闲康养等新产业、新业态，践行"两山"理念；（3）整治、限制或清退危险性强、污染严重、安全管理混乱的产业形态，使发展更安全、更环保；（4）落实污染治理，保护生态环境，营造良好生产生活环境等。

支柱五：协调共享，实现城乡区域要素协同、成果共享。省、市、县的安全发展是城乡区域多赢的安全发展，需要以协调、共享为抓手，结合当地的资源禀赋和风险特征，提升老少边穷等地区的公共安全治理能力，守护人民群众的生命财产安全；通过发展现代产业和地区特色产业，带动当地经济增长和群众创收；通过完善基础设施建设和公共服务、畅通区域要素流动等，因地制宜寻找安全发展"突破口"，实现协调发展、共享发展。

支柱六：管理服务，公共管理与服务更贴近发展要求和人民需求。各省份深化体制机制改革，创建高质量的公共管理与服务模式，提高管理效率，提升社会评价，助力各省份安全发展，包括且不限于以下三个方面；（1）"放管服"改革，打造服务型政府，优化营商环境，提高服务质量；（2）健全公共卫生、食品药品等监管体系，保障群众工作和生活的安全；（3）强化基层公共管理和服务力量，强化社区公共服务供给，妥善化解矛盾纠纷，依法维护人民权益。

支柱七：共建共治，动员社会力量开展更广泛的民主参与和社会治理。发展为了人民，发展依靠人民，发展成果由人民共享，必须把人民意志融入安全发展全过程，提升民主有序参与水平，鼓励社会力量积极参与社会服务、社会监督等，在共建共治中及时回应人民诉求，不断扩大和丰富人民群众的安全感、获得感、幸福感。

支柱八：科技供给，提升科学技术对安全发展的双向驱动作用。科学技术是第一生产力，安全发展型省份需要大力发展科技、应用科技，提升科技对安全和发展的促进作用和保障作用，不断提升安全发展水平。例如：工信部提出开展民用爆炸物品行业的数字化、智能化提升行动，围绕生产过程、设备管理、安全管理、质量管理、仓储物流等重点环节，探索形成一批"数字孪生+""人工智能+""扩展现实+"等智能场景，实现工艺流程优化、工序动态协同、资源高效配置和智慧决策支持等。[①]

（三）"四地基"承载安全发展型省份的基础保障

地基承载着安全发展的实践成果，需要政策规划、政策执行、人民政府和人民群众共同发力，为安全与发展培育成长土壤。

第一，安全发展规划远近结合。既要以当前的公共安全风险治理和安全发展建设为主，又要考虑更长时期的远景发展，结合"十四五"规划目标、2035 年战略目标等，全面体现深化改革、依法治国和经济新常态的理念，适应社会新期待。

第二，安全发展执行穿透有力。增强公共安全风险治理和安全发展工作的穿透力，确保机制畅通、工作到位。例如，落实横向穿透，部门协同联动，形成安全发展合力；落实纵向穿透，压实领导干部和基层人员的安全发展责任，贯彻政策"最后一公里"，全面、准确、完整地落实安全发展工作要求等。

第三，安全发展干部能力匹配。增强领导干部的政治意识，树立正确的政绩观，既要看到社会经济发展的一面，也要看到安全风险的一面，强化安全责任，摸清安全底数，形成一批"肩上有责、心中有数、手里有策"的干部队伍；不断提高统筹发展和安全的能力，提高统筹谋划、风险研判、应急管理等能力，使领导干部能力与新发展格局中的安全治理要求相匹配。

---

① 《"十四五"民用爆炸物品行业安全发展规划》（工信部规〔2021〕183 号）。

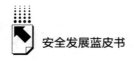

第四，安全发展文化全员自觉。落实安全培训，增强企业和员工的安全发展意识，减少不安全的生产行为；以常态化形式持续开展宣传教育，营造"安全第一、预防为主""关爱生命、关注安全"的社会安全发展文化，凝聚全社会安全发展合力，建设更安全的平安社会。

（四）模型服务于省份安全发展"知底数""明方向"

安全发展型省份的"八柱"既是省份安全发展的理论模型，又是省份创建高质量安全发展格局的实践指引。一方面，在"四梁"的统领下，使用安全发展指数衡量"地基"和"八柱"的内容，以对省份的安全发展水平进行量化与可视化。另一方面，"八柱"连接着省份安全发展的提升方向，以"八柱"的核心要素为抓手，创建高质量安全发展新格局。

二　安全发展型省份定量测评：
安全发展指数（SDI）

本部分聚焦安全发展量化测评、可视化分析问题，通过构建评价省份安全发展水平的安全发展指数（SDI），以定量分析为主，以定性分析为辅，探究我国 2024 年安全发展的总体水平和省份类型。

安全发展指数以"四梁八柱四地基"模型为蓝图，用于衡量省份的安全发展综合水平。安全发展指数的评价体系由 8 个维度组成，既包括了经济社会发展维度和公共安全维度，也包括了安全结合发展的有机关系维度；既考虑了安全发展的持续性，也将安全发展的执行效果纳入考量。

（一）安全发展指数八维度：融合安全发展的指导理念和落实成效

结合新发展理念与总体国家安全观的战略部署，安全发展指数凝练出"安全、创新、协调、绿色、开放、共享、持续、穿透"共 8 个维度，作为省份安全发展评价分析的一级指标（见图 2）。

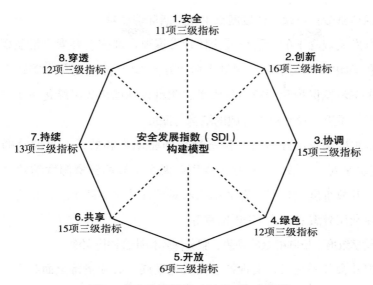

图 2 安全发展指数（SDI）构建模型

1. 安全维度：反映当前安全水平与未来安全投入

安全水平的高低既涵盖了目前的安全现状，也要纳入投入方面的指标，反映安全的持续性。安全维度包括公共安全水平和安全财政支出两个二级指标，综合反映该年的突发事件数量、事故死亡人数以及我国在安全建设方面的投入水平，测量指标如亿元 GDP 生产安全事故死亡率。

2. 创新维度：反映发展质效、经济结构和创新能力

创新维度衡量发展的动力。参考《新型城镇化　品质城市评价指标体系》（GB/T 39497—2020）等国家标准，创新维度包括发展质效、经济结构和创新能力三个二级指标，测量指标如科学研究与试验发展（R&D）经费支出占 GDP 比重等。

3. 协调维度：反映群众生活水平和城乡融合程度

协调维度用于反映群众生活水平和城乡、区域的协调发展状况，体现个人生活层次与空间布局层次的协同水平。协调维度包括生活水平、农业农村发展水平、城乡融合程度三个二级指标，测量指标如城乡收入比等。

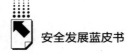

4. 绿色维度：反映绿色发展水平和生活环境质量

安全发展观念下的绿色维度应体现发展要素和安全要素，发展要素体现为"绿色 GDP"发展水平，测量指标如万元 GDP 能耗变化率等；安全要素体现为生态环境保护和污染治理水平，测量指标如建成区绿化覆盖率等。

5. 开放维度：反映对外开放的结构与深度

开放维度衡量国际贸易对经济增长的驱动力和效益，贯彻党的二十大"推进高水平对外开放""增强国内国际两个市场两种资源联动效应"的战略要求。开放维度包括对外开放结构和对外开放深度两个二级指标，测量指标如实际利用外资总额占 GDP 比重等。

6. 共享维度：反映群众的物质、服务保障和社会评价层面

维护社会公平正义，实现社会高质量发展，必须坚持全面共享。共享维度反映发展成果共享程度、公共服务均等化程度、人民群众生活满意度等；共享维度包括社会保障、公共服务需求和社会评价三个二级指标，测量指标如基本养老保险覆盖率等。

7. 持续维度：反映安全发展的常态化、法治化水平

持续维度反映安全生产和社会平稳的连续性、稳健性，引导领导干部杜绝"运动式"安全监管，坚持兼顾短期收益和中长期效益的发展理念。持续维度包括社会稳定与活力、中长期安全发展规划、安全制度性建设三个二级指标，测量指标如城市总体规划与建设等。

8. 穿透维度：反映安全发展落实"最后一公里"的水平

2023 年 4 月，李强总理在主持国务院第一次专题学习中强调："要增强工作穿透力……以改革创新的思路举措，实打实地解决一批突出问题。"[①]在持续维度反映安全制度性建设的基础上，穿透维度用于衡量省份安全发展工作的落实程度，包括安全责任落实、风险治理、应急处置三个二级指标，测量指标如党委和政府的安全领导责任等。

---

① 《李强主持国务院第一次专题学习》，中国政府网，http://www.gov.cn/yaowen/2023-04/23/content_5752864.htm。

（二）安全发展指数"100项指标"：融合国家标准和原创性指标，兼具衔接性与前瞻性

1. 充分融合国内现行国家标准和安全发展示范城市等评价体系

安全发展指数的二级、三级指标设置充分参考《新型城镇化 品质城市评价指标体系》（GB/T 39497—2020）、《安全韧性城市评价指南》（GB/T 40947—2021）、《新型智慧城市评价指标》（GB/T 33356—2022）、《国家安全发展示范城市评价细则（2019版）》（安委办〔2019〕16号）、《全国文明城市测评体系（试行）》（中央文明委，2004年）等国家标准和政策文件。指标设置与上述考核评价标准、相关发展规划指标有机衔接，增强了指标体系的政策导向与实践意义，同时提升了可操作性。

2. 纳入原创性指标，突出安全责任落实、重点领域治理和社会舆论评价

在现有国家标准和评价体系的基础上，安全发展指数突出导向性和前瞻性，有机融入了3个原创性指标，突出安全责任落实、重点领域治理和社会舆论评价。

（1）"重大生产安全责任事故"指标，用管理逻辑衡量安全发展能力。以往反映安全发展程度的"亿元GDP生产安全事故死亡率"指标，更多体现经济发展和安全水平的关系，无法直接回应安全责任是否落实到位问题。本报告提出"重大生产安全责任事故"指标，仅将重大生产安全责任事故的数量纳入统计，剔除了不可抗力的亡人事件和个人意外等非安全责任事件，突出那些社会影响较大的事件，更加符合管理逻辑。

（2）"社情民意指数"指标，以百万量级大数据对社会情绪进行综合测评。"社情民意指数"以大数据全媒体信息技术监测平台为依托，抓取覆盖31个省份安全风险相关数据百万条，是对风险事故的舆情量级、社会情绪、民意诉求和安全感知的综合评价。

（3）"政府应急新闻管理"指标，把政府应急新闻管理纳入应急管理工作的一环。应急管理不仅包括抢险救援，还应包括应急新闻发布，做好危机公关和舆情引导，安抚民众恐慌、疑惑、愤怒等负面情绪。"政府应急新闻

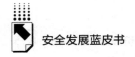

管理"指标以风险事故的应急响应、安全稳定、政务评价和风险防范综合
指数的形式反映各省份政府应急新闻管理的及时性与有效性。

表2　安全发展指数指标体系（适用于省、市、县的评价）

一级指标 （8项）	二级指标 （21项）	三级指标 （100项）
1. 安全维度	1.1 公共安全 水平	1.1.1 万人自然灾害死亡/失踪率
		1.1.2 自然灾害直接经济损失占GDP的比重
		1.1.3 万人火灾发生率
		1.1.4 火灾事故直接经济损失占GDP的比重
		1.1.5 万人交通事故死亡率
		1.1.6 交通事故直接经济损失占GDP的比重
		1.1.7 甲乙类法定报告传染病万人死亡率
		1.1.8 亿元GDP生产安全事故死亡率
	1.2 安全财政 支出	1.2.1 公共安全财政支出比例
		1.2.2 卫生健康财政支出比例
		1.2.3 灾害防治及应急管理财政支出比例
2. 创新维度	2.1 发展质效	2.1.1 人均地区生产总值
		2.1.2 一般公共预算收入占GDP比重
		2.1.3 全社会劳动生产率
		2.1.4 消费对经济增长贡献率
		2.1.5 单位GDP建设用地占用面积
	2.2 经济结构	2.2.1 常住人口城镇化率
		2.2.2 高技术产品出口额占货物出口额比重
		2.2.3 每百万人口上市公司数
		2.2.4 规模以上工业企业人均营业收入
		2.2.5 服务业增加值占GDP比重
	2.3 创新能力	2.3.1 产业创新发展规划
		2.3.2 科学研究与试验发展（R&D）经费支出占GDP比重
		2.3.3 数字经济产出量占GDP比重是否超过全国平均水平
		2.3.4 万人发明专利拥有量
		2.3.5 第三产业法人单位所占比重
		2.3.6 实现创新企业所占比重
3. 协调维度	3.1 生活水平	3.1.1 居民人均可支配收入占人均GDP比重
		3.1.2 恩格尔系数
		3.1.3 城镇登记失业率
		3.1.4 旅客周转量
		3.1.5 货物周转量
		3.1.6 互联网家庭宽带接入比例
		3.1.7 电话普及率
		3.1.8 每万人私有汽车拥有量

续表

一级指标 （8项）	二级指标 （21项）	三级指标 （100项）
3. 协调维度	3.2 农业农村 发展水平	3.2.1 农业财政资金占一般公共预算支出比重
		3.2.2 农村居民可支配收入占人均GDP的比重
		3.2.3 农村居民平均每百户家用汽车拥有量
		3.2.4 农村常住居民人均现住房面积
	3.3 城乡融合程度	3.3.1 城乡社区建设占一般公共预算支出比重
		3.3.2 城乡收入比
		3.3.3 新型城镇化和城乡发展融合建设
4. 绿色维度	4.1 "绿色GDP"	4.1.1 城镇环境基础设施建设投资占GDP比重
		4.1.2 万元GDP能耗变化率
		4.1.3 绿色发展政策
	4.2 生态环境	4.2.1 建成区绿化覆盖率
		4.2.2 空气质量优良天数比例
		4.2.3 城市污水处理率
		4.2.4 生活垃圾无害化处理
		4.2.5 道路交通噪声等效声级
		4.2.6 人均公园绿地面积
		4.2.7 生活垃圾无害化处理率
		4.2.8 森林覆盖率
		4.2.9 工业污染治理占GDP比重
5. 开放维度	5.1 对外开放 结构	5.1.1 实际利用外资总额占GDP比重
		5.1.2 外商投资和港澳台商投资工业企业资产总额占全国比重
		5.1.3 电子商务交易企业比例
	5.2 对外开放 深度	5.2.1 货物进出口总额占全国比重
		5.2.2 外商投资企业货物进出口总额占全国比重
		5.2.3 商务贸易高质量发展规划
6. 共享维度	6.1 社会保障	6.1.1 基本养老保险覆盖率
		6.1.2 基本医疗保险覆盖率
		6.1.3 人均城市道路面积
		6.1.4 万人公共汽电车辆拥有量
		6.1.5 每百万人口轨道交通运营里程
		6.1.6 社区行政村配备劳动就业和社会保障工作人员覆盖率
		6.1.7 每万人口拥有社会工作专业人才数

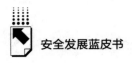

续表

一级指标 （8项）	二级指标 （21项）	三级指标 （100项）
6. 共享维度	6.2 公共服务 需求	6.2.1 城市供水普及率
		6.2.2 城市燃气普及率
		6.2.3 邮政通信每营业网点平均服务人口
		6.2.4 每千人口医疗卫生机构床位数
		6.2.5 每千人口卫生技术人员、执业（助理）医师和注册护士数
	6.3 社会评价	6.3.1 公共安全感指数
		6.3.2 社情民意指数
		6.3.3 全国文明城市入选情况
7. 持续维度	7.1 社会稳定 与活力	7.1.1 社会保障和就业支出占一般公共预算支出比重
		7.1.2 社会矛盾纠纷化解专项治理体系
		7.1.3 社会稳定风险研判和防范机制
		7.1.4 电信网络诈骗风险防控机制
		7.1.5 社会治安防控基层建设体系
		7.1.6 网格化基层社会治理体系
		7.1.7 每万人社会组织数
		7.1.8 每万人自治组织数
		7.1.9 注册志愿者占城镇人口比例
	7.2 中长期安全 发展规划	7.2.1 城市总体规划与建设
		7.2.2 城市各类设施安全管理办法
	7.3 安全制度性 建设	7.3.1 "禁限控"产业结构调整指导目录
		7.3.2 高危行业搬迁改造
8. 穿透维度	8.1 安全责任 落实	8.1.1 党委和政府的安全领导责任
		8.1.2 各级各部门安全监管责任
	8.2 风险治理	8.2.1 危化品重点市县专家指导工作
		8.2.2 安全生产责任保险制度
		8.2.3 重大生产安全责任事故
	8.3 应急处置	8.3.1 城市应急管理综合应用平台
		8.3.2 应急信息报告制度和多部门协同响应
		8.3.3 应急预案
		8.3.4 应急物资储备调用
		8.3.5 城市应急避难场所
		8.3.6 城市应急救援队伍
		8.3.7 政府应急新闻管理

注：数据处理结果详见分报告《31个省份安全发展水平研究——"安全发展指数"建构与省份创新实践》。

（三）安全发展指数的计算公式与数据来源

1. 安全发展指数的计算公式

安全发展指数计算公式如下：

$$SDI = \sum_{ij} X_{ij} \times \beta_{ij}$$

其中，SDI 为省份的"安全发展指数"综合得分；X_{ij} 为省份第 i 项二级指标的第 j 项三级指标的归一化得分；β_{ij} 为省市第 i 项二级指标的第 j 项三级指标权重。

世界银行和世界经合组织数据显示，2020～2022 年全球人均 GDP 平均年增长率为 1.13%，是 2010～2019 年全球人均 GDP 平均年增长率（1.97%）的 57%。因此，对受影响较直接的创新维度、协调维度和开放维度的权重系数进行修正，即 $\beta_{2j} = \beta_{3j} = \beta_{5j} = 100/57$，其余 5 个维度的指标按等权重进行计算。

为保持指标方向一致性，对逆向指标进行了反向赋值；安全发展指数分数越高，反映省份安全发展水平越好。

2. 安全发展指数的数据来源（2024版）

"安全发展指数"的指标项数据主要来源于 2022～2023 年的统计年鉴数据和政府政策文件（见表 3）。

表 3　安全发展指数数据来源

数据来源	发布部门/单位	发布年份
《中国统计年鉴》	国家统计局	2022 年
《中国社会统计年鉴》	国家统计局	2022 年
《中国环境统计年鉴》	国家统计局	2022 年
《中国城市建设统计年鉴》	住房和城乡建设部	2022 年
《中国卫生健康统计年鉴》	国家卫生健康委员会	2022 年
《中国企业创新能力统计监测报告》	国家统计局	2022 年

数据来源	发布部门/单位	发布年份
《中国数字经济发展报告》	国家互联网信息办公室	2022 年
各省、自治区、直辖市政府生态环境公报	各省、自治区、直辖市生态环保厅	2022 年
各省、自治区、直辖市政策文件与官网报道	各省、自治区、直辖市政府部门	2022~2023 年

注：为不完全列举，具体说明详见分报告《31 个省份安全发展水平研究——"安全发展指数"建构与省份创新实践》。

由于安全发展指数的三级指标之间具有不同的量纲和量纲单位，为消除指标之间的量纲影响，将数据进行归一化处理，以解决数据指标之间的可比性问题。具体而言，将数据映射到指定的范围，使指标结果值 X_{ij} 映射到 [0，1] 之间，计算公式：

$$X_{ij} = \frac{X - X_{Min}}{X_{Max} - X_{Min}}$$

其中，X_{ij} 为指标归一化后的结果值；X_{Max} 为样本数据的最大值；X_{Min} 为样本数据的最小值。

三　我国安全发展型省份（2024年）评价分析

本部分回答"安全发展型省份现状与实践规律"问题。报告以省级行政区为例，基于统计年鉴、政策文本等公开数据，计算我国省份的安全发展指数（SDI），挖掘安全发展型省份的实践特征与规律。

（一）我国安全发展整体优良，持续、穿透、共享、安全维度突出

1. 安全发展指数全国达标率为100%，全国优秀率待提升

安全发展指数结果显示，我国安全发展的整体水平达到"优良"级别，

31 个省份中，63% 的省份安全发展指数（SDI）达到良好水平；全部省份安全发展水平均达标，全国达标率为 100%；北京、广东、江苏、浙江、上海达到"优秀"等级，全国优秀率为 17%（见表 4）。

表 4　安全发展指数评价等级

单位：分

等级	分数段	各等级比率
优秀	70~100	
良好	50~69	安全发展型省份优秀率：17%
达标	33~49	安全发展型省份良好率：63%
未达标	0~32	安全发展型省份达标率：100%

注：1. 西藏自治区数据缺失量较大，未纳入计算。2. 如总报告第二节所述，依据国际经济贸易形势对等级进行系数修正，把 33 分作为"达标"等级分数线，把 50 分作为"良好"等级分数线，把 70 分作为"优秀"等级分数线。

2. 持续维度得分最高，社会治理与安全规划基本健全，基层建设待完善

如图 3 所示，持续维度平均分达 81.89 分（满分 100 分，下同），在 8 个维度中排名第一；方差 266.36，在 8 个维度中为第三最小值，说明各省份在持续维度差异性不强。结合三级指标项得分发现，维护社会稳定的体制机制普遍完善，各省份的中长期安全发展规划与安全制度性建设基本健全。另外，仅有 58% 的省份健全了网格化基层社会治理体系；社会组织活力与社会治理参与方面的得分不高，社会的安全发展文化自觉有待提升。

3. 穿透维度各省份差异小，安全责任落实程度较高，应急新闻发布水平待提高

穿透维度平均得分为 76.88 分，在 8 个维度中排名第二；方差 129.01，在 8 个维度中为最小值，说明各省份的安全发展在执行层面基本达到了"穿透有力"，党委和政府的安全领导责任和各级各部门安全监管责任整体落实到位，应急管理体系基本搭建，但应急管理工作的执行力，特别是政府应急新闻管理能力尚未达到"优秀"水平。

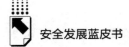

4. 共享维度得分较高，社会保障与服务的体制机制基本健全，但与"群众满意"存在差距

共享维度平均得分为 60.77 分，在 8 个维度中排名第三；方差 208.29，在 8 个维度中为第二最小值，各省份间的差异不大。具体来看，各省份社会保障、社会服务等公共服务基本落实到位，但社会评价方面得分处于中等水平，群众安全感指标项和社情民意指标项的平均得分仅处于"达标"等级。

5. 安全维度得分居中，突发事件数和亡人数处于低位，交通事故是突发事件的主要来源

安全维度平均得分为 54.47 分，在 8 个维度中排名第四；方差 280.90，在 8 个维度中为第四最小值。具体而言，2022 年全国亿元 GDP 生产安全事故死亡率达到"优秀"等级，自然灾害的指标项（万人自然灾害死亡/失踪率，直接经济损失占 GDP 的比重）均分均超过 80 分，但交通事故的指标项（万人交通事故死亡率，交通事故直接经济损失占 GDP 的比重）得分在 60~70 分，为"良好"等级，说明交通事故是我国突发事件的主要来源。

6. 协调、绿色、开放、创新维度得分位于后四名，或影响群众安全感、获得感

（1）安全发展指数分析结果显示，协调维度平均得分为 46.15 分，低于良好线（50 分）；2022 年全国居民恩格尔系数为 30.5%，2022 年全国城乡居民人均可支配收入比值为 2.45，[①] 距离发达国家 1.5 的一般水平[②]仍有差距。

（2）绿色维度存在"非均衡发展"现象。绿色维度包括"绿色 GDP"与"生态环境"两个二级指标，"绿色 GDP"更多反映了工业的绿色转型发展，而"生态环境"主要衡量各省份的绿化空间与环境质量。实证发现，"绿色 GDP"指标得分较高的省份，在"生态环境"指标得分却较低，"生态环境"

---

① 《中华人民共和国 2022 年国民经济和社会发展统计公报》，国家统计局网站，http://www.stats.gov.cn/sj/zxfb/202302/t20230228_1919011.html。

② 张杰、胡海波：《我国城乡收入差距的成因及对策研究——以社会公平为分析视角》，《理论探讨》2012 年第 2 期。

指标得分超过平均值的 17 个省份中，只有 5 个省份的"绿色 GDP"指标得分超过平均值。这说明，大部分省份仅在"降低产业污染排放"或"提高生态环境保护"方面表现较好，绿色发展的全面性、完整性、准确性有待提升。

（3）开放和创新维度得分低，主要受国际经济形势影响；用膨胀系数修正后均达到"良好"级别。较低的创新与开放发展水平可能会造成经济下行，群众获得感降低，诱发矛盾纠纷，短期内社会治安事件或呈上升趋势。

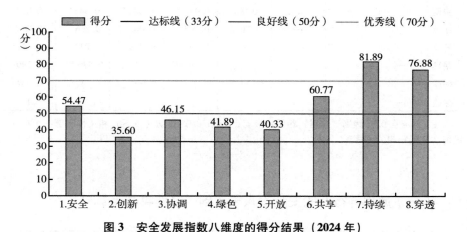

图 3 安全发展指数八维度的得分结果（2024 年）

注：分数为归一化处理结果，未进行权重调整。

（二）我国的安全与发展呈相互促进关系，安全起关键支撑作用

第一，安全发展指数中，显著为正的维度关系达 43%，"安全"是多个发展维度的基础。通过相关性分析发现，安全、创新、协调、开放、共享、持续、穿透 7 个维度相互联系，共存在 12 条达到显著性水平的相关关系，约占全部安全发展 28 条关系的 43%，且没有关系呈显著负相关，证实了当前我国的安全和发展是相互促进（而非相互制约）的良性关系。

第二，安全维度与创新、开放、共享、持续 4 个维度均达到了显著正相关关系，是 8 个维度中唯一在 0.05 级别及以上拥有 4 个显著正相关关系的

维度，体现了安全对发展的重要支撑作用。

第三，绿色维度的"非均衡发展"现象或许可以解释绿色维度与其他维度的非显著相关（见表5）。

表5　安全发展8个维度的皮尔逊相关性检验

	安全	创新	协调	绿色	开放	共享	持续	穿透
安全	1	0.436 **	0.246	0.114	0.644 ***	0.386 **	0.404 **	0.127
创新	—	1	0.543 ***	−0.170	0.744 ***	0.404 **	0.274	0.315 *
协调	—	—	1	0.002	0.410 **	0.341 *	0.346 *	0.058
绿色	—	—	—	1	−0.043	0.061	0.266	0.229
开放	—	—	—	—	1	0.278	0.292	0.122
共享	—	—	—	—	—	1	0.530 ***	0.299
持续	—	—	—	—	—	—	1	0.034
穿透	—	—	—	—	—	—	—	1

注：*** 在 0.01 级别（双尾）相关性显著；** 在 0.05 级别（双尾）相关性显著；* 在 0.1 级别（双尾）相关性显著。

（三）属地与行业的安全投入未达到"最佳收益点"

1. 安全投入的属地分析：个别省份的安全投入与事故"损失量"存在差距

公共安全财政支出是反映各省份维护国家安全和社会治安，保障公民工作和生活安全的投入。从成本—效益的角度来看，同样的财政支出，用于事故应急救治、赔偿补偿、建筑修复等事发后安全投入（事故"损失量"）的社会总效益，低于用于预防性安全投入（公共安全财政支出）的社会总效益，意味着对安全建设的成本没有达到理想状态，安全投入未达到"最佳收益点"。

公开的年鉴数据显示，在不考虑突发事件冲击民众安全感所引发的潜在社会损失前提下，2022 年我国因突发事件[①]造成的直接经济损失约 1.4 万亿元，占全国 GDP 的 0.38%。具体到各省份，94%的省份安全投入高于自身

———————————
① 由于数据的可获得性，此处的突发事件指自然灾害、火灾事故和交通事故三类事件。

的事故"损失量"，但仍有 2 个省份的安全投入额低于该年突发事件的直接经济损失额，公共安全的财政支出未达到理想状态。

2. 安全投入的行业分析：行业安全投入仍处于偿还"安全欠账"阶段

危化品行业是我国的重点整治领域之一，其上市企业的安全投入水平在该行业中具有代表性。2022 年我国共有 49 家危化品上市企业，从中选择 14 家数据完整的危化品上市企业[①]，摘取以上企业 2011～2022 年的财务年报数据，通过面板门限模型分析安全投入比例与经济收益的门限效应。

面板门限模型的计算公式如下：

$$Gain_{it} = cons + \gamma_1 \times safety_{it} \times I(safety_{it} \leq \theta) + \gamma_2 \times safety_{it} \times I(safety_{it} > \theta) + \varepsilon_{it}$$

其中，$Gain$ 表示危化品上市企业的经济收益水平；$safety$ 表示危化品上市企业的安全投入水平；$I(\cdot)$ 为示性函数，若 $safety_{it} \leq \theta$ 时，则 $I(safety_{it} \leq \theta) = 1$，反之则 $I(safety_{it} \leq \theta) = 0$，$I(safety_{it} > \theta)$ 同理；$cons$、γ_1 和 γ_2 均为待估计参数；ε_{it} 为残差项。

实证结果如下。

（1）危化品上市企业的营业总收入与安全生产投入费用之间存在双门限回归效应，安全投入比例的门限点 1 的值为 0.340%，门限点 2 的值为 0.453%（见图 4）。

（2）危化品上市企业仍存在"安全欠账"。在两个门限值点附近，安全投入比例对危化品上市企业的经济收益具有正向的推动作用，但影响系数（斜率）不同，分别为 0.0017166、0.0023283、0.0031275，表明危化品上市企业经济收益随着安全投入比例的增加而提高，且提高的幅度越来越大；从第一个门限点左侧到第二个门限点右侧，经济效益提高了约 1 倍。

（3）已有理论研究表明，安全投入比例与经济收益呈现先增长、后下

---

① 国内危化品产业的这 14 家上市企业为：上海石化（600688）、石化油服（600871）、茂化实华（000637）、华锦股份（000059）、沈阳化工（000698）、中化国际（600500）、广汇能源（600256）、中盐化工（600328）、万华化学（600309）、华鲁恒升（600426）、中国石油（601857）、东华能源（002221）、齐翔腾达（002408）、仁智股份（002629）。

降的"倒U形曲线"关系，即存在"最佳收益拐点"。① 就 2011～2022 年的数据而言，危化品上市企业的安全投入收益处于"加速上升期"，危化品行业的安全投入仍在偿还过去的"安全欠账"。

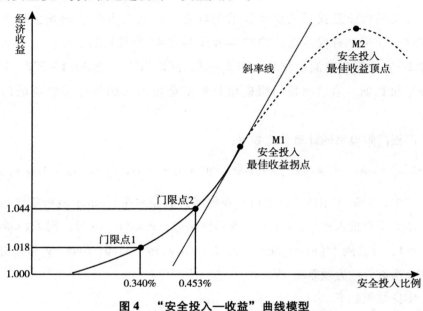

图 4　"安全投入—收益"曲线模型

由于危化品上市企业主要为国企，安全投入的自主性和规范性均高于行业平均水平，本文的计算结果在一定程度上高估了危化品行业的安全投入水平。因此，以危化品行业为典型，我国行业的安全投入仍有待提升。

（四）安全发展具有多样性，15种安全发展类型在我国具有典型性

1. 省份安全发展指数得分总体呈现"东高西低"局面

北京、广东、江苏、浙江、上海、山东、福建、天津、江西、安徽的SDI 得分均在全国平均水平以上（见图5）。

---

① 汤凌霄、郭熙保：《我国现阶段矿难频发成因及其对策：基于安全投入的视角》，《中国工业经济》2006 年第 12 期。

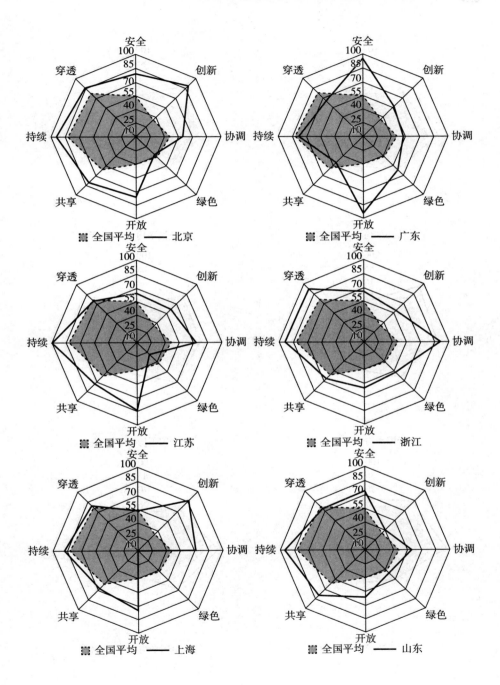

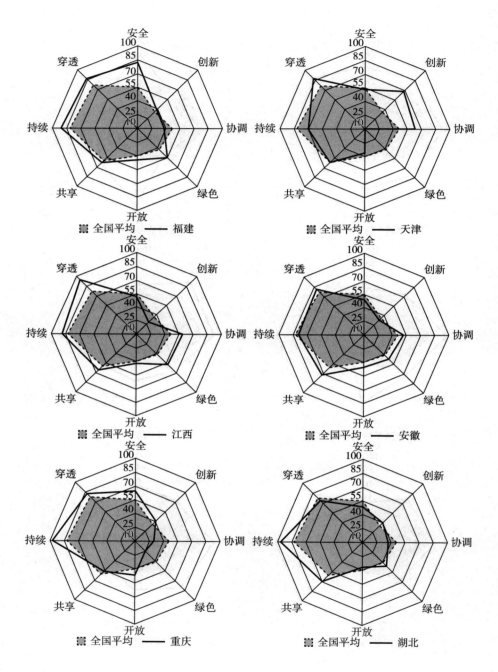

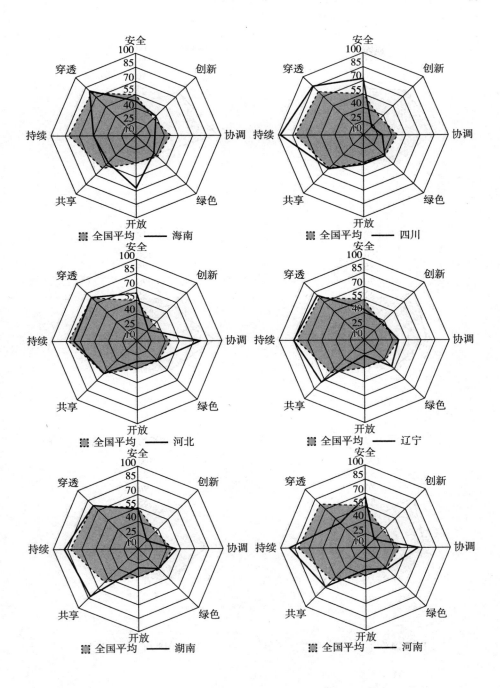

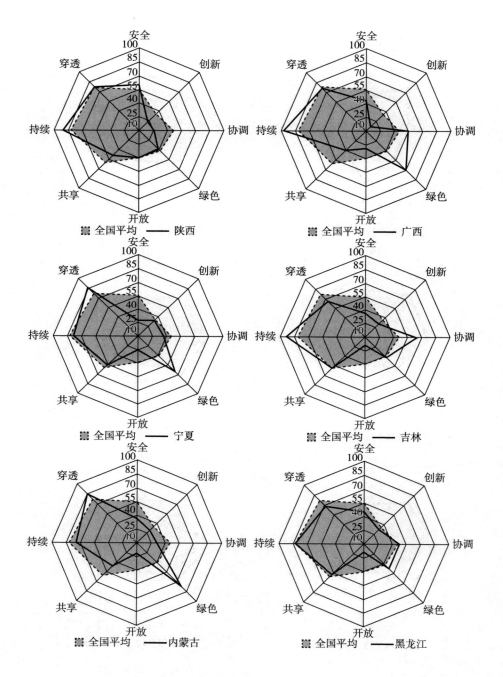

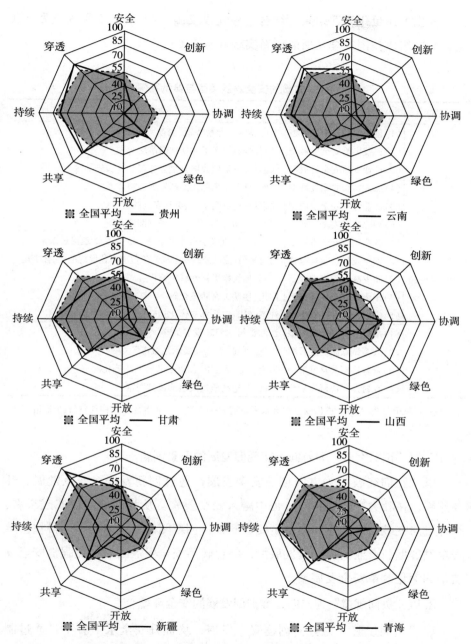

图 5 省份"安全发展指数"8 个维度得分和全国平均分比较

注：西藏自治区数据缺失量较大，不纳入总分比较。

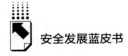

根据上述量化测评结果，结合各地建设实践，归纳出15种安全发展类型，共同组成我国安全发展的创新实践（见表6）。

表6　省份的安全发展类型与典型案例

方向	安全发展类型	典型案例
Ⅰ 正向突破	（1）创新驱动安全发展型	上海：培育"专精特新"企业
	（2）科技供给安全发展型	广东深圳：探索工业互联网落地应用
	（3）产业支撑安全发展型	江苏徐州：争创我国安全应急产业发展先导区
	（4）绿色转型安全发展型	山西：打造绿色低碳循环发展经济体系
	（5）产业强链安全发展型	北京：打造更高水平、更具安全的产业链
	（6）深化改革安全发展型	广东：推动劳动力要素市场化配置改革
Ⅱ 负向规避	（1）社会治理安全发展型	多个省市颁布"平安建设条例"或"社会治理促进条例"
	（2）安全发展法制规范型	河南南阳：推动公共安全风险防范应对建设规范化、标准化
	（3）防灾减灾保障发展型	北京：加快推进韧性城市建设
	（4）国土规划源头风控型	四川：地质灾害防范化解
	（5）安全管理穿透有力型	江苏江阴：安委办实体化运转"全国最早县"
Ⅲ 良性循环	（1）战略牵引安全发展型	江苏常州："532"发展战略
	（2）政策试点激励提升型	广东：创建"安全发展示范城市"
	（3）资源协同共享发展型	云南："省管县用"促进公共资源均等化
	（4）乡村振兴协调发展型	浙江：打造高质量发展建设共同富裕示范区

注：详见分报告《31个省份安全发展水平研究——"安全发展指数"建构与省份创新实践》。

2. 以"正向突破"为方向，实现促发展的要素创新

以"正向突破"为方向创建安全发展，通过创新发展、绿色发展、开放发展，在壮大产业经济的过程中融入安全要素。从我国的建设实践来看，符合正向突破的安全发展类型主要有6种：创新驱动安全发展型、科技供给安全发展型、产业支撑安全发展型、绿色转型安全发展型、产业强链安全发展型和深化改革安全发展型。

3. 以"负向规避"为方向，维护促发展的安全环境

以"负向规避"为方向创建安全发展，从提升安全水平着手，通过制度建设、管理队伍建设等，完善公共安全体系，提升公共安全风险的治理能力和工作穿透力，为发展营造安全环境。符合负向规避的安全发展类型主要有 5 种：社会治理安全发展型、安全发展法制规范型、防灾减灾保障发展型、国土规划源头风控型和安全管理穿透有力型。

4. 以"良性循环"为方向，强化促发展的要素统筹

以"良性循环"为方向创建安全发展，着重提升协调发展、共享发展水平，并通过制定发展战略等方式实现安全和发展的要素统筹。符合良性循环的安全发展类型主要有 4 种：战略牵引安全发展型、政策试点激励提升型、资源协同共享发展型和乡村振兴协调发展型。

5. 因地制宜、精准施策，省份可结合自身特色实现多元安全发展

省份应综合考量自身安全发展水平、资源禀赋、战略定位、政策红利、市场潜力等多方面的因素，因地制宜选择合适的安全发展类型。

从动态的角度看，省份在达成一种安全发展类型的基础上，可以继续向另一种安全发展类型建设，在螺旋式上升中持续提升安全发展质量和水平。例如，对于资源型城市和老工业区城市，可以向"绿色转型安全发展型"转型，加快工业绿色化改造，同时在生态补偿的基础上，发展生态旅游、特色旅游等"绿色 GDP"项目，实现转型升级，安全发展。

四　高质量安全发展型省份的创建指引（2024版）

习近平总书记强调，"只有加快构建新发展格局，才能夯实我国经济发展的根基、增强发展的安全性稳定性……增强我国的生存力、竞争力、发展力、持续力，确保中华民族伟大复兴进程不被迟滞甚至中断，胜利实现全面建成社会主义现代化强国目标"[1]。要实现高质量发展和高水平安全的良性互动，省份需要在自身资源禀赋、安全发展水平和类型等的基础上持续突破，从安全发展型省份升级为高质量安全发展型省份，以省份高质量安全发展支撑中国式现代化。

---

[1] 《习近平：加快构建新发展格局 把握未来发展主动权》，中国政府网，http://www.gov.cn/yaowen/2023-04/15/content_5751679.htm。

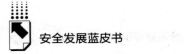

高质量安全发展型省份的创建过程，是从以安全为本质的"安全+发展要素"层次，升级为以发展为本质的"高质量发展+公共安全体系+'两个至上'"层次，实现全范畴、全时空、高质量的安全发展递进式循环的过程（见图6）。高质量安全发展型省份是安全发展的类型组合或突破，以高质量发展为核心，将安全内嵌于发展环节，全面服务于"两个至上"，提升人民群众满意度和幸福感。

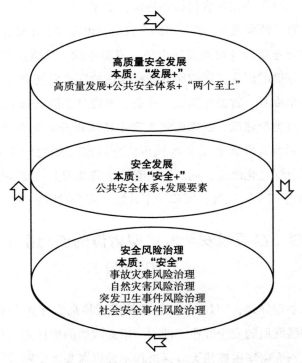

图6　安全发展"递进式循环模型"

高质量安全发展的"三维三态九要素统筹模型"可以划分为范畴维度、时空维度和靶向维度。从范畴维度来看，"安全治理"是基本要求，规避与减轻社会发展成果遭受破坏和损害；"发展持续"是动力支撑，是坚持"统筹发展和安全两件大事"在多种状态、多个方面的实践与创新；"人民向往"是目标愿景，一切工作以人民群众满不满意、高不高兴、答不答应为出发点和落脚点，满足人民群众对安全发展的需求。三者有机构成了公共安全风险治理和安全发展的创建层次。从时空维度来看，"危态"是指突发事件或生产生活过程中已经出现风险征兆，并有较大概率暴发危机的状态；"常态"是国民经济和社会发展的日常状态，也是最主要的状态；"未态"则面向未来，以可持续发展为指导，关注未来发展过程中的机遇与挑战，提前谋划，把握发展的安全性、主动权。靶向维度即高质量安全发展的创建方向（见图7）。

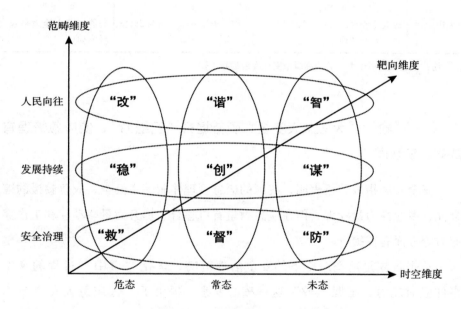

图7 高质量安全发展"三维三态九要素统筹模型"

范畴维度的三个面向和时空维度的三种状态相互组合，构成了支撑高质量安全发展的九大要素，也是省份创建高质量安全发展格局的九大抓手。"安全治理"以危态"救"、常态"督"、未态"防"为内容；"发展持续"以危态"稳"、常态"创"、未态"谋"为内容；"人民向往"以危态"改"、常态"谐"、未态"智"为内容。

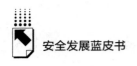

表 7　高质量安全发展型省份的创建"工具库"（2024 年）

	危态	常态	未态
安全治理	**1."救"** 应急指挥、应急协同、应急保障、应急新闻管理亟待提升	**2."督"** 风险状况和监督管理相匹配	**3."防"** 风险评估与风险防范
发展持续	**4."稳"** 贯彻安全发展的持续原则、有序原则、共享原则,稳住社会基本盘	**5."创"** 因地制宜定战略 开创安全发展新格局	**6."谋"** 高质量安全发展立体化统筹
人民向往	**7."改"** 改安全隐患点、改低效产业链、改管理服务面	**8."谐"** 引导凝聚安全发展共识、公平正义良性发展	**9."智"** 智能智慧安全发展循环驱动

注：本表也适用于市、县的高质量安全发展创建工作。

（一）"救"："大应急大安全"亟待提升"四组力"，使应急管理有成效、获认同

安全发展指数分析表明，我国的应急管理体制基本健全，应急救援的综合性、专业性力量壮大，但在应急力量有机整合、提升力量联动性和工作穿透力等方面有待提升。

总报告立足危态时空下的安全治理范畴，优化"事中"过程的突发事件应对能力，把握"救"这一核心要素，提出了"大应急大安全"亟待提升的四组力模型（见图 8）。高质量安全发展的"救"要素，要求在"大应急大安全"框架中着重提升应急指挥体系"穿透力"、应急协同体系"联动力"、应急保障体系"支撑力"和应急新闻管理体系"舆情应对力"。

1. 提升应急指挥体系"穿透力"

建立健全统一指挥、分类处置和专家支撑协调一致的应急指挥系统；完善综合应急指挥平台建设和分领域的应急处置平台建设，统筹综合研判和专业分析；设立现场应急指挥平台，完善现场指挥官制度，完善指挥部的团

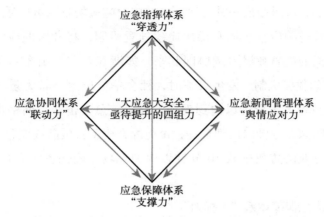

图8　"大应急大安全"亟待提升的四组力模型（2024年）

队、设备配置，形成覆盖全域、贯穿各层级的应急指挥体系，实现"前线—中台—后方"信息共享、互联互通，提升应急指挥的专业性和实战性水平。

2. 提升应急协同体系"联动力"

应急协同体系"联动力"包括两方面。一方面，增进政府部门间协同。应急管理和救援过程中涉及多个部门，其中医疗卫生部门和消防救援部门承担着大量的应急救援任务，二者的协同联动水平亟待提升。参考地方实践，一是打通信息共享渠道，健全"救急"服务体系。打通数据交互端口，实时共享警情调度信息，建立多种通信联络途径，充分发挥医疗急救体系（突出"救"）和消防救援体系（突出"急"）的专业优势。二是规范院前急救行为，探索联合执勤模式。消防救援站在已有"卫生员"岗位编制基础上，设置急救班组或急救员，规范急救程序、措施和标准，提高第一现场科学施救水平；建设具有消防救援与急救功能的合建站，实行合署办公、联合执勤。①

---

① 《泰州建立消防救援与医疗急救联动机制》，泰州市卫生健康委员会网，http：//wjw. taizhou. gov. cn/xwzx/gzdt/art/2021/art _ 0f0e279b6b5e44ea84014227debd24c2. html，最后访问日期：2023年9月15日。

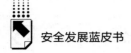

另一方面，增进政府—社会协同。在应急响应场景，可以通过设置基于灾害半径的快速响应救援圈和梯次应急处置机制，将社区的应急力量和地方、国家层面的应急救援力量协同起来。如浙江台州、山东东营等地建立"13510"应急救援机制，发生火情时，社会单位应急自救力量（微型消防站）或企业负责人1分钟以内到现场，村居应急突击队、网格作战小组或社区微型消防队3分钟以内到现场，镇街综合应急救援队或应急站5分钟以内到现场，专业消防救援队10分钟以内到现场，确保各级力量协同联动，快速处置。

3. 提升应急保障体系"支撑力"

第一，确保应急物资及时到位。构建立体化应急运输网络，落实"最先和最后一公里"保障；完善应急运输服务保障和人员应急疏散保障提升应急运输保障韧性；完善应急运输协调机制，建立健全应急运输调度平台，设置应急运输"绿色通道"，提升应急储备调度效能等。

第二，在上述基础上，关注应急需求的群体异质性，提高应急保障的精细化水平。充分考虑民族、宗教因素和老、幼、病、残、孕等群体的特殊性和脆弱性，基于"生存需求"评估，分类分级制作"脆弱群体需求清单"，在物资配送、疏散撤离等过程中给予支撑和保障，切实解决群众需求。

4. 提升应急新闻管理体系"舆情应对力"

提升应急管理外部穿透水平，完善应急新闻管理体系，确保宣传到位，提高危机公关、舆情引导、谣言治理等应急处置能力和水平，提升应急管理工作的社会评价。

（1）时：时间节点。应急管理部门要研判时间节点，分析"社会敏感"、同类关联等要素。既要规避"恶意炒作"的风险，也要避免"被关联"的风险。

（2）势：趋势预测。应急管理部门要全面评估"连锁反应"效应，预测显性的趋势并有针对性地做好预防和预案工作，关口前移，提前防控。

（3）度：速度尺度。应急管理部门的社会负面影响应对不仅要快速，还要有部署、讲究尺度。既不能犹豫不决、贻误时机，也不能拔苗助长、适得其反。

（4）效：效果效益。应急管理部门的社会负面影响应对和危机公关的处置效果，最终要看综合的社会效益。不仅要直接利益相关群体认可，还要间接利益相关群体接受，更要符合总体国家安全观等大局。

（5）治：贯穿治理。应急管理部门的社会负面影响应对和危机公关，应该以治理为中心工作（见图9）。

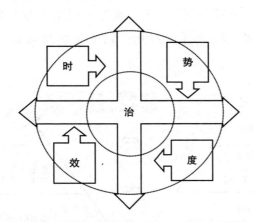

图9　舆情应对"时势度效治系统"治理模型

资料来源：唐钧：《应急救援的负面风险防范和社会评价提升策略》，载应急管理部消防救援局编《2021年公共消防安全与应急救援理论研究》，新华出版社，2021，第97~106页。

（二）"督"：监督管理到位，守住规避"重大生产安全责任事故重复发生"底线

以"生命至上"为指导，以"降低亡人率"为目的，发挥绩效考核"指挥棒"的作用，坚决遏制重大生产安全责任事故，全力规避党政领导干部安全责任重大失职、行政决策重大失误等问题，提升省份整体安全发展水平，为创建高质量安全发展做好监督管理和综合执法工作。

依据安全风险的"火山式分布状况"，危机爆发是累积安全风险突

破临界值的结果；类似的，风险由社会生产生活中的不同状况演化而成（见图10）。相应的，安全风险监督管理的应然目标由高到低，分别为守住"规避重大生产安全责任事故重复发生"底线、防范干部重大失职渎职或重大决策失误、日常安全监管到位；最高层次目标最为重要，属于安全风险监督管理绩效的"一票否决项"，通过"重大生产安全责任事故重复率"进行评价；干部重大失职渎职或重大决策失误和日常安全监管到位目标属于"加减分项"，其中前者采用重大生产安全责任事故数量进行评价，后者主要通过常态化、制度化的绩效管理进行考核约束（见表8）。

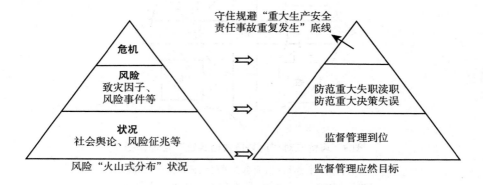

图10 "风险状况—应然治理"匹配模型

表8 安全风险监督管理的级别、内容与评价指标

级别	内容	评价指标
Ⅰ一票否决项	（1）重大生产安全事故在一段时间内重复发生	重大生产安全责任事故重复率
Ⅱ加减分项	（1）干部重大失职渎职或重大决策失误	重大生产安全责任事故数量
	（2）日常安全监管到位	（常态化、制度化的绩效管理）

1.警惕重大生产安全责任事故在一段时间内重复发生现象

坚决防范和遏制重大生产安全事故发生，始终是党和国家开展安全治理工作的基本要求。本研究基于国务院安全生产委员会办公室官网公开发布的

2021年1月~2023年4月挂牌督办的23起重大生产安全事故，其中2021年13起，2022年6起，2023年4起。梳理后发现：尽管同一省份内重大生产安全事故的重复发生数量为0，但从全国来看，道路交通、公共场所、建筑工地等重点领域和重点场所的重大生产安全事故偶发，冲击人民群众的安全感和幸福感（见图11）。

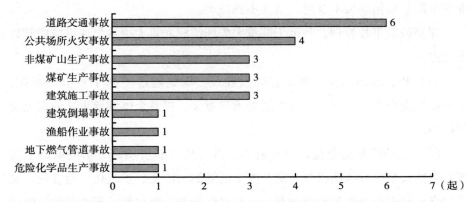

图11　国务院安全生产委员会办公室挂牌督办的重大生产安全事故类型

注：统计范围为2021年1月~2023年4月。

2. 深刻汲取"五点教训"，防范干部重大失职渎职和重大决策失误

对发生在2021年1月~2023年4月的23起重大生产安全事故进行分析，事故归因为党政部门的有14起，占已公布《事故调查报告》事故（20起）的78%（见表9）。干部重大失职渎职和重大决策失误的"五点教训"如下。

（1）风险意识薄弱，对安全风险"没想到""不清楚"。

（2）工作作风上，发展理念存在偏差，政绩观错位，重视发展轻视安全，在行动中体现为落实责任不紧不实，不担当不作为；对安全生产工作重视不足，行业安全监管宽松软，导致安全生产专题会议、安全执法检查流于形式，缺乏实效性等。

（3）管理能力上，缺乏特定行业领域的相关知识，无法胜任风险检查，导致检查浮于表面不深入；管理办法落后老旧，不能适应新发展业态、新安

全风险的管理要求。

（4）工作机制上，立法滞后执法不严，在行政执法工作机制、阶段性任务制订、部门协同联动监管等方面存在明显短板，导致监督工作不实不细。

（5）事后复盘与学习上，未深刻汲取同类生产安全事故教训；专项行业安全隐患整治开展不及时、落实不到位等。

深刻汲取事故教训，防范干部重大失职渎职和重大决策失误，应做到以下三点。

（1）提高政治站位，树立正确发展观。深刻理解"两个至上"原则，全面认识安全生产对省份安全发展的重要意义，提高全体领导干部的安全责任担当。

（2）全面提升安全监督管理能力。既要建立职责明晰、协同联动、监管有力的安全监管执法机制，提升安全监管的法治化、正规化、专业化，又要加强干部安全培训和专项学习，提高对新能源、新材料、新业态的风险识别能力和安全监管能力，不断适应风险治理需求。

（3）深刻汲取特别是发生在辖区内的同类生产安全事故教训。建立事故复盘—全域排查的危机学习常态化机制和动态更新机制，提升领导和基层一线干部的风险识别、专业研判等能力，确保监督工作落实处、有成效。

表9　重大生产安全事故分析（2021年1月~2023年4月）

事故类型	基于党政部门的事故归因	重大生产安全事故（23起）
1. 道路交通事故	（待调查）	2023年"1·8"重大道路交通事故
	党政部门无安全责任	2021年"9·4"重大道路交通事故
	党政部门无安全责任	2021年"10·11"车辆落水重大事故
	行业主管部门监管不力等	2021年"7·26"重大道路交通事故
	地方党委、政府及行业主管部门监管不到位	2021年"9·5"货车翻坠重大事故
	党政部门无安全责任	2021年"4·4"重大道路交通事故

续表

事故类型	基于党政部门的事故归因	重大生产安全事故 （23起）
2. 公共场所火灾事故	（待调查）	2023年医院"4·18"重大火灾事故
	教育部门、公安机关、消防救援机构、市场监督管理部门等存在不同程度的失职渎职，监管不力，对违法情况失察	2021年县城"6·25"重大火灾事故
	地方政府部门履职不到位等	2021年婚纱公司"7·24"重大火灾事故
	（待调查）	2023年工业区"4·17"重大火灾事故
3. 建筑施工事故	有关部门和单位审查和监管执行不到位，地方党委政府安全生产工作领导不力等	2022年"1·3"在建工地山体滑坡重大事故
	监管部门对既有建筑改建装修工程未批先建、违法发包等行为监督管理存在漏洞	2021年酒店"7·12"重大坍塌事故
	住建部门、水务部门、公安部门、地方党委政府等存在重大失职渎职，未遵守相关规定开展督促，监管人员专业性不足，明知施工单位的违法行为却未阻止等	2021年工程隧道"7·15"重大透水事故
4. 煤矿生产事故	地方党委和政府履职不到位、履职有差距	2022年煤矿"2·25"重大顶板事故
	属地安全监管走过场	2022年煤业公司"7·23"重大边坡坍塌事故
	部门安全隐患排查治理不到位，地方政府未认真研究解决应急管理部门领导班子弱化、煤矿监管力量不足问题	2021年煤矿"8·14"溃砂溃泥重大事故
5. 非煤矿山生产事故	公安部门、应急管理部门、工信部门、交通运输部门等未依法履职，监督管理不到位	2021年金矿"1·10"重大爆炸事故
	有关政府部门存在安全生产管理组织机构不健全、安全责任不落实、安全监管不到位等问题	2021年铁矿公司"6·10"重大透水事故
	时任县委书记、县长等对该事故迟报谎报	2022年铁矿公司"9·2"重大透水事故
6. 危险化学品生产事故	（待调查）	2023年化工公司"1·15"重大爆炸着火事故

续表

事故类型	基于党政部门的事故归因	重大生产安全事故（23 起）
7. 建筑倒塌事故	有关部门存在集中治理部署迟缓简单应付、日常监管相互推诿回避矛盾、排查整治不认真走过场、对违法违规行为处置不力、房屋检测机构管理混乱、自建房规划建设源头失控等问题	2022 年"4·29"特别重大居民自建房倒塌事故
8. 地下燃气管道事故	住建部门、城管部门未认真履行监管职责，未依法履行监察职责	2021 年集贸市场"6·13"重大燃气爆炸
9. 渔船作业事故	（待调查）	2022 年海域"3·7"渔船沉没事故

注：案例收集范围为 2021 年 1 月~2023 年 4 月国务院安全生产委员会办公室挂牌督办的重大生产安全事故，为不完全统计，具有相应误差；事故归因内容来源于事故调查报告，截至 2023 年 4 月，部分事故调查报告未公布。

（三）"防"：落实风险评估，掌握风险规律，安全关口"前置防范"到位

开展风险评估，是推动安全治理向事前预防转型的前提和基础。立足未态的安全治理，必须强化并落实风险评估，以评估把握风险规律，以规律促进风险治理，消除安全生产各环节的风险点，实现风险防范前置，关口前移，创建高质量安全。

1. 运用"全局分析模型"，根据致灾因子、承灾环境、应灾主体开展风险评估

全局分析模型关注风险对象（包括个人、群体、建筑、系统等）在应对灾害时的抵抗能力和恢复能力。从模型出发，省份的整体抗灾能力主要受致灾因子、承灾环境、应灾主体影响（见图 12）。以风险规律促风险防范，需要做到以下几点。

（1）消除或规避致灾因子，降低灾害发生概率。例如：通过对震区居民整体搬迁，从源头上规避地震灾害；又例如：对化学储能电站、氢能等新

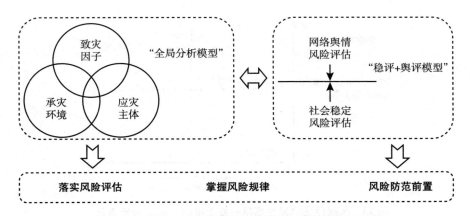

图12　风险评估"全局分析模型"和"稳评+舆评模型"

业态，通过"人机料法环"（4E1M）五方面识别安全风险，同时总结业务累积经验、汲取国际国内教训，落实新兴安全风险评估。

（2）提升承灾环境韧性，减轻灾害造成的损害。例如：通过地震易发区房屋设施加固工程，提高震区房屋的抗震能力。

（3）提高党政部门的应急管理能力，提升全社会避险自觉、自救互救等安全素养和应灾能力，发挥应灾主体的能动作用等。例如：开展地震疏散避险应急演练，提高政府应对地震的应急管理能力和社会的自救互救能力。

2.运用"稳评+舆评模型"，综合开展社会稳定风险评估叠加舆情风险评估

（1）加强线上网络舆情风险评估。遵循"发生后果—发生概率"和"社会责任—负面影响"（PR–RI）模型，网络舆情研判不仅要关注事件发生概率和损害程度，也要关注那些具有较大社会负面影响，或政府负有主要责任的安全风险（见图13）。建议完善舆情跟踪研判机制，常态化舆情监测研判，密切跟踪区域内人民群众反映强烈的治安问题，高度关注社会民生领域敏感、热点、负面舆情等。

（2）扎实开展线下社会稳定风险评估。把握稳评的政治属性、技术属性、管理属性和公共属性，用好稳评工具，以稳评识别和研判安全风险，以稳评结果运用辅助管理决策，保持社会长治久安。具体的措施有：发挥

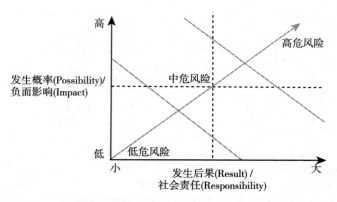

图 13　风险评估"发生后果—发生概率"和"社会责任—负面影响"（PR-RI）模型

注：坐标轴维度的对应关系为："发生后果"维度对应"发生概率"维度，"社会责任"维度应对"负面影响"维度。

资料来源：唐钧《公共安全风险治理》，中国人民大学出版社，2022。

稳评的政治属性，通过依法开展稳评、考核问责约束，增强决策政策政治势能，提高政策的科学性与合法性；发挥稳评的技术属性，通过多元评估、综合研判定级，摸清决策的合法性、合理性、可行性、可控性等"底数"，促进风险治理关口前移，并做好风险应对准备工作；发挥稳评的管理属性，通过风险全流程治理、管理者主动创稳，降低重大决策风险；发挥稳评的公共属性，通过广纳民意、接受监督，争取更广泛的群众基础（见表 10）。

表 10　稳评的四重属性及其内涵、需求与策略

属性	内涵	目标	策略
政治属性	正当合法	增强政治势能	依法开展,考核约束
技术属性	决策科学	提高政策质量	多元评估,综合定级
管理属性	行政担责	降低治理风险	风险治理,主动创稳
公共属性	人民民主	争取人民满意	广纳民意,接受监督

注：详见分报告《公共安全风险治理和安全发展的"稳""创""谋"专题研究》。

3. 强化"短临预报预警"机制建设，促进风险规律转化运用

"短临预报预警"机制有利于将风险研判工作制度化、常态化，强化研判规律的转化运用，同时提高党政领导的重视程度和风险意识，促进风险防范落实。实践中，我国通过"风险日报""气象速报""叫应机制"等方式开展短临预报预警工作，并取得了良好的成效。

建议推动各省份不同行业部门和各层级部门建立健全"短临预报预警"机制，落实风险治理经验总结、事故教训复盘学习、未来风险趋势预测等工作，把握安全防范的主动权。

4. 落实"五化"措施，前移安全关口

（1）制度化源头防控。充分利用第一次全国自然灾害综合风险普查成果，科学划定灾害设防标准，探索建立自然灾害红线约束机制；坚持从源头上把好安全准入关，进一步健全重大工程和项目安全风险评估与论证制度、部门联审联查机制；严防化工产业转移安全风险，持续开展重点县和重点园区专家指导服务。

（2）常态化风险管控。发挥各议事协调机构职能作用，进一步健全安全形势分析研判和风险联合会商机制，结合经济社会发展态势、季节变化、重大节日和活动特点，采取有针对性的防范应对措施。组织好各大流域汛前检查、重点地区汛中督导，落实直达基层责任人的预警"叫应"机制，及时组织群众转移避险。综合运用人防、技防等措施，加强地质灾害隐患早期识别和巡查监控。推动加强火源管控、野外巡查和隐患治理，坚决防止火灾多发频发。继续落实安全生产风险常抓严管工作机制，推进安全生产标准化建设，加强矿山、危化品、建筑、交通、渔船等行业领域风险跟踪分析，深入剖析苗头性事故暴露出的问题，及时组织开展专项治理，确保安全形势稳定。

（3）信息化监测预警。突出重点领域，加快建设省份灾害事件、安全事故电子地图，建好用好矿山安全风险监测"一张网"，推进危化品重大危险源在线监测预警系统功能融合升级，推广应用粉尘风险监测预警系统，提升安全风险预警精准性、有效性。加快推动多层大体量劳动密集型企业、人

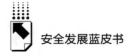

员密集场所"智慧消防"建设。推进灾害风险综合监测预警，加快整合气象、水文、地震、地质、森林草原等监测基础数据，综合利用空天地人一体化监测手段，分析研判各灾种叠加和灾害链风险变化，及时向影响地区发布预警信息。推动市县健全预警信息快速发布渠道，确保第一时间传达到一线岗位和受威胁人群。

（4）长效化工程治理。加快实施"十四五"省份应急体系、综合防灾减灾、安全生产等规划确定的重大工程项目；持续统筹自然灾害防治重点工程建设；加强应急避难场所规划建设、管护使用；推进机械化换人、智能化减人工作。

（5）线上线下一体化防治。健全舆情治理机制，通过科技支撑、阵地建设、企业责任落实、舆论监管、权威发布、快速联动处置等方式进行有效应对。面对舆情苗头，坚持线上线下同步跟进，对网上反映普遍的问题进行调查核实，公布真相，澄清谣言，着力推进事件解决；线上及时掌握舆情动向，根据需要适时开展舆论引导，指导督促涉事部门回应关切；线上线下部门之间及时沟通信息，确保线上线下一致，避免信息不对称对决策造成的影响，确保信息发布的权威性、准确性，防止事态恶化。

（四）"稳"：发展更加稳健、更加有序、更可持续

从"大安全"的视野来看，危态的发展持续需要把握"稳"这一核心要素，主要有三个方面构成：经济发展持续，统筹经济增长和发展稳健的"持续原则"；社会平稳有序，统筹经济增长和社会平稳的"有序原则"；发展成果共享，统筹经济增长和发展成果共享的"共享原则"。

1. 坚持并落实经济增长和发展稳健的"持续原则"

提升经济运行的稳健性，必须建立连续性管理的观念。根据国际标准，业务连续性管理（Business Continuity Management）是在中断事件发生后，组织在预先确定的可接受的水平上连续交付产品或提供服务的能力的管理。例如：国家和各省份积极开展"六稳六保"工作，在危机应对中培育安全发展土壤，确保经济结构纳入发展后劲要素与安全韧性要素；发扬斗争精

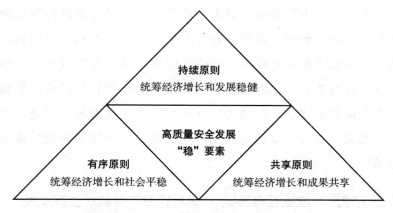

图14　高质量安全发展"稳"要素的三原则一览图

神，不断开创社会经济发展新局面，实现经济稳中有进，发展可持续，平稳应对经济下行压力与潜在风险。

2. 坚持并落实经济增长和社会平稳的"有序原则"

社会平稳有序是人民群众安居乐业的必要前提。经济增长或带来民事纠纷、市场失序、违法犯罪等社会治安问题，需要践行经济增长和社会平稳的"有序原则"，保持社会平稳有序、充满活力。例如：多个省份通过制定平安建设条例或社会治理促进条例等，为打击违法犯罪、调解群众矛盾提供有力的制度性规范，更好地维护市场秩序。

3. 坚持并落实经济增长和发展成果共享的"共享原则"

发展为了人民，发展依靠人民，发展成果由人民共享。高质量安全发展型城市通过践行"共享原则"实现全国稳健的高质量发展。

（1）全面脱贫、乡村振兴，实现共享发展。全国自上而下全面推广和坚决落实脱贫攻坚战，针对"老少边穷"等欠发达地区，千方百计实现了精准扶贫、全面脱贫。下一步，需要由"输血"转为"造血"，把乡村振兴和"扶志""扶智"相结合，利用好区位优势，有策略地发展特色产业，并提升教育、医疗等公共服务质量，使高质量安全发展更加充分。

（2）稳定边疆，保障国土安全。位于边疆的各省份通过兴边富民行动、海洋安全开发等战略部署，统筹国家安全和当地经济发展。例如西

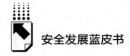

藏自治区在"十四五"规划中要求，开展兴边富民行动将构建以沟域生态经济区、河谷流域经济走廊、农牧产品生产加工基地、全国旅游重点村为重点的边境产业发展格局；支持边境乡（镇）积极发展高原特色农畜林产业、绿色生态、旅游文化、民族手工制作等特色产业；加快边境县乡商贸物流体系建设，鼓励边民互市贸易多元化发展，促进边贸转型带动边民增收，支持互市贸易加工产业发展，给予加工企业土地等特殊支持政策。①

（五）"创"：依据现有基础，"量身定做"突破式创新发展

省份具有不同的安全发展类型，其域内的地区和行业在安全发展程度上也存在差异。应根据资源禀赋、发展定位、发展潜力、人民需求等区位优势和约束条件，因地制宜、精准施策，找到高质量安全发展的"突破口"，通过对行业或地区的"量身定做"式创新发展支撑高质量安全发展。

将发展维度和安全维度两两组合，可以构成发展—安全型态四象限；不发展且不安全型态（D 区）、发展但不安全型态（C 区）、安全但不发展型态（B 区）、安全发展型态（A 区）（见图15）。

1. 安全发展型态"突破口"建议：安全发展稳存量、创增量

安全发展型态在发展上处于较高水平，同时具备较强的安全风险防范和应对能力，达到本质安全或控于低危安全状态。位于安全发展型态的省份应以稳存量、创增量为突破口，以创新引领发展，创建可持续的高质量安全发展。

（1）科技创新迭代升级，如开展"工业互联网+安全生产"工程，提升安全生产水平，实现全要素全流程本质安全。

（2）创新安全发展战略规划和制度设计，实现安全发展系统化、可持续。提高政治站位，统筹推进公共安全工作部署，制定中长期安全发展战略

---

① 《西藏自治区国民经济和社会发展第十四个五年规划和二〇三五年远景目标纲要》，http：//drc.xizang.gov.cn/xwzx/daod/202103/t20210329_197641.html。

046

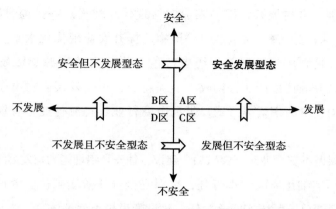

图 15　安全和发展的四种型态与治理路径拓扑

规划，实现资源集聚、要素统筹，全面服务于高质量安全发展。

（3）坚持以人为本，由控制亡人事故向提升职业健康的高度转变。加强对职业健康的重视，打出完善安全管理制度、发展安全保险产业、落实安全教育培训、重视员工心理健康等政策、经济和文化的"组合拳"，满足"人"的安全发展需求，以劳动力安全发展支撑省份高质量安全发展。

2. 安全但不发展型态"突破口"建议：用好区位优势，促进产业兴旺

通常情况下，"老少边穷"地区处于安全但不发展型态，如农村、老工业基地、边疆地区等。建议挖掘并用好区位优势，促进产业兴旺，支持经济社会良性发展。

（1）把握区位优势，因地制宜突破升级。例如：国家发改委在 2021 年印发的《"十四五"支持老工业城市和资源型城市产业转型升级示范区高质量发展实施方案》中提到，依托老工业基地产业基础，把握需求变化趋势和产业升级方向，提升有效供给能力，建设现代化产业基地。

（2）把握机会窗口，发展新业态实现经济"弯道超车"。综合研判市场潜力和现有产业基础，支持有条件的地区加大高端装备制造、现代信息技术、高端新材料、节能环保、新能源及新能源汽车等新兴产业布局，建设战略性新兴产业集群，促进全产业链协同创新。

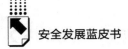

（3）促进乡村振兴，推动农业农村现代化建设。一是通过数字助农、智慧兴农、绿色护农、质量强农等措施，提升农业现代化水平，发展高质量农业；二是利用当地民族、历史特色文化和自然资源禀赋发展休闲旅游、康养服务等特色产业，创收入、提就业；三是发展农村电子商务，通过直播活动、电商带货等方式，带动电商行业、物流行业、餐饮行业等产业发展。

3. 发展但不安全型态"突破口"建议：使安全治理能力与发展水平相匹配

（1）压实细化风险治理责任，确保安全责任落实到位。紧抓责任制要害，以权责清单压紧压实安全责任，建设隐患排查治理体系，强化业务引领和制度支撑；改革优化运作机制，增强安全监管能力。

（2）加快风险治理能力"补短板""堵漏洞"，以新安全格局保障新发展格局。深入安全隐患排查整改，巩固经济稳进提质基本盘；强预警强联动强响应，提高危机防范和应对处置能力等。

4. 不发展且不安全型态"突破口"建议：找准发展和安全的结合点开创新局面

对于不发展且不安全型态的地区，需强化政府"有形的手"作用，通过政策引导和规范，扭转不发展、不安全状态，开创安全发展新局面。

（1）加强政策引导，实现产业转危为安，整合升级。例如：推进城镇人口密集区危险化学品生产企业搬迁改造，出台高危行业企业退城入园、搬迁改造和退出转产等扶持奖励政策，实现整合升级、集聚发展。

（2）设置"负面清单"，鼓励发展安全、绿色产业。制订各省份危险化学品"禁限控"目录，从严控制危险化学品生产与储存、道路交通运输等高危企业规模和总量，防止工艺技术落后、安全环保风险高、资源利用效率低的项目重复建设，引导企业发展更加安全、经济附加值更高的产业。

（六）"谋"：高质量安全发展的立体化统筹

以"实现质的有效提升和量的合理增长"为指导，统筹好高质量安全发展的关系，实现统筹发展。从党的十九大、二十大报告和相关法律法规中梳理我国当前发展目标和安全治理内容，把握高质量发展、高质量安全和高质量安全发展的三元关系，构建高质量安全发展"立体化统筹模型"（见图16）。

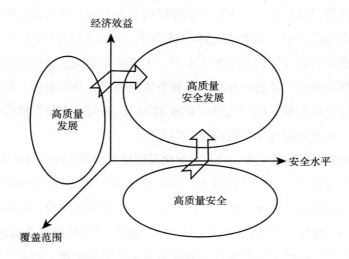

图16 高质量安全发展"立体化统筹模型"

1.高质量安全是匹配发展水平、满足人民需求的安全，建议加大安全投入

各省份根据地区安全发展类型和水平，建设与发展要求相匹配、与人民诉求相适应的有安全保障的符合现实的公共安全体系。包括但不限于：增强维护国家安全能力，坚定维护国家政权安全、制度安全、意识形态安全，确保粮食、能源资源、重要产业链供应链安全；提高公共安全治理水平，强化安全生产、社会治理、经济金融、公共卫生、食品药品、生态环境等各个方面的安全风险防范和应对能力，切实保障人民安居乐业、社会安定有序、国家长治久安。

总报告实证分析表明，个别省份的安全投入与事故"损失量"相比存在差距，且以我国危化品上市企业为例，行业安全投入与"最佳收益拐点"相比仍有差距。此外，与公共安全财政支出低于GDP的6%的省份相比，高于该值的省份安全发展指数（SDI）显著较高，因此，需进一步加大安全投

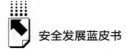

入，以产业发展的安全风险治理要求、人民公共安全需求等为投入重点，确保安全基石平稳。

2. 从系统韧性的角度看，高质量安全发展把安全内嵌于产业发展全环节

从产业布局的角度，处理好产业发展的竞争力和安全关系。坚持以实体经济作为支柱性产业，坚持以实体经济为重，防止脱实向虚；确定稳中求进、循序渐进的总方针，避免贪大求全，牢牢守住不发生系统性金融风险底线；坚持推动传统产业转型升级，不能当成低端产业简单退出，避免产业空心化，稳住经济根基；巩固优势产业领先地位，在关系安全发展的领域加快补齐短板，提升战略性资源供应保障能力等。

3. 从战略布局的角度看，高质量安全发展是全行业全社会的安全发展

以"机械化换人、自动化减人、智能化换岗"为指导，减少危险岗位，规避人员危险作业，实现本质安全；但机械替代了劳动岗位，失业人数在短期内会增加，威胁社会稳定。类似的，简单地推行"高龄农民工清退令"，尽管在一定程度上降低了生产事故，但容易引发社会不稳定。因此，建议把安全生产和社会稳定综合统筹，在有条件且适合的地区或行业有序推进机械化、自动化、智能化改造，同时积极创造更多就业机会；妥善制订高龄劳动者群体保护方案，以精细化而不是"一刀切"的做法妥善解决就业问题，保持社会和谐稳定。

（七）"改"：改安全隐患、产业链条和管理服务，实现高质量长效发展

从人民向往的高度，面对不符合安全发展要求的隐患和障碍，从改"安全隐患点"、改"低效产业链"和改"管理服务面"的角度，实现高质量长效发展（见图17）。

1. 改"安全隐患点"：应加强监督执法，落实隐患整改

依法整治"危污乱"类企业，确保消除安全、环保隐患。"危"指安全生产基础管理缺失，"三违"作业现象普遍，存在重大安全隐患和事故风险的企业；"污"指无污染防治设施或污染防治设施不完备、不

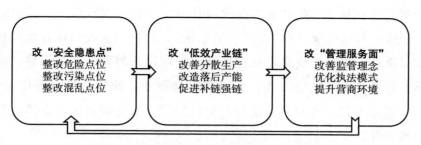

图17 高质量安全发展"点—链—面治理模型"

能对产生的污染物进行有效收集处理的企业，不能达标或稳定达标排放的企业；"乱"指手续不全，不符合全区产业发展规划，不符合工业集中区产业发展方向，内部管理混乱、现场脏乱差、群众意见大、存在较大安全环保隐患的企业。

要统筹考虑片区发展、土地利用和产业规划，综合运用土地置换、收回重供、兼并重组、增资技改等方式"腾笼换鸟"，为优质企业腾出更多发展空间、挤出更多生态容量。要统筹发展与安全，持续抓好问题企业"动态清零"，从源头消除风险隐患，提升本质安全水平。

2.改"低效产业链"：应加快产业转型升级，提升经济效益

切实推进"散低"类企业整治提升工作，推动产业升级、提质增效。"散"指未进驻工业集中区的小企业、小作坊，以及低端、低效、落后产能的企业；"低"指按照企业综合评价，属于用地低效、利税较低的企业。

推动"新质生产力"建设，要着力发挥创新引领、标杆示范作用，激励广大企业家"二次转型""二次创业"，全力支持企业加快智能化改造和数字化转型、追求"专精特新"，不断提升市场竞争力、影响力和占有率。要同步加强产业招引培育，差异化开展产业"建链、补链、强链、长链"，让治理成果更加稳固、成效更可持续。

3.改"管理服务面"：以服务型政府助力企业安全生产

改善安全监管的观念，由事后惩罚向事前指导转变，将公共服务融入监管过程，打造服务型政府。包括但不限于：以"店小二"的服务态

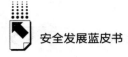

度开展管理与服务；在日常巡查的同时为企业提供政策解读、风险治理指导服务；巧用安全"提示函""警示函"，提示企业提前做好风险防范和应对准备工作；与企业签订责任书，采取说服教育、示范引导、监督提示、约谈整改等执法方式，实现执法与服务、处罚与教育深度融合；推行"首违不罚"等轻微违法行为免罚制度，稳妥探索包容审慎监管执法新模式等。

（八）"谐"：回应人民诉求，营造高质量安全发展的社会环境

立足常态的人民向往范畴，各省份应把握"谐"这一核心要素，以人民工作生活安全有获得、社会公平正义促和谐为组成部分，不断丰富和扩大人民群众的获得感、安全感、满意度，共同营造高质量安全发展的社会环境（见图18）。

图18　高质量安全发展"谐"要素的组合建构模型

1. 引导凝聚安全发展共识，促进群众安全感、获得感提升

（1）保障人民群众"衣食住行"方面的健康安全，以人口高质量安全发展支撑省份高质量安全发展。完善公共卫生、食品药品、生态环境、社区治理等公共安全体系，为劳动生产和经济社会发展筑牢地基。

（2）增强民主有序参与，使改革更多地体现人民意志。加强人民当家

作主制度保障，落实民主选举、民主协商、民主决策、民主管理、民主监督，积极发展基层民主，凝聚人民共识与智慧。

表 11 矛盾纠纷化解机制的各省份实践总结

类别	方向	策略	各省份做法示例
稳评机制	自上而下为主	吸纳社会意见	内蒙古：完善公共决策的社会公示制度、公众听证制度和专家咨询论证制度
		加强研判预警	云南：健全省、州市、县三级涉稳情报信息研判预警机制
			安徽：建设维稳态势监测预警平台
		扩大稳评范围	北京：稳评实现"应评尽评"
信访机制	自下而上为主	落实下访、接访、包案	江西：完善领导干部接访下访包案化解信访矛盾制度
			四川：落实领导干部定期接待群众来访制度
		治理突出问题	山东：集中开展治理重复信访、化解信访积案专项工作
			浙江：开展无信访积案县试点
		规范化、信息化建设	广东：推进省信访服务中心基础设施标准化规范化工程建设、信访信息化智能化一体化建设
			陕西：推广网上信访
		法治化、透明化建设	湖北：推行阳光信访、责任信访、法治信访
矛盾纠纷调解机制	综合	程序有机衔接	北京：完善信访与诉前调解与仲裁、行政裁决、行政复议、诉讼等有机衔接、相互协调
		主体协调联动	江苏：健全人民调解、行政调解、司法调解衔接联动的"大调解"体系
		跨区协同控制	天津：建立健全社会矛盾风险防控协同机制，防止风险跨地区、跨行业、跨领域交织叠加、传导蔓延
		发挥人民调解效能	河北：推进行业性、专业性调解组织发展，强化专职人民调解员队伍、基层网格员队伍建设
			河南：培育"品牌调解室""金牌调解员"
		一站式受理	辽宁：推动纠纷线上解决机制建设，建设在线矛盾纠纷化解平台
			山东：整合基础矛盾调处资源，分级分类推进实体平台建设，变多中心为一中心
			青海：构建"全科受理、访调一体、集成联办"的矛盾纠纷调处化解机制
		规范化建设	广东：加强行政复议规范化和信息化建设
			海南：制定实施海南自由贸易港商事调解条例

类别	方向	策略	各省份做法示例
其他机制	一	网络问政	完善网络问政机制
		政务热线	利用好"12345"热线
		群众联系机制	健全人大代表、政协委员联系基层单位(组织)制度
		地方经验	"枫桥经验""后陈经验""余庆经验"等

资料来源:有关资料均来自各省份国民经济和社会发展"十四五"规划;本表为不完全统计,具有相应误差。

(3)以"善治"提升社会整体和谐。包括但不限于:保障党的有力领导,加强反腐败斗争,维护党政正面形象;促进教育资源、医疗资源等公共资源合理分配,推动公共服务均等化;鼓励社会组织参与公共治理,壮大社会力量投入到市场投资、基层服务、应急救援等方方面面中来。

2.促进社会公平正义,提升人民群众"满意度"

(1)化解生产生活过程中的人民内部矛盾,实现社会和谐发展。通过稳评机制、信访机制、矛盾纠纷调解机制等,及时、妥善处理各类纠纷,促进社会良性发展。

(2)区域协调共享。一方面是城乡二元协调发展,促进乡村农业现代化建设,发展乡村特色产业,以产业带动经济增长和乡村就业;完善乡村基础设施和服务;畅通城乡要素流动,形成城乡统一市场等。另一方面是城市群的协同规划发展共享。例如,《京津冀产业协同发展实施方案》中提出,京津冀将进一步优化区域产业分工和生产力布局、深化产业链区域协作、增强区域产业创新体系整体效能、协同打造数字经济新优势等,实现京津冀三地优势互补、提质增效。

(3)营造依法保障劳动所得的社会环境。既要促进经济高质量发展,实现经济质的有效提升和量的合理增长,提升人民群众劳动所得,又要写好劳动获得的"后半篇文章",依法维护劳动者合法权益,打击黑恶势力、市场垄断等违法犯罪行为,消除工作和生活过程中的不安全因素,维持有序的经济环境与平安的社会环境,守护人民群众的获得感,为国民经济增长营造有秩序、有活力的社会环境。

（九）"智"：以智能、智慧化建设循环驱动高质量安全发展

智慧化发展以节约高效提升生产力水平，以累积知识（规律）提升服务和管理质量，对国民经济与社会高质量发展起着强有力的支持作用，并已广泛应用于多个领域。创建面向未来、人民向往的高质量安全发展型省份，需要利用好"智"这一核心要素，以技术赋能发展，同时保障自身发展安全，赋能更高质量的安全发展（见图 19）。

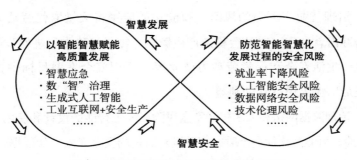

图 19　智慧安全发展的"循环驱动模型"

1. 应加快推进技术赋能安全生产，支持发展更安全、更充分

（1）优化生产要素与流程，实现生产"本质安全"状态。例如，《工业互联网发展白皮书（2019 年）》（深圳市工业和信息化局，2019 年）资料显示，深圳已研发出从数据采集、指标分析到趋势可视化呈现的解决方案，实现设备"预测性维护"。预测性维护的应用通过对设备运行状态的实时监测，使用工业数据建模和分析来进行设备故障诊断，预判设备的状态发展趋势和可能的故障模式，提前制订维护计划，减少计划外停机时间，有效降低异常对生产所造成的影响，有力提升本质安全水平。

（2）赋能风险治理与应对，打造"智慧应急"。以应急管理智慧化为例：智慧应急以"科技支撑、创新驱动、精准治理"为基本原则，以强化应急管理科技支撑力量为表现形式，以汇聚、融合、共享的大数据支撑体系载体为依托，以智慧促合和创新协同的技术治理理念为指导，以监测预警、监管执法、辅助决策、救援实战和社会动员五大应急业务为牵引，布局感知

网络、应急通信网络、应急指挥平台、信息化基础设施四大应急职能系统，强化标准规范、安全运维、信息化工作机制和科技力量汇聚机制的管理保障体系。在智慧应急背景下，国家示范性应急产业基地政策通过政策扶持和产业聚集，集聚高新技术和专业人才，高效配置和利用应急资源，该政策在提升经济发展质效的同时，有效降低了事故发生率和严重程度，为"智慧应急"高质量发展提供了坚实保障。

2. 应妥善解决智慧化发展过程带来的风险，实现人与技术协同发展

（1）治理就业率下降的风险。智能化的应用将大量取代劳动力，必然在短期内冲击就业率，对社会稳定产生影响。需坚持稳中有进的步调，在维护民众生产生活安全和保障劳动力就业等一系列安全发展目标中找到平衡点，实现最广大人民群众的利益。

（2）治理数据网络和人工智能安全风险。人工智能的设计和使用过程带来的伦理风险，可能激化社会矛盾；信息泄露引发的安全风险，如数据安全风险、信息安全风险、网络安全风险等，可能会破坏市场秩序，甚至损害国家利益。需提升相应的安全治理水平，推进公共安全治理体系和能力现代化。

（3）其他风险。包括但不限于 ChatGPT 等聊天机器人程序可能对意识形态安全带来冲击，新业态、新技术对安全管理能力的要求不断提升等。

（十）远近结合，以省份的高质量安全发展支撑我国高质量发展

1. 高质量安全发展的未来靶向：类型组合，实现高质量安全发展系统优化

高质量安全发展应是多种安全发展种类的集成发展，是全面、完整、准确贯彻"安全、创新、协调、绿色、开放、共享、持续、穿透"的安全发展维度，并通过要素组合、类型搭配，实现高质量发展和高水平安全的良性循环。创建高质量安全发展型省份，需在安全风险治理和安全发展"四梁八柱四地基"总体框架的基础上，综合谋划"安全治理、发展持续、人民向往"范畴维度，以连续性管理、全周期部署融合"危态、常态、未态"时空维度，以省份的高质量安全发展支撑我国高质量发展。

2. 高质量安全发展保底目标：2024年我国亟待落实的"补短板"工作

以高质量安全发展创建指引为理论框架，以安全发展指数分析结果为实证基础，本报告提出我国2024年高质量安全发展"补短板""强弱项"工作要点清单，具体如下。

（1）政府应急新闻管理待优化，建议加强应急新闻发布培训，提升危机发布的"时度效"，维护应急救援部门的积极形象，保障应急管理工作深入民心。

（2）从全国来看，重大生产安全责任事故仍偶有重复发生，教训汲取不充分，建议高度重视"重大生产安全责任事故重复发生"现象，力求杜绝政府干部重大失职渎职或重大决策失误。

（3）危化品治理工作有待加强，安全投入未达到"最佳收益点"，建议确保危化品企业安全生产投入不低于营业总收入的5‰；领导干部要提高安全发展的创新能力和管理能力，找准发展和安全结合点，开创符合属地或行业现状的高质量安全发展新格局。

（4）安全生产责任保险制度未建立健全，建议落实安责险、巨灾险等安全保险制度，充分发挥风险损失缓和、对冲功能，促进高质量安全发展更加稳健。

（5）各省份具有不同的安全发展优势和短板，安全和发展"结合点"有待探索创新，建议创建符合现状、有本省份特色的高质量安全发展类型。

（6）城乡、区域均衡发展水平有待提升，建议落实要素市场化配置改革，探索高质量的国内区域一体化安全发展。

（7）城市禁止类产业目录未落实，高危行业搬迁改造存"死角"，建议落实"危污乱散低"企业隐患整改与改造升级工作，以产业高质量发展促进省份高质量安全发展。

（8）群众获得感存在下降风险，矛盾纠纷调解与"及时性"要求有差距，建议夯实根基，以"网格"力量提升社会治理效能，实现基层治理的高质量安全发展；及时回应，加强舆情引导与依法处置，巩固提升高质量安全发展的社会评价。

（9）应急管理、安全生产的智能化、智慧化水平不高，建议推动智能

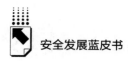

智慧安全应急产业发展，以创新驱动高质量安全发展更加充分、更有保障；落实网络数据和人工智能安全治理（见图 20）。

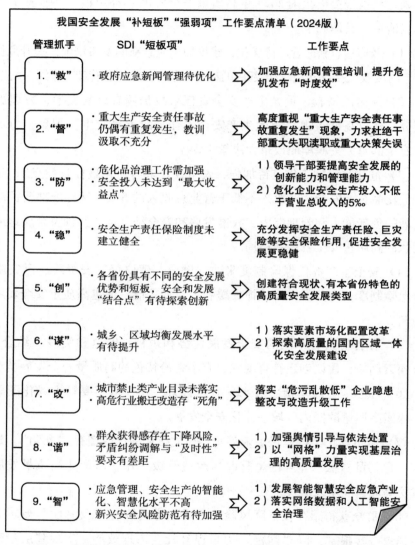

图 20　我国安全发展"补短板""强弱项"工作要点清单（2024 版）

注：SDI 为"安全发展指数"，主要基于 2022~2023 年数据分析制成。

评 价 篇

Evaluation Report

B.2
31个省份安全发展水平研究
——"安全发展指数"建构与省份创新实践

唐 钧 张家乐 黄伟俊*

摘 要： 本报告构建了安全维度、创新维度、协调维度、绿色维度、开放维度、共享维度、持续维度和穿透维度8项一级指标、21项二级指标和100项三级指标的"安全发展指数"指标体系，对2021年31个省份安全发展的状况进行科学测量和直观评价。本报告基于省份安全发展的创新实践和建设规律，梳理出3个方向共15种典型的安全发展省份类型。一是升级发展要素，谋求"正向突破"方向（6种类型）：创新驱动安全发展型、科技供给安全发展型、产业支撑安全发展型、绿色转型安全发展型、产业强链安全发展型和深化改革安全发展型；二是防范安全风险，

---

* 唐钧，中国人民大学公共管理学院教授、博士生导师，中国人民大学公共治理研究院副院长；张家乐，中国人民大学公共管理学院博士生，中国安全风险治理和安全发展课题组成员；黄伟俊，中国人民大学公共管理学院博士生，中国安全风险治理和安全发展课题组成员。

强化"负向规避"方向（5种类型）：社会治理安全发展型、安全发展法制规范型、防灾减灾保障发展型、国土规划源头风控型和安全管理穿透有力型；三是社会稳中求进，推动"良性循环"方向（4种类型）：战略牵引安全发展型、政策试点激励提升型、资源协同共享发展型和乡村振兴协调发展型。基于省份"安全发展指数"、省份创新实践和规律的质性检验，本报告既能全面反映我国省份安全发展的建设状况，也能为实现更高质量的安全发展提供实际的建议指导和强力的决策支持，为推动省份的安全发展进程奠定坚实基础。

关键词： 安全发展　安全发展指数　指数建构　创新实践

"安全发展指数"（Safety Development Index，SDI）的构建与测量评价是以安全发展理念为指导，旨在使其成为各省份统筹安全生产和经济社会发展的战略决策方针和实践执行路径。具体而言，指标构建的目的是引导各省份树立科学的安全发展观、为政府部门提供理论依据和决策参考、树立安全发展典型，以及将安全发展理念落到实处。评价指标体系力求客观公正，评价结果可供有关决策部门参考。

"安全发展指数"的评价结果可以具体表征省份在经济社会发展过程中速度、品质、成效和安全生产的综合统筹水平。同时，这种评价也反映了省份安全生产与经济社会同步协调的发展水平。通过对省份经济发展的综合指标进行评估，可以客观地了解省份在安全发展方面的成就和不足，为相关部门提供参考和决策依据。市、县可以参照安全发展指数指导开展安全发展创建工作。

本报告基于全国31个省份的实际情况构建"安全发展指数"，我国香港特别行政区、澳门特别行政区和台湾地区的情况未纳入本报告。

一　省份"安全发展指数"模型构建和指标数据说明

（一）"安全发展指数"的模型构建

省份"安全发展指数"指标构建的主要目的是分析省份的发展是否符合科学发展、安全发展的要求。安全发展的第一要义是发展为主，基本内核是人民至上、生命至上，最终要求是安全协调开放共享可持续，根本方法是统筹兼顾。因此，省份安全发展指数的构建应该遵循以下指导原则。

一是指导性原则。"安全发展指数"要充分发挥引导和促进作用，激励省份进一步明确安全发展的定位，发现自身不足，借鉴优秀省份的经验，切实增强自身的安全发展能力，创新安全发展的体制机制，加快省份的安全发展进程。

二是科学性原则。构建"安全发展指数"的体系要统筹考虑我国"十四五"规划进程和21世纪中期基本实现现代化的目标，力争与国家安全生产发展的综合规划和专项政策相衔接。

三是开放性原则。"安全发展指数"体系构建应保持指标体系的动态性和开放性，根据不同省份发展的新情况、新特征和我国在高质量发展阶段的变化，及时对指标体系进行补充、完善和修订。

四是可行性原则。指标选择具有代表性，同时兼顾统计数据的可获得性，使指标可采集、可量化、可对比。指标设置要与省份的考核评价标准、安全生产发展规划等相关发展规划指标衔接一致，以增强指标体系的政策导向与实践意义。

"安全发展指数"包括8项一级指标、21项二级指标和100项三级指标，一级指标包括安全维度、创新维度、协调维度、绿色维度、开放维度、共享维度、持续维度和穿透维度（见表1）。

二　省份安全发展的创新实践

基于省份安全发展水平的量化测评，梳理近年来我国省份促进安全发展的典型案例，总结为3条发展路径、15种安全发展类型（见表2）。

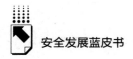

（二）安全发展指数的数据来源

表1 安全发展评价指标及数据来源

三级指标	指标解释	单位	指标类型	数据来源
1.1.1 万人自然灾害死亡/失踪率	当年因灾死亡和失踪人数与城市常住人口总数（万人）之比率	%	逆向	《中国统计年鉴》
1.1.2 自然灾害直接经济损失占 GDP 的比重	当年因自然灾害直接经济损失占地区生产总值的比率			
1.1.3 万人火灾发生率	当年火灾起数与城市常住人口总数（万人）之比率			《中国社会统计年鉴》
1.1.4 火灾事故直接经济损失占 GDP 的比重	当年因火灾直接经济损失占城市常住人口生产总值的比率			
1.1.5 万人交通事故死亡率	当年交通事故死亡人数与城市常住人口总数（万人）之比率			《中国统计年鉴》
1.1.6 交通事故直接经济损失占 GDP 的比重	当年因交通事故直接经济损失占地区生产总值的比率			
1.1.7 甲乙类法定报告传染病万人死亡率	当年因甲乙类法定报告传染病死亡人数与城市常住人口总数（万人）之比率			《中国卫生健康统计年鉴》
1.1.8 亿元 GDP 生产安全事故死亡率	报告期内各类生产安全事故死亡人数与地区生产总值之比率			《中国社会统计年鉴》
1.2.1 公共安全财政支出比例	公共安全财政支出占财政支出的比重			
1.2.2 卫生健康财政支出比例	医疗卫生财政支出占财政支出的比重			
1.2.3 灾害防治及应急管理财政支出比例	灾害防治及应急管理财政支出占财政支出的比值			
2.1.1 人均地区生产总值	一个地区 GDP 与该区域内常住人口的比值	元	正向	《中国统计年鉴》
2.1.2 一般公共预算收入占 GDP 比重	一个地区一定时期内一般公共预算收入额占 GDP 的比重	%		
2.1.3 全社会劳动生产率	社会生产过程中 GDP 与所用劳动投入之比，其中，区域内年平均从业人员数是年内各个时点与企业建立劳动关系的职工人数和企业派遣来接受的劳务派遣用工人数的平均人数之和	万元/人		
2.1.4 消费对经济增长贡献率	消费增加额占当年 GDP 实际增量的比重	%		
2.1.5 单位 GDP 建设用地占用面积	每平方千米建设用地的税收收入，反映土地利用的节约集约水平	亿元/平方米		《中国城市建设统计年鉴》

续表

三级指标	指标解释	单位	指标类型	数据来源
2.2.1 常住人口城镇化率	城镇人口数占常住人口总数之比，城镇人口数是指建制的城市市区与建制的镇所在的镇区人口之和，常住人口总数是在一个地区实际居住半年以上的人口总数	%	正向	《中国统计年鉴》
2.2.2 高技术产品出口额占货物出口额比重	高技术产品出口额占货物出口额的比重			《中国经济贸易年鉴》
2.2.3 每百万人口上市公司数	每百万常住人口的上市公司数	家		
2.2.4 规模以上工业企业人均营业收入	规模以上工业企业人均营业收入	万元		《中国统计年鉴》
2.2.5 服务业增加值占 GDP 比重	服务行业增加值占当年 GDP 的比重	%		
2.3.1 产业创新发展规划	是否制定产业创新发展规划	定性指标		政府政策文件
2.3.2 科学研究与试验发展（R&D）经费支出占 GDP 比重	R&D 经费支出额是指统计年度内全社会实际用于基础研究、应用研究和试验发展的经费支出总额，包括实际用于研究与试验发展活动的人员劳务费、原材料费、固定资产购建费、管理费及其他费用支出	%		《中国统计年鉴》
2.3.3 数字经济产出量占 GDP 比重是否超过全国平均水平	数字经济产出量是指以使用数字化的知识和信息作为关键生产要素，以现代信息网络作为重要载体，以信息通信技术的有效使用作为效率提升和经济结构优化的重要推动力的一系列经济活动而产生的总价值量	定性指标		《中国数字经济发展报告》
2.3.4 万人发明专利拥有量	年末发明专利拥有量是年末拥有经知识产权行政部门授权且在有效期内的发明专利数	件		《中国统计年鉴》
2.3.5 第三产业法人单位所占比重	第三产业法人单位占所有法人单位的比重	%		

续表

三级指标	指标解释	单位	指标类型	数据来源
2.3.6 实现创新企业所占比重	实现创新的企业占企业整体的比重			《中国民营企业创新能力统计监测报告》
3.1.1 居民人均可支配收入占人均GDP比重	全体居民人均可支配收入额是居民在一个年度内获得的可用于最终消费支出和储蓄的收入额总和。人均总值是一个地区在核算期内(通常为一年)实现的生产总值与所属范围内的常住人口的比值	%	正向	
3.1.2 恩格尔系数	居民食品消费支出占居民生活性消费支出的比重		逆向	
3.1.3 城镇登记失业率	城镇常住经济活动人口中,符合失业条件的人数占全部城镇常住经济活动人口的比值			
3.1.4 旅客周转量	反映一定时期内旅客运输工作总量的指标	亿人公里		《中国统计年鉴》
3.1.5 货物周转量	在一定时期内,由各种运输方式实际完成的运量和运距乘积计算的货物总运输量	亿吨公里		
3.1.6 互联网宽带接入比例	接入互联网宽带的家庭数占城市常住人口家庭总数的比重	部/百人	正向	
3.1.7 电话普及率	每百人持有的移动电话部数和固定电话部数			
3.1.8 每万人私家汽车拥有量	每万人持有的私家车的拥有量	辆		
3.2.1 农业财政资金占一般公共预算支出比重	农业财政资金占一般公共预算支出的比重	%		
3.2.2 农村居民可支配收入占人均GDP的比重	农村居民可支配收入占人均GDP的比重			
3.2.3 农村居民平均每百户家用汽车拥有量	农村居民平均每百户家用汽车拥有量	辆		
3.2.4 农村常住居民人均现住房面积	农村居民人均现住房面积	平方米		
3.3.1 城乡社区建设占一般公共预算支出比重	城乡社区建设占一般公共预算支出的比重	%		
3.3.2 城乡收入比	城乡居民人均可支配收入之比值	数字	逆向	政府文件
3.3.3 新型城镇化和城乡发展融合建设	是否制定新型城镇化和城乡发展融合建设规划	定性指标	正向	
4.1.1 城镇环境基础设施建设投资占GDP比重	城镇环境基础设施建设投资占GDP的比重	%	正向	《中国环境统计年鉴》

续表

三级指标	指标解释	单位	指标类型	数据来源
4.1.2 万元 GDP 能耗变化率	万元地区生产总值能耗上升率或下降率	%	正向	《中国环境统计年鉴》
4.1.3 绿色发展政策	是否颁布绿色发展政策	定性指标		政府政策文件
4.2.1 建成区绿化覆盖率	城市建成区内全部绿化覆盖面积占城市建成区总面积的比重	%		《中国环境统计年鉴》
4.2.2 空气质量优良天数比例	城市的空气质量优良天数所占比例			政府生态环境公报
4.2.3 城市污水处理率	城市污水处理率			《中国环境统计年鉴》
4.2.4 生活垃圾无害化处理	生活垃圾无害化处理能力	吨/日		
4.2.5 道路交通噪声等效声级	道路交通噪声等效声级	分贝		《中国环境统计年鉴》
4.2.6 人均公园绿地面积	市辖区公园绿地面积与市辖区常住人口总数之比值	平方米		
4.2.7 生活垃圾无害化处理率	生活垃圾无害化处理率			
4.2.8 森林覆盖率	森林覆盖率			
4.2.9 工业污染治理占 GDP 比重	工业污染治理财政投入占 GDP 的比重			
5.1.1 实际利用外资总额占 GDP 比重	实际利用外资总额与 GDP 的比重	%		《中国统计年鉴》
5.1.2 外商投资和港澳台商投资工业企业资产总额占全国比重	外商投资和港澳台商投资工业企业资产总额占全国投资工业企业资产总额的比重			
5.1.3 电子商务交易企业比例	电子商务交易企业数占全国电子商务交易企业总数的比重			
5.2.1 货物进出口总额占全国比重	货物进出口总额占全国货物进出口总额的比重			
5.2.2 外商投资企业货物进出口总额占全国比重	外商投资企业货物进出口总额与全国货物进出口总额的比重			
5.2.3 商务贸易高质量发展规划	是否制定商务贸易高质量发展规划	定性指标		政府政策文件

065

续表

三级指标	指标解释	单位	指标类型	数据来源
6.1.1 基本养老保险覆盖率	有基本养老保险人口数占城市常住人口总数的比例	%	正向	《中国统计年鉴》
6.1.2 基本医疗保险覆盖率	有基本医疗保险人口数占城市常住人口总数的比例	%	正向	《中国统计年鉴》
6.1.3 人均城市道路面积	市辖区道路面积与市辖区常住人口数的比值	平方米/人	正向	《中国社会统计年鉴》
6.1.4 万人公共电车辆拥有量	公共汽电车总数与城市常住人口总数(万人)的比值	标台/万人	正向	《中国统计年鉴》
6.1.5 每百万人口轨道交通运营里程	轨道交通运营总里程与城市常住人口总数(百万人)的比值	公里/百万人	正向	《中国统计年鉴》
6.1.6 社区行政村配备劳动就业和社会保障工作人员覆盖率	配备了劳动就业和社会保障工作人员的城市社区和行政村占全部社区和行政村的比例	%	正向	《中国社会服务发展统计公报》
6.1.7 每万人口拥有社会工作专业人才数	城市常住人口(万人)中的社会工作专业人才数	个	正向	《中国统计年鉴》
6.2.1 城市供水普及率	城市供水普及率	%	正向	《中国统计年鉴》
6.2.2 城市燃气普及率	城市燃气普及率	%	正向	《中国统计年鉴》
6.2.3 邮政通信每营业网点平均服务人口数	邮政通信每营业网点平均服务人口	万人	正向	《中国统计年鉴》
6.2.4 每千人口医疗卫生机构床位数	各类医疗卫生机构床位数与城市常住人口总数(千人)的比值	个	正向	《中国卫生健康统计年鉴》
6.2.5 每千人口卫生技术人员、执业(助理)医师和注册护士数	各类卫生技术人员、执业(助理)医师和注册护士数与城市常住人口总数(千人)的比值	个	正向	《中国卫生健康统计年鉴》
6.3.1 公共安全感指数	公众安全感综合指数	%	正向	《中国城市公共安全感调查报告》
6.3.2 社情民意指数	风险事故的舆情量级、社会情绪、民意诉求和安全感知综合指数	%	正向	千龙智库研究报告
6.3.3 全国文明城市入选情况	省会城市或直辖市区自治区首府是否入选全国文明城市	定性指标	正向	政府政策文件
7.1.1 社会保障和就业支出占一般公共预算支出比重	社会保障和就业支出占一般公共预算支出的比重	%	正向	《中国统计年鉴》

续表

三级指标	指标解释	单位	指标类型	数据来源
7.1.2 社会矛盾纠纷化解专项治理体系	是否建立社会矛盾纠纷化解专项治理体系			
7.1.3 社会稳定风险研判和防范机制	是否建立社会稳定风险研判和防范机制			
7.1.4 电信网络诈骗风险防控机制	是否建立电信网络诈骗风险防控机制	定性指标		政府政策文件
7.1.5 社会治安防控基层建设体系	是否建立社会治安防控基层建设体系			
7.1.6 网格化基层社会治理体系	是否建立网格化基层社会治理体系			
7.1.7 每万人社会组织数	城市常住人口（万人）的平均社会组织数	个		《中国社会服务发展统计公报》
7.1.8 每万人自治组织数	城市常住人口（万人）的平均自治组织数			《中国统计年鉴》
7.1.9 注册志愿者占城镇人口比例	注册志愿者占城镇人口比例	%	正向	
7.2.1 城市总体规划与建设	是否颁布城市总体规划与建设方案			
7.2.2 城市各类设施安全管理办法	是否颁布城市各类设施安全管理办法			政府政策文件
7.3.1 "禁限控"产业结构调整指导目录	是否颁布"禁限控"产业结构调整指导目录			
7.3.2 高危行业搬迁改造	是否对高危行业开展搬迁改造工作			
8.1.1 党委和政府的安全领导责任	党委和政府的安全领导责任体系是否建立健全			
8.1.2 各级各部门安全监管责任	各级各部门安全监管责任体系是否建立健全	定性指标		应急管理部门网站
8.2.1 危化品重点市县安全生产专家指导工作	危化品重点市县有无开展专家指导工作			政府政策文件
8.2.2 安全生产责任保险制度	是否建立安全生产责任保险制度			
8.2.3 重大生产安全责任事故	该年是否发生国务院安全生产委员会挂牌督办的重大生产安全事故			应急管理部门网站
8.3.1 城市应急管理综合应用平台	是否建立城市应急管理综合应用平台			
8.3.2 应急信息报告制度和多部门协同响应	是否建立应急信息报告制度和多部门协同响应体系			应急管理部门网站
8.3.3 应急预案	是否建立总体和专项应急预案			
8.3.4 应急物资储备调用	是否建立应急物资储备调用体系			

续表

三级指标	指标解释	单位	指标类型	数据来源
8.3.5 城市应急避难场所	是否建立城市应急避难场所	定性指标		应急管理部门网站
8.3.6 城市应急救援队伍	是否建立综合和专业应急救援队伍			
8.3.7 政府应急新闻管理	风险事故的应急响应、安全稳定、政务评价和风险防范综合指数	%	正向	千龙智库研究报告

注：
[1] 数据均为统计年鉴初步核算数。
[2] 各项统计数据均未包括香港特别行政区、澳门特别行政区和台湾地区。
[3] 各项统计数据如未特殊说明，新疆维吾尔自治区数据均包括新疆生产建设兵团。
[4] 部分分数据因四舍五入的原因，存在总计与分项合计不等的情况。
[5] 国内生产总值，三次产业及相关行业增加值、地区生产总值，人均国内生产总值、人均收入计算。
[6] 北京市 2022 年建设用地税收收入，依据当年城市维护建设税总收入计算。
[7] 北京市 2022 年建设用地总面积，依据《北京市 2022 年国民经济和社会发展统计公报》中"全年全市建设用地供应总量 3251 公顷"计算。
[8] 区域内年平均从业人员数，依据《中国统计年鉴 2022》"4-3 分地区就业人员数（2021 年底数）"的数据计算。
[9] 居民消费水平指按年常住人口计算的人均居民消费支出。
[10] 民间投资额数据，依据 2018 年中国固定资产投资统计年鉴数据计算。青海省联营经济数据暂无。
[11] 高技术工业企业包括医学制造业、电子及通信设备制造业，医疗仪表及办公设备制造业、医疗仪器设备及器仪表制造业和信息化学品制造业，数据口径范围为 2020 年主营业务收入 2000 万元及以上的工业企业法人单位。
[12] 货物出口额，按境内目的地和货源地进行区分。
[13] 高技术产业、战略性新兴产业有含义。
[14] 基本养老保险人比，依据基本养老保险人数的年末统计为准。
[15] 城乡收入比，依据城镇职工和城乡居民人均可支配收入和农村居民人均可支配收入进行计算。
[16] 城镇登记失业率中，新疆维吾尔自治区数据不包括新疆生产建设兵团，从 2020 年开始，登记失业统计口径有所调整，与历史数据不可比。
[17] 建成区绿化覆盖率中，北京市的各项绿化数据均为该市调查面积内数据。
[18] 工业污染治理完成投资包括在废水治理、废气治理、固体废物治理、噪声治理等方面的投资额。
[19] 根据全国地震台站年审后的业务架构及改革机构改革后县市地震机构调整，省级台、省级台联合台、省地震台、国家地震台、中心站、一般监测点调整为"国家地震台、省地震台、中心站、一般监测站"。2021 年宏观观测点变动较大，系部分分省份市县地震机构改革后地震观测点对宏观观测点调整进行调整所致。

续表

[20] 气象业务站点及观测项目包括地面观测业务、高空探测业务、省级常规气象观测站、天气雷达观测业务、生态与农业气象观测站(生态与农业气象观测站)、环境气象观测站(大气成分观测站、大气本底站、沙尘暴监测站、紫外线观测站、酸雨观测站和臭氧观测站)、闪电定位监测业务、卫星云图接收业务。

[21] 互联网宽带接入用户,包括城市宽带接入用户和农村宽带接入用户。

[22] 电话普及率包括移动电话和固定电话普及率。

[23] 软件业务收入统计口径为主营业务收入500万元以上的软件和信息技术服务业等企业。

[24] 旅客周转量和货物周转量统计口径包括铁路、公路和水路。

[25] 医疗卫生机构床位的统计口径为综合医院(综合医院、中医医院和专科医院)、基层医疗卫生机构(社区卫生服务中心(站)和乡镇卫生院)和专业公共卫生机构(妇幼保健院(所/站)和专科疾病防治院(所/站))。

[26] 每万人拥有公共汽电车辆统计范围为城市和县城。

[27] 新疆生产建设兵团的实际利用外资总额统计口径为2020年数据。

[28] 社会组织统计口径为社会团体、民办非企业单位和基金会。

[29] 自治组织统计口径为村民委员会和社区居委会。

[30] 从2021年开始,城市公共交通数据统计范围为城市和县城。

[31] 城市燃气和供气普及率统计口径以公安部门的暂住人口统计为准。

[32] 轨道交通统计口径包括地铁、轻轨和有轨电车。

[33] 上市公司数量按上市公司注册地划分,上市公司统计口径为上交所、深交所和北交所。

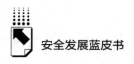

表 2　省份安全发展的方向、类型与典型案例

方向	安全发展类型	省份创新实践
Ⅰ 正向突破	1. 创新驱动安全发展型	上海:培育"专精特新"企业
	2. 科技供给安全发展型	广东深圳:探索"工业互联网"落地应用
	3. 产业支撑安全发展型	江苏徐州:争创我国安全应急产业发展先导区
	4. 绿色转型安全发展型	山西:打造绿色低碳循环发展经济体系
	5. 产业强链安全发展型	北京:打造更高水平、更具安全的产业链
	6. 深化改革安全发展型	广东:推动劳动力要素市场化配置改革
Ⅱ 负向规避	1. 社会治理安全发展型	多个省份制定《平安建设条例》《社会治理促进条例》
	2. 安全发展法制规范型	河南南阳:推动公共安全风险防范应对建设规范化、标准化
	3. 防灾减灾保障发展型	北京:加快推进韧性城市建设
	4. 国土规划源头风控型	四川:地质灾害防范化解
	5. 安全管理穿透有力型	江苏江阴:安委办实体化运转"全国最早县"
Ⅲ 良性循环	1. 战略牵引安全发展型	江苏常州:"532"发展战略
	2. 政策试点激励提升型	广东:创建"安全发展示范城市"
	3. 资源协同共享发展型	云南:"省管县用"促进公共资源均等化
	4. 乡村振兴协调发展型	浙江:打造高质量发展建设共同富裕示范区

资料来源:笔者对各省份安全发展建设的典型案例进行梳理而成。

（一）安全发展型省份的正向突破方向

安全发展型省份的正向突破路径,遵循"正面清单"的思路,找准安全发展"创新结合点",在特定领域达到优良的安全发展水平。

1. 创新驱动安全发展型:以新兴产业创造新的经济增长点

创新驱动安全发展型省份通过鼓励发展高附加值产业,培育一批"专精特新"企业,发展高经济附加值、高安全水平的产业,提升经济发展效益,以创新驱动省份安全发展。主要措施为发展"专精特新"企业。"专精特新"企业指通过打造具备专业化、精细化、特色化、新颖化的中小企业,创造更高经济价值;"专精特新"往往代表着该行业的技术领先水平,在经济增长和安全管理方面均起着示范作用,有利于促进行业整体安全发展水平的提升。

● 优势：发展新兴产业，抢占技术高地，增强发展劲头。

● 挑战：做好新兴产业的安全风险治理的技术提升和监管执法工作，提升与发展需求相匹配的安全治理水平。

● 创新实践：上海大力发展"专精特新"企业群，建立了一套优质中小企业的梯度培育管理体系，[①] 通过财政奖励、服务优化等措施支持"专精特新"中小企业茁壮成长。截至 2022 年，上海市有效期内"专精特新"企业有 4942 家，专精特新"小巨人"企业有 500 家，分别接近或已提前完成《上海市"十四五"促进中小企业发展规划》的目标。[②]

2. 科技供给安全发展型：强化科技供给，提升产业赋值，实现本质安全

科技供给安全发展型省份通过强化科技供给，提升生产力水平，创造更高的产业价值，同时推动科技强安，使生产达到本质安全水平，促进省份安全发展。

科技强安的典型应用场景为"工业互联网"。2017 年 11 月，国务院颁发《关于深化"互联网+先进制造业"发展工业互联网的指导意见》，为我国工业互联网发展提供规范和指导；2020 年，工信部办公厅印发《关于推动工业互联网加快发展的通知》（工信厅信管〔2020〕8 号）、工信部和应急管理部印发《"工业互联网+安全生产"行动计划（2021－2023 年）》（工信部联信发〔2020〕157 号），为工业互联网与安全生产有机结合提供行动指南；2021 年，应急管理部办公厅印发《"工业互联网+危化安全生产"试点建设方案》（应急厅〔2021〕27 号），聚焦危化生产场景，通过"机械化换人、自动化减人、智能化换岗"，把苦、脏、累、险岗位用机器来替换；通过数字化、云平台等技术形成过程数据，开展风险研判，辅助管理决策，使安全生产更加充分、更有保障、更可持续。

● 优势：一方面不断优化产业链条，创造更高的经济价值促发展；另一

---

① 《上海市经济和信息化委员会关于印发〈上海市优质中小企业梯度培育管理实施细则〉的通知》，https://www.shanghai.gov.cn/gwk/search/content/c5fdea64b8504e60afc58e06e49d3ef1。

② 《〈上海市优质中小企业梯度培育管理实施细则〉解读》，上海市经济和信息化委员会网站，https://sheitc.sh.gov.cn/sjxwxgzcjd/20221111/51fa21f1ff574906a74d8f2af0d2c8ab.html。

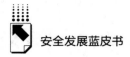
方面有助于促进安全生产和风险治理，提升本质安全水平。

● 挑战：需要强有力的启动资金，需要一定的技术基础，需要相应的人才储备、潜在市场等。

● 创新实践：深圳市探索"高质量安全发展"新方案。近年来，深圳稳步推进工业互联网的政策体系、产业生态和应用模式建设。2018 年以来，深圳市先后出台《深圳市关于加快工业互联网发展的若干措施》《深圳市工业互联网发展行动计划（2018—2020 年）》《深圳市推进工业互联网创新发展行动计划（2021-2023）》《深圳市人民政府关于进一步促进深圳工业经济稳增长提质量的若干措施》，打造工业互联网产业示范基地。在促进安全发展方面，深圳部分企业实现设备"预测性维护"，通过对设备运行状态的实时监测，使用工业数据建模和分析来进行设备故障诊断，预判设备的状态发展趋势和可能的故障模式，提前制订维护计划，减少计划外停机时间，有效地降低了异常对生产造成的影响，提升本质安全水平。同时，深圳规模过百亿元的企业，普遍导入人工智能技术，为生产设备提供故障诊断、智能优化、寿命预测等功能，[1]实现了生产安全风险关口前移、根源治理，同时提升生产效率，降低生产成本。

3. 产业支撑安全发展型：以安全应急产业提升省份安全治理能力

产业支撑安全发展型省份通过发展安全应急产业，培育新经济增长点，实现发展和安全良性互动、同步增长。安全应急产业对增强防范城市安全风险起着重要的产业支撑作用，[2] 通过风险"防、抗、救"，推动省份安全发展。根据《安全应急产业分类指导目录（2021 年版）》，安全应急产业分为安全防护、监测预警、应急救援处置和安全应急服务 4 个大类共 120 个小类；《"十四五"国家应急体系规划》提出要重点投入高精度监测预警产品

① 《重磅！深圳市工业和信息化局发布〈深圳市工业互联网发展白皮书（2019）〉》，http：//sieia. cn/index/index/details. html？id=524。

② 《王祥喜率队赴安徽调研城市安全风险防范工作》，https：//www. chinamine-safety. gov. cn/xw/yjglbyw/202304/t20230430_449383. shtml。

等 5 类产品，灾害事故抢险救援关键装备等 2 类装备，应急管理支撑服务等
3 类服务。从推动效果来看，由工业和信息化部牵头，联合国家发展改革
委、科技部等设置"国家应急产业示范基地"，鼓励地方探索应急产业
发展。

● **优势**：安全应急产业在当前得到了国家应急体系建设和产业发展层面
的重视，具有一定的政策红利，可利用政策优惠获得相关支持。

● **挑战**：需要找到符合省份需求、具有广阔潜力的安全应急产业种类，
前期需要大量的市场调研和研发能力普查；若未能向数字化、智能化、绿色
化等方向转型，不具备独特性和高附加值，竞争优势不强。

● **创新实践**：徐州争创我国安全应急产业发展先导区。2016 年，徐州
高新区被工信部、国家安监总局联合批准为全国首家国家安全产业示范园
区。徐州高新区抓住国家级平台建设先机，建设了全国首家、规模最大、部
省共建的安全产业示范园区；依托"部省共建""部校共建"政策优势，发
挥"政府—高校—研究院—企业"的产业协同优势，提升徐州安全应急产
业影响力。[①]

4. 绿色转型安全发展型：践行"两山理念"，促进绿色低碳循环发展

绿色转型安全发展型省份一方面对城市工业进行绿色化改造，打造生态
友好、绿色低碳循环发展的绿色经济链；另一方面在乡村践行"绿水青山
就是金山银山"理念，发展健康休闲产业，促进省份绿色发展、安全发展。

● **优势**：兼顾经济效益和社会效益，实现经济增长和生态良好
的"双赢"。

● **挑战**：产业转型升级存在"阵痛期"，诱发结构性失业等社会治理
风险。

● **创新实践**：山西健全绿色低碳循环发展经济体系，促进经济社会
发展全面绿色转型。2022 年，山西省人民政府颁布《关于加快建立健全

---

① 《徐州成为我国安全应急产业发展先导区》，中国江苏网，http://jsnews.jschina.com.cn/
xz/a/202310/t20231025_3306543.shtml。

我省绿色低碳循环发展经济体系的实施意见》，从能源体系、生产体系、流通体系、消费体系、基础设施、技术创新体系等方面进行绿色升级改造。[①] 2023 年 3 月，山西省工业和信息化厅印发《山西省制造业绿色低碳发展 2023 年行动计划》《山西省装备制造业 2023 年行动计划》等年度计划，实施节能降碳提效工程、绿色制造体系建设工程、废弃资源综合利用工程、绿色低碳改造工程等建设工程项目，全面促进山西省工业绿色低碳转型。

5. 产业强链安全发展型：连接国内外市场，促进交易创收，提升链条韧性

产业强链安全发展型省份积极参与国际贸易，优化营商环境，调整贸易结构，以产业结构优化升级、产业链条更具韧性，实现高质量安全发展。

●优势：扩大交易市场，提升交易数量，创造交易机会，促进经济增长；以市场交易提升产业链韧性等。

●挑战：海外交易存在法律纠纷、人身威胁等安全风险；模式受国际贸易形势影响较大，需要摆脱产业依赖性，提高安全发展的稳定性。

●创新实践：北京以开放谋创新促发展，打造更高水平、更安全的产业链。北京深度参与全球产业链供应链重构重组，完善高水平对外开放政策体系，高质量培育一批双向创新载体，拓展重点领域国际合作广度和深度，持续推动国际产能合作提质升级。[②] 此外，北京以开放提升产业链竞争优势，通过印发《北京市数字经济全产业链开放发展行动方案》，坚持"跨境开放"，优化数字经济营商环境，提升国际化交流合作；坚持"对内开放"，公共数据依法有序向社会开放，促进数字产业腾飞，提升数字服务质量；坚持"安全开放"，牢牢守住数字经济安全底线，着力推动数据生成—汇聚—共享—开放—交易—应用全链条开放发展。

6. 深化改革安全发展型：要素市场化改革和"放管服"改革，激活市场活力

深化改革安全发展型省份贯彻落实要素市场化改革，或推动政府

---

① 《【图解】关于加快建立健全我省绿色低碳循环发展经济体系的实施意见》，山西省人民政府网站，https：//www.shanxi.gov.cn/ywdt/zcjd/tpjd/202205/t20220527_6657220.shtml。

② 《北京市"十四五"时期高精尖产业发展规划》（京政发〔2021〕21 号）。

"放管服"改革，促进市场要素流动，降低经济活动行政成本，优化营商环境，激活市场活力，促进经济增长。简言之，深化改革安全发展型省份通过优化营商环境，提升政府服务质量，促进经济增长，需要上至领导干部下至基层公职人员提高安全发展的素质和能力，增强安全发展工作的政策执行力、"条块"穿透力，并完善相应配套措施，使安全发展措施落地见效。

• 优势：促进要素流动，提升生产、研发、投资、消费等行为的积极性，促进经济活跃。

• 挑战：需要依法落实安全监管，维护市场秩序，保障合法权益等，需要加强改革工作的"穿透力"，确保改革落地见效。

• 创新实践：广东省在2021年11月颁布了《广东省劳动力要素市场化配置改革行动方案》（以下简称《行动方案》）[①]。作为全国首份省级劳动力要素市场化配置改革文件，《行动方案》在全国率先提出制定人力资源服务业发展"十四五"规划，构建国家级、省级、市级人力资源服务产业园体系等创新举措。具体措施上，《行动方案》进一步明确并细化了深化户籍制度改革、畅通劳动力和人才社会性流动渠道、完善技术技能评价制度、加大人才引进力度、完善企业工资收入分配激励机制等举措，助力构建公平合理、顺畅有序的劳动力和人才要素流动格局。

（二）"安全发展型省份"的负向规避路径

以"负向规避"为方向创建安全发展，从提升安全水平着手，通过制度建设、管理队伍建设等，完善公共安全体系，提升公共安全风险的治理能力和工作穿透力，为发展营造安全环境。符合负向规避的类型主要有5种：社会治理安全发展型、安全发展法制规范型、防灾减灾保障发展型、国土规划源头风控型和安全管理穿透有力型。

---

① 《〈广东省劳动力要素市场化配置改革行动方案〉解读》，http：//www.gd.gov.cn/zwgk/zcjd/bmjd/content/post_3720413.html。

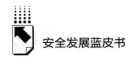

1. 社会治理安全发展型：打造平安社会，维护发展环境

社会治理安全发展型省份通过完善公共安全风险治理的制度性建设，组织和动员全社会力量，加强和创新社会治理，依法防范社会风险，化解矛盾纠纷，维护社会秩序，预防和减少违法犯罪，防止和减少生产安全事故，提高社会治理水平，构建共建共治共享格局，保障国家安全、社会安定和人民安宁，促进安全发展。

• 创新实践：多个省份颁布社会治理地方性法规，扎实推进平安社会建设。截至 2023 年 1 月，新疆、广东、西藏、天津、江西 5 个省份，深圳、广州、长沙、湘潭、苏州 5 个城市正式实施平安建设条例，此外，南京、安阳、无锡 3 个城市也实施社会治理促进条例。平安建设条例、社会治理促进条例立足于总体国家安全观，针对政治安全、治安防控体系、风险矛盾、违法犯罪行为、公共安全体系、安全生产和应急管理、网络综合治理、基层社会治理机制等社会治理专项，全面服务于维护人民安居乐业、社会长治久安，推进经济社会高质量发展（见表3）。

表3 多地平安建设条例、社会治理促进条例实施时间和主要措施

级别	条例名称	实施时间	主要措施
Ⅰ省级	《新疆维吾尔自治区平安建设条例》	2022 年 1 月	（1）强化社会治安管理，增强维护国家安全、打击违法犯罪、管理重点人群等能力。（2）社会风险防治源头治理与专项治理相结合，突出重点防治，强化关口前移。（3）整合社会资源、创新服务模式，依法、及时、妥善化解社会矛盾纠纷。（4）社会治理全员参与，对政府、企业事业单位、村（居）民委员会、社会组织、社会公众、家庭等职责细化规定。（5）落实制度保障、科技支撑、智库建设和激励约束等措施，夯实稳定社会秩序基础与保障。
Ⅰ省级	《广东省平安建设条例》	2022 年 1 月	
Ⅰ省级	《西藏自治区平安建设条例》	2022 年 8 月	
Ⅰ省级	《天津市平安建设条例》	2022 年 8 月	
Ⅰ省级	《江西省平安建设条例》	2023 年 1 月	
Ⅱ地市级	《深圳经济特区平安建设条例》	2020 年 10 月	
Ⅱ地市级	《南京市社会治理促进条例》	2021 年 3 月	
Ⅱ地市级	《广州市平安建设条例》	2022 年 3 月	
Ⅱ地市级	《安阳市社会治理促进条例》	2022 年 10 月	
Ⅱ地市级	《长沙市平安建设条例》	2022 年 10 月	
Ⅱ地市级	《湘潭市平安建设条例》	2023 年 1 月	
Ⅱ地市级	《无锡市社会治理促进条例》	2023 年 1 月	
Ⅱ地市级	《苏州市平安建设条例》	2023 年 1 月	

注：统计时间截至 2023 年 1 月。

2. 安全发展法制规范型：以规范化、标准化提升安全风险治理成效

安全发展法制规范型省份通过完善地方性法规，出台相关管理条例和规定，提升公共安全风险治理和安全发展的法治化水平，确保依法行政，提升省份安全发展的规范性和民众认同。

●创新实践：河南南阳推动公共安全风险防范应对建设规范化、标准化。南阳市政府明确 2023 年着力提升公共安全风险治理的规范化、标准化程度，提升安全风险治理能力和基层应急管理能力。一方面，推进行政执法规范化。深化应急管理综合行政执法改革，加强执法业务培训；严格执法流程，细分执法层级，明确事权主体，持续规范执法行为；制订年度执法计划，坚持"双随机、一公开"，推行"互联网+执法"，制定执法"三项制度"，完善"四张清单"，提升监管执法质效；通过法制审核、案卷评查、文书抽查、执法评议考核等监督方式，强化执法监督落实，切实构建权责一致、权威高效的应急管理执法体制。另一方面，推进应急管理标准化。以中共河南省委办公厅、河南省人民政府办公厅印发的《关于加强基层应急管理体系和能力建设的实施意见》为抓手，县级层面优化"1+4+3"应急体系（一局+一队一库一中心一阵地+预案演练+应急培训+应急机制）；乡镇级层面优化"1+5+3"应急体系（一委+一办一队一库一所一平台+培训+预案+演练），村级层面按照"1+2+2"标准（一站+一队一所+两员），全面夯实应急管理基层基础。

3. 防灾减灾保障发展型：增强基础设施安全投入，提升安全发展硬件支撑

基础设施是经济社会发展的重要支撑，要统筹发展和安全，优化基础设施布局、结构、功能和发展模式，构建现代化基础设施体系，为省份安全发展打下坚实基础。省份通过海绵城市和韧性城市建设，提高城市综合承载能力，防范化解城市安全风险。

●创新实践：北京加快推进韧性城市建设。2021 年 10 月，中共北京市委办公厅和北京市人民政府办公厅印发《关于加快推进韧性城市建设的指导意见》，以统筹拓展城市空间韧性、有效强化城市工程韧性、全面提升城市管理韧性、积极培育城市社会韧性为要点，提出 19 项加快推进韧性城市建设的主要任务（见图 1）。

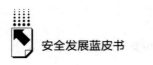

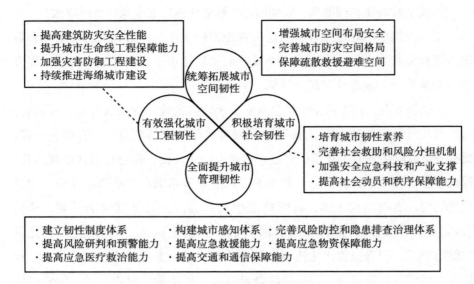

图 1　北京加快推进韧性城市建设的主要措施

资料来源：《中共北京市委办公厅、北京市人民政府办公厅印发〈关于加快推进韧性城市建设的指导意见〉的通知》，https://www.beijing.gov.cn/zhengce/zhengcefagui/202111/t20211111_2534214.html。

4. 国土规划源头风控型：加强规划协同，将安全风险评估等纳入国土空间规划

《"十四五"国家综合防灾减灾规划》要求强化源头管控，健全防灾减灾规划保障机制，指出要加强规划协同，将安全和韧性、灾害风险评估等纳入国土空间规划编制要求，划示灾害风险区，强化规划底线约束。国土规划源头风控型省份通过将风险灾害评估结果纳入国土空间规划，更新管理机制，促进省份防灾避险，促进安全发展。

● 创新实践：四川省将自然灾害综合风险普查成果纳入国土空间规划，实现风险源头规避。四川省坚持自然灾害综合风险普查工作"边普查、边应用、边见效"的原则，在推动普查成果应用于自然灾害防治、经济社会发展、社会治理和公共服务等方面，包括：用于编印月、周、三天等时间尺度综合风险形势报告；用于完善监测预警系统、防灾减灾规划，合理化布局应急避难场所、应急服务机构、应急救援队伍、应急物资储备等各类应急保障物资；将地质灾害风险调查评价成果纳入国土空间规划，依法实施重大隐患搬迁治理，从源头规避地质灾害。

5.安全管理穿透有力型：安委办实体化运转、高位推动

安全管理穿透有力型省份认真贯彻落实中央工作部署，通过优化管理机制，积极破除工作难题，脚踏实地促进安全风险治理工作和安全发展工作稳步推进，省份安全发展水平总体持续向好。安全管理穿透有力型省份的优势在于工作的执行力、穿透力得到提升，工作困难得到切实解决，安全风险治理有效落实，保障经济发展环境；安全管理穿透有力型省份的建设前提为，相关领导干部具备足够的安全发展能力和魄力，或通过高位推动的方式推动相关管理创新，助力安全发展。

● 创新实践：江苏省江阴市成为安委办实体化运行"全国最早县"。江阴市在 2019 年出台《关于进一步落实安全生产职责加强机构编制保障的通知》，实行党政主要负责人共同担任市安委会主任的"双主任制"，71 个部门单位全部增设或加挂安全生产监管内设机构，实现安全生产内设机构全覆盖。同时率先实现安委办实体化运作，发挥"谋、统、督"作用，动态调整全市 18 个安全生产专业委员会，制定出台《江阴市安全生产专业委员会工作规则》等规定，推动专委会工作标准化、规范化运行，推进落实江阴市安全生产分级分类监管。①

（三）"安全发展型省份"的良性循环路径

1.战略牵引安全发展型：统筹整体经济社会效益，实现总体安全发展

战略牵引安全发展型省份构建安全发展战略规划，以战略牵引的制度建设为抓手，落实关口前移、源头治理、综合施策、科学防治，及时消除公共安全隐患，达到全域全民安全，推动省份安全发展。

---

① 《江阴市"十四五"安全生产与应急管理体系（含防灾减灾）规划》（江阴市应急管理局，2022 年）。

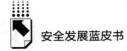

● 优势：统筹整体经济社会效益，实现总体安全发展。

● 挑战：可能存在大而不全、全而不精的现象，需要保持工作的执行穿透力。

● 创新实践：常州市确立"532"发展战略，建设"统筹发展和安全示范区"。2021年5月，常州市第十三次党代会确立了常州"532"发展战略，印发《常州市公共安全体系总体规划纲要（2021—2025）》，形成"1+29"公共安全规划体系，梳理六大类39项全市公共安全体系建设重大工程，探索安全发展的"常州路径"。在执行层面，常州市政府制定《全市"532"发展战略2023年度重点项目（工作）清单》，通过目标管理、压茬推进、专班调度、整改督办和评价考核等方式，推动"532"发展战略重点项目（工作）扎实推进。

2. 政策试点激励提升型：以试点红利促进安全发展走在前列

政策试点激励提升型省份积极争创安全发展示范试点，依据国家标准，享受试点红利，推动省份安全发展建设走在前列。2019年以来，国务院安全生产委员会印发《国家安全发展示范城市评价与管理办法》[①]，国务院安全生产委员会办公室印发《国家安全发展示范城市评价细则（2019版）》[②]、《国家安全发展示范城市评价细则（2023版）》[③]等，鼓励各省份争创国家安全发展示范城市。在此基础上，各省份发挥地方自主性，开展省级、市级安全发展示范城市的创建工作。

● 优势：发挥政策试点对地方竞争的晋升激励作用和政策试点推广阶段的"典型经验"激励作用，调动地方积极性主动创建。

● 挑战：需要保证试点目标与结果保持一致性，避免变形走样；需要统筹试点投入的激励效用与"机会成本"的关系。

---

① 《国务院安全生产委员会关于印发〈国家安全发展示范城市评价与管理办法〉的通知》，https：//www.gov.cn/xinwen/2019-12/10/content_5459999.htm。

② 《国务院安委会办公室关于印发〈国家安全发展示范城市评价细则（2019版）〉的通知》，https：//www.mem.gov.cn/gk/tzgg/tz/201912/t20191205_341987.shtml。

③ 《国务院安委会办公室关于印发〈国家安全发展示范城市评价细则（2023版）〉的通知》，https：//www.mem.gov.cn/gk/zfxxgkpt/fdzdgknr/202310/t20231023_466482.shtml。

• 创新实践：广东省创建省级"安全发展示范城市"。2022年10月，广东省启动省级安全发展示范试点城市创建工作，先后颁布了《关于开展广东省省级安全发展示范试点城市创建工作的通知》《广东省省级安全发展示范试点城市评价细则》《广东省省级安全发展示范试点城市创建指南》等文件，立足于"大""新""转"三个目标，重点建设城市应急管理综合应用平台，提升城市安全发展基础能力，强化城市安全管理体系建设，以期全面提升城市应急管理能力、安全管理能力和安全发展能力。

3. 资源协同共享发展型：省级统筹公共资源，实现发展"共赢"

资源协同共享发展型省份通过在省级层面统筹公共资源，精准引导输送至相对落后的地区，促进优质资源下沉，提升较落后地区的公共服务能力和水平，实现发展共赢，提升全社会的幸福感和安全感。

• 优势：通过政府"有形的手"优化资源配置，服务于社会公平，为省份总体安全、持续发展巩固基础。

• 挑战：需要完成从"输血"到"造血"的转变，建立引导优质公共资源向基层下沉常态化机制；资源帮扶需要结合"扶志扶智"，实现可持续的安全发展。

• 创新实践：云南通过"省管县用"机制促进公共资源均等化。在教育领域，通过教师"省管校用"促进教育资源共享。云南省教育厅等六部门在2022年4月印发《关于建立教师"省管校用"对口帮扶机制的实施方案》，持续性对口帮扶，助力云南27个国家级和30个省级乡村振兴重点帮扶县提升中学教育教学质量。在卫生领域，通过医生"省管县用"促进医疗资源共享。云南省卫生健康委等部门在2022年7月联合印发《关于建立优质医疗资源"省管县用"对口帮扶机制的实施方案》，从省级和州（市）级三级公立医院中选定支援医院建立对口帮扶关系，覆盖边疆民族地区和医疗服务能力薄弱地区的县级综合医院和中医医院。

4. 乡村振兴协调发展型：建设富美乡村，助力共同富裕

乡村振兴协调发展型省份通过大力发展乡村产业，完善农村公共基础设施，打造产业兴旺、生态宜居、乡风文明、治理有效、生活富裕的美丽乡

村，促进城乡协调发展、共享发展，推动省份整体安全发展水平。

• 优势：加快变美丽风景为美丽经济，化绿水青山为金山银山，挖掘经济发展新动能，培育乡村特色产业，使经济不断壮大；助农创收，提高获得感和幸福感，提升社会和谐稳定。

• 挑战：需要完成从"输血"到"造血"的转变，实现乡村特色产业良性可持续发展；处理好经济发展和文化保护传承之间的关系，提高发展措施的社会评价等。

• 创新实践：浙江省打造高质量发展建设共同富裕示范区。以浙江省首批高质量发展建设共同富裕示范区最佳实践名单为例，浙江省委组织部、统战部，浙江省建设厅、农业农村厅、国资委等部门发挥能动性，共同助力城乡区域协调发展实践，推动全省高质量发展和共同富裕（见表4）。

表4 浙江省推进城乡区域协调发展先行示范典型做法

牵头部门或企业	建设项目	基本情况或主要做法
浙江省委组织部	推行全域党建联盟助力共富行动	党建联盟以破解难题为指向，以组织共建为纽带，通过在乡村振兴联合体、产业发展相近村、重点项目所在村、毗邻区域等组建党建联盟，或采取以强带弱、以大带小等模式组建党建联盟，达到聚合发展动能的效果
浙江省委统战部	"我的村庄我的梦"新乡贤带富工程	1. 建立新乡贤带富动员机制 2. 建立"新乡贤+产业"带富机制 3. 建立"新乡贤+项目"创富机制 4. 建立"新乡贤+公益"帮富机制 5. 建立新乡贤工作综合集成机制
浙江省建设厅	高质量推进未来社区建设打造共同富裕现代化基本单元	贯彻落实"一统三化九场景"理念，围绕"普惠共享+全龄友好"，加快突破社区公共服务设施不平衡不充分和群众急难愁盼问题，以最小单元模式推动相关领域改革创新
浙江省农业农村厅	实施强村富民乡村集成改革加快促进农民在村共同富裕	1. 激活农村集体资源，赋权活权强村富民 2. 激活农村集体资金，联合抱团强村富民 3. 激活农村集体资产，溢价增值强村富民 4. 建设"浙农富裕"应用，数字赋能强村富民

续表

牵头部门或企业	建设项目	基本情况或主要做法
浙江省国资委、杭钢集团	"双碳"引领国企与山区共建生态产品价值实现共富快车道	1. 全县域绿色能源一体化开发,服务"双碳"战略落地走前列 2. 全县域生态环境综合治理,助力美丽城乡建设有作为 3. 高质量建设现代服务业基地,激活地方经济发展显担当 4. 高起点打造先进新材料制造基地,引领县域制造业焕发新气象 5. 多维度开展数字化改革合作,实现数字文明共享新劳动 6. 多模式推进地方国企合资合作,发挥产业优势有引领

资料来源:《浙江省高质量发展建设共同富裕示范区最佳实践(第一批)材料汇编》,https://zjjcmspublic.oss-cn-hangzhou-zwynet-d01-a.internet.cloud.zj.gov.cn/jcms_files/jcms1/web3185/site/attach/0/19a23f3a6bfb425999523baadf75ef24.pdf。

要 素 篇

Element Reports

B.3
"救"：应急救援的风险治理
和安全发展研究

田 雯*

摘 要: 应急救援的风险治理和安全发展是推动公共安全治理模式向事前
预防转型的重要抓手。围绕"人民至上、生命至上"准则，本
文运用政策文本分析方法，梳理应急救援的风险治理和安全发展
现状并提出政策建议。研究结论如下：第一，应急救援面临三方
面的全球共性风险挑战，包括救援效率达不到预期、应急救援的
牺牲较大、应急救援应对新增安全风险的成效低等，需进一步明
确"场景+要素"的应急救援安全风险点。第二，应急救援的风
险治理和安全发展已有一定成效，"大应急"发展格局基本形
成，安全发展理念基本树立，应急救援力量规范化建设有序开
展，应急救援资源有效整合。第三，应急救援的风险治理和安全
发展尚存在新领域新业态的风险治理效率不高、应急救援队伍的

---
* 田雯，中国人民大学公共管理学院博士生，中国安全风险治理和安全发展课题组成员。

数量和质量有待提升、应急救援力量的布局均衡性精准性不足、应急救援的人才培育和支撑标准化不高、基层应急救援力量建设的支撑保障有待加强、市场机制作用发挥不充分等六大类问题。基于此，本报告提出四个方面的建议：一是加强统筹谋划，通过应急管理体系建设优化应急救援安全发展的顶层设计；二是构建评价指标，做好绩效评估，动态反馈结果，检验应急救援建设的实际成效；三是提升应急处置能力，通过应急救援力量建设完善应急救援力量体系；四是增强发展动能，通过应急救援综合保障夯实应急救援工作基础。

关键词：　应急救援　顶层设计　综合保障

一　应急救援的安全风险

应急救援是以抢救人员生命为要务的善举，是贯彻落实党中央"人民至上、生命至上"发展理念的重要体现，也是应急管理在社会面的直观展示，决定了应急管理的现实成效。党的二十大报告进一步明确提出，要坚持以人民安全为宗旨，完善国家应急管理体系，"构建全域联动、立体高效的国家安全防护体系"；提高公共安全治理水平，"坚持安全第一、预防为主"；完善公共安全体系，"提高防灾减灾救灾和重大突发公共事件处置保障能力"，① 凸显了应急救援在保障人民安全和健全国家安全体系中的重要位置。

应急救援是突发事件紧急状态下的应急处置行动，主要包括涉灾民众救助、设备设施抢险两大类。应急救援的安全风险是突发事件救援过程中救援

---

① 习近平：《高举中国特色社会主义伟大旗帜　为全面建设社会主义现代化国家而团结奋斗——在中国共产党第二十次全国代表大会上的报告》，人民出版社，2022，第52、53、54页。

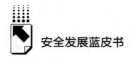

人员与被救援者生命安全面临的风险。应急救援面临着全球共性风险挑战，包括救援效率达不到预期、应急救援的牺牲较大、应急救援应对新增安全风险的成效低等。为推动应急救援安全风险治理向事前预防转型，围绕"生命至上"准则，需明确应急救援的安全风险点位，基于"人地物事环"五要素模型，本文开展了应急救援的全要素风险分析。

（一）应急救援面临的全球共性风险挑战

救援效率达不到预期。国际上存在的一致性问题是，当前的应急救援培训实践与培训要求和标准之间存在一些差距，硬件设备更新与应用水平不高，导致救援效率达不到预期。尤其是针对高危场景（如有限空间的救援行动），在标准化培训工作、实践救援、提供评估反馈和书面材料以及提供足够的资源方面需要继续加强。结合我国国情来说，随着社会经济的快速发展，我国大部分区域内应急救援装备更新力度持续增强，开展灭火抢险等救援工作时的救援效率不断提升。

应急救援的牺牲较大。应急救援的牺牲是全球关注的话题。以美国的消防救援为例，美国是火灾高发国家，1977～2020年共死亡消防救援人员5164人，平均每年死亡消防救援人员117人。[①] 从历史数据规律来看，美国消防救援人员死亡人数中有近一半人为地方扑火人员或志愿消防员；死亡人员的性别以男性为主；存在一起事故造成多个消防员死亡的情况，尤其是交通事故和森林野火；森林野火是造成消防员死亡的主要类型，2011～2020年这10年，森林野火造成137名美国消防救援人员死亡，平均每年死亡12人左右。

全球范围内消防救援人员的牺牲原因主要是身体疾病，高危风险场景主要是灭火过程。《2020年美国消防员死亡人数统计报告》的数据显示，2020年，美国共有102名消防员在值班期间死亡，其中56名专职消防员、10名

[①] "Firefighter Fatalities in the United States," https：//www.usfa.fema.gov/data/statistics/ff_fatality_reports.html，以下有关美国消防员死亡人数数据都来自该网站。

地方扑火人员在救援过程中死亡。死亡人员的性别以男性为主，占 99%，年龄在 40~70 岁的人居多。从 9 大类致死原因来看，压力或过度劳累是消防救援人员高危致死因素，占比约 36.3%，车辆坠毁致死占比约 14.7%。从死亡人员的致死场景来看，灭火过程占比 25.5%，响应途中占比 13.7%，培训活动占比 6.9%，其他（参加会议、火灾调查等）占比 29.4%，非火灾应急任务占比 24.5%。

应急救援应对新增安全风险的成效低。随着经济社会快速发展，储能电站、电动自行车等新风险不断集聚并呈多点爆发趋势，高层建筑、地下空间、大型城市综合体、石油化工火灾等隐患仍持续存在，新旧风险交织，造成应急救援风险多样化、复杂化，尤其是应对新增安全风险的成效低。新增风险大致分为三类，第一类为具有不确定影响的风险，其不确定性源自科学进步和技术创新。这类风险的主要特征是，对新技术如纳米技术、合成生物等应用的后果缺乏知识和经验。第二类为具有系统性影响的风险，这类风险源自多重交互和相互依赖的技术系统，如在能源、交通、通信和信息技术等领域存在大量的复杂互联系统。第三类为具有意外影响的风险，这类风险源自既有技术在动态变化的环境或情境中的使用，如商用航空。这些情境的变化包括基础设施的老化、管理人员的懈怠或对处理意外事件的能力过度自信等。面对三大类新型风险，应急救援尤其对新技术应用造成的风险应对成效不佳。由于新技术特性尚未明确、不确定性高，现有救援能力尚不能匹配新兴风险事故的后果。此外，对于第二类系统性风险的挑战，如现有各类已建的城市地下管线复杂交织，其风险和安全隐患固有存在，由于更新成本高，尚需采取风险规避的被动策略。

（二）应急救援"场景+要素"的安全风险分析

应急救援风险的全要素分析，可以用"人（People）、地（Location）、物（Equipment）、事（Event）、环（Environment）"的 PLEEE 五要素模型为研究方法（人是指应急救援涉及人员，地是指致死的物理位置，物是指应急救援的装备器械，事是指威胁生命安全的风险事件，环是指所处外部环

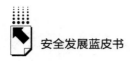

境)。依据案例数据和文献资料,结合包括但不仅限于3种典型场景(火灾救援场景、抢险救援场景、其他场景),进行应急救援风险的全要素分析(见表1)。

表1　应急救援风险全要素分析

序号	要素	火灾救援场景	抢险救援场景	其他场景
1	人	安全防范意识较低	安全防范意识较低	安全防范意识较低
		现场分析研判能力不足	现场分析研判能力不足	
		技能专业性与实战经验不足	技能专业性与实战经验不足	技能专业性与实战经验不足
		身体素质与体能不足	身体素质与体能不足	
		安全规范制定与落实不到位	安全规范制定与落实不到位	
		心理素质不强	心理素质不强	
2	地	居民住宅、厂房仓库、山野森林、商业场所、娱乐场所、建筑工地、其他	有限空间、河道、山间峡谷、街道道路、建筑工地、其他	居民住宅、街道道路、工作场所、其他
3	物	安全防护装备不充分	安全防护装备不充分	安全防护装备不充分
		救援装备先进性不高	救援装备先进性不高	
		扑火装备针对性不足		
		应急通信设备干扰	应急通信设备干扰	
4	事	风向变化等导致火势突变	触电、物体砸中等突发险情	高温中暑
		现场突发爆燃、轰燃、爆炸	冲锋舟、橡皮艇等设备倾覆	
		车辆侧翻等突发险情	车辆侧翻等突发险情	
		起火建筑物坍塌埋压	现场坍塌(建筑物坍塌、边坡坍塌、冰面坍塌)埋压	车辆侧翻等交通意外
		救援直升机坠毁	救援直升机坠毁	
		高空坠落	高空坠落	其他情况
		吸入浓烟或有毒气体	深井救援吸入有毒气体	
		火场迷失方向	污水泵井救援负伤	
		其他情况	高温中暑	
			其他情况	
5	环	森林火场地势复杂	河流湍急	高温、大风、暴雨等天气条件恶劣
		火灾等级高火情复杂	灾害等级高水情复杂	
		自然环境干燥	坍塌、地震破坏程度高	处置环境复杂
		火场浓烟	大风等天气状况恶劣	

资料来源:笔者根据案例以及文献资料总结,包括但不仅限于以上要素,具有相应研究方法的误差。

人（People）。针对人的风险因素，主要包括应急救援过程中的安全防范意识不足、经验知识缺乏、现场分析研判能力不足、安全责任制度制定落实不到位、心理素质与抗压能力不强等典型问题。以上是造成人员伤亡的主要原因。

地（Location）。针对地的风险场域，结构火灾（居民住宅、商业场所），以及外部场域火灾（山野森林）是应急救援人员行动的高危火灾场域类型；有限空间、河道等是高危抢险救援场域类型；历史案例表明，救援途中同为具有危险性的场域，存在车辆坠毁等交通事故风险。

物（Equipment）。针对物的风险状态，主要包括救援装备和防护装备两大类。救援装备应用水平制约着救援效率，防护装备影响着应急救援人员安全，较为突出的问题是防护中毒窒息事故的个人装备配置水平还有待提高。

事（Event）。针对事件的风险过程，从致死原因上看，压力或过度劳累、车辆坠毁、坍塌、被困、被物体击中、窒息、高空坠落均为高危风险点位。由于应急救援为动态过程，不断变化的因素易造成严重的事故后果，威胁相关人员的生命安全。

环（Environment）。针对环境的风险情况来说，风险环境主要包括救援环境、社会环境、自然环境。其中，火灾救援、抢险救援是造成人员伤亡的高危环境。

二 应急救援风险治理和安全发展的现状

应急救援风险治理是从组织机构、资源保障、运行机制等角度，对可能的风险进行规避和化解的过程。应急救援风险治理的内容主要包括：一是从组织机构上，树立安全发展理念，明确相关部门职责，构建队伍体系；二是从运行机制上，加快协调联动速度，提升应急响应效率；三是从资源保障上，加强人员、装备、物资的支撑。现阶段，各省份结合区域发展实际，制定了应急救援相关政策文件（见图1），本文从这些文本出发进行现状分析。

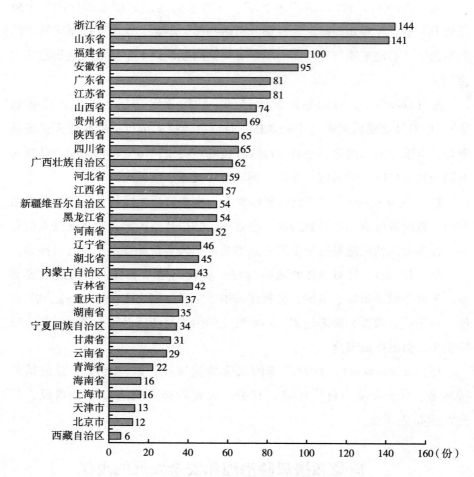

图 1　1991~2022 年各省份出台应急救援相关政策文件数量统计

资料来源：笔者根据北大法宝、应急管理部官网、百度百科等网站的数据制作。

（一）立足"全灾种"形成"大应急"格局，整合应急救援组织机构

应急救援相关部门职能整合，初步形成"大应急"的发展格局。一是全面组建省、市、县三级应急管理部门。二是整合部门职责，提升议事协调机构运行效能，形成统筹协调的工作机制。三是构建完善指挥体系，形成

省、市、县横纵贯通、全域覆盖的应急指挥体系。四是责任体系不断完善，"防"与"救"的职责边界基本划清。

应急救援各类队伍全面整合，形成"综合+专业+社会+基层"的队伍体系。应急救援力量体系不断完善，形成以综合应急救援力量为主体、以专业应急救援力量为支撑、以社会应急力量和基层应急救援力量为辅助的应急救援力量体系。一是国家综合性消防救援队伍基本形成。2023年国家消防救援局成立，整合了消防救援局、森林消防局，省、市、县分别设立消防救援总队、支队、大队，城市和乡镇根据需要按标准设立消防救援站。二是专业应急救援力量体系基本形成。组建了应急管理部自然灾害工程应急救援中心和救援基地，完善国家级危险化学品、隧道施工应急救援队伍布局，形成了灾害事故抢险救援重要力量。三是社会应急力量建设积极稳步发展。在民政等部门注册登记的社会应急力量，参与山地、水上、航空等抢险救援和应急处置工作，发挥其优势。四是基层应急救援力量持续加强巩固。全国乡镇街道的基层综合应急救援队伍建设稳步推进，社会参与程度不断提高，逐步构建起基层应急救援网格体系。

（二）"规范化"管理，提升应急响应效能，理顺应急救援运行机制

应急救援相关法规制度不断完善，推进规范化管理。一是推进应急救援队伍建设进程。明确各个类型应急救援力量的发展目标、主要任务和保障措施；对标对表国家应急救援员职业技能标准，抓好职业资格认定。二是应急救援力量建设的保障性政策措施力度不断加强。包括制定出台地方法规和规范性文件，形成以政策为主体的精细化救助体系；应急管理法律法规宣传贯彻覆盖率大幅提升。

应急救援协同响应机制不断完善，构建完善指挥调度体系。一是区域合作不断深化，其中，京津冀区域应急合作不断深化，北京市、天津市、河北省签订了《京津冀应急救援协作框架协议》等合作性文件，推动京津冀救灾协同和救灾物资管理体制向深层次发展；安徽省积极推进长三角一体化应急管理协同发展，建立应急联动协调机制。二是部门协同不断深化，如安徽

省组织开展应急资源普查，初步整合全省各级政府、各部门和乡镇街道的应急资源信息，实现数据信息共享。

（三）整合应急救援资源，补齐短板，持续强化应急救援资源保障

有序推进应急救援基地建设，整合应急救援资源。江苏省建成国家油气管道应急救援华东（徐州）基地、国家危险化学品应急救援南京基地、连云港徐圩新区危险化学品应急救援基地、江苏沿江（江阴）危险化学品应急救援基地；陕西省申报并获批建设国家级危险化学品应急救援基地（榆林），重点对陕西地矿集团矿山应急救援队伍（基地）等 5 个省级应急救援基地进行专项改造，日常训练和救援设施设备现代化水平显著提升；安徽省依托中国安能第一工程局合肥分公司设立安徽省应对自然灾害抢险救援基地，依托合肥市水上应急救援队建设安徽省水上搜救基地；贵州省成立了 20 个省级紧急医学救援基地和 1 个化学中毒和核辐射救治基地。

加强人员、装备、物资的支撑，补齐应急救援安全发展的短板。一是加强人才对应急救援的支撑，积极开展人才培育和专家引进。通过积极培育结合多样化情景的安全技能实训基地和产教融合型企业，促进应急管理人才队伍能力素质全面提升；通过建立应急管理专家组，发挥专家的知识和技术支撑作用。二是提升物资储备效能。通过建立应急救援队伍建设重大项目专项资金保障机制、灾害救助资金快速下拨机制，进一步拓宽资金来源渠道，逐步走企业、社会组织等各方参与的多元化保障路径；同步完善应急保障体系，建立救灾物资快速调运机制，应急运输"绿色通道"陆续建成，应急物流时效大幅提升；不断优化救灾物资种类和数量，提高应急救灾物资保障水平。三是装备配备与产业发展水平不断提高，但装备应用和基础设施水平仍需提升，救援队伍装备配备标准不断完善，应急科技装备支撑保障能力进一步加强。四是科技手段应用不断深入，开展"智慧应急"试点工程，有效提升应急管理和辅助决策保障能力；加强应急通信保障，现场通信保障手段不断完善，极端

情况下的应急通信难题有效解决，应急通信保障队伍初步建立，基层应急通信保障能力不断提升。

三 应急救援风险治理和安全发展的问题

应急救援风险治理和安全发展已取得一定成效，"大应急"发展格局基本形成，安全发展理念基本树立，应急救援力量规范化建设有序开展，应急救援资料有效整合。在现状的基础上，本报告对应急救援风险治理与安全发展存在的问题进行梳理。

（一）新领域新业态的风险治理效率不高

新产业、新业态、新领域的安全风险日益涌现，城市发展空间结构深刻变化带来的安全风险越来越复杂。一是自然灾害可能引发次生灾害和衍生灾害等链式反应的应对能力不足，目前极端天气发生概率进一步增大，多灾并发和灾害链特征日益突出，应急能力水平与繁重复杂的防灾减灾救灾任务要求还不匹配，关键基础设施承灾能力有待提升。二是应急预案体系尚不完整、衔接性和可操作性不强，应急准备与有效应对重特大灾害事故的需要有较大差距。目前应急预案动态管理相对滞后，极端和复杂的应急情景未能充分考量，涉及预警、转移、保障等实际问题不够明确具体，预案实施精准度较低。三是科学有效的协调联动机制还未完全形成。目前从构建应急救援指挥体系看，统筹协调各级政府、各行业领域、各类应急救援力量共同应对突发事件的合作机制还不尽完善，应对处置突发事件指挥体制还需进一步优化和加强，军地救援力量之间的联演联训联保常态化机制还没有完全建立起来。

（二）应急救援队伍的数量和质量有待提升

应急救援力量体系已初步形成，专业应急救援力量的数量和结构有待优化，社会应急力量的专业性有待提升。一是专业应急救援力量数量不足，现

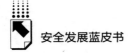
有部分专业救援队伍能力还不能满足复杂灾害救援需要，社会应急力量和基层应急救援力量还处在起步阶段，航空救援等新型救援力量数量不足，全社会参与应急救援的局面还没有完全形成。二是队伍管理水平不高，其中，"重用轻建轻管"现象突出，部分省份统一的应急救援队伍管理体系尚未建立，应急救援队伍建设管理制度不健全；县级以下基层应急救援队伍建设相对滞后；部分专业应急救援队伍建设管理水平低。三是社会应急力量参与应急管理的机制和政策不健全，社会协同机制尚不完善，社会应急力量参与渠道不够畅通。四是基层应急救援力量不足，目前乡镇（街道）和开发区、工业园区等功能区应急机构不健全，力量薄弱、应急设施装备缺乏等问题突出；存在应急资源匹配不够科学的情况，基层应急管理工作缺少依托。

（三）应急救援力量的布局均衡性、精准性不足

目前，应急救援力量建设发展不平衡不充分问题仍然突出。一是部分地区的应急救援力量分布不均衡。在中西部自然灾害易发多发、经济欠发达地区，各类应急救援力量亟待加强。二是区域内的力量配备不足。市、区两级专业应急救援队伍建设还有明显短板，队伍专业分布还不够均衡，部分产业集聚区、事故易发区、新兴高危行业领域的专业应急救援力量还有待加强，绝大多数市、区两级队伍由专职和兼职人员混编组成，救援装备配备数量不足、配置比较老化，尤其缺乏大型特种救援装备。三是基层农村救援力量不足问题较为突出。目前农村基础设施建设相对滞后，房屋建筑设防标准低，灾害事故风险抵御能力弱；村民大多并未接受专业化的应急知识教育，自救互救能力相对欠缺；应急设施装备和救援力量配备薄弱，多数乡镇无专设的消防站和救援队伍。

（四）应急救援的人才培育和支撑标准化不高

应急救援的人才培育尚在起步阶段，相关的配套标准不足，难以支撑应急救援人才的标准化和可持续发展。一是应急救援力量建设的政策法规标准

体系尚未形成，其规范化、正规化建设水平有待提升，政府投入、考核评估、救援补偿、奖惩激励等方面的制度有待健全。二是应急管理地方性配套政策不够完善，监管执法工作规范化、精准化水平不高，落实效果评估不及时等。三是应急救援现代化的指挥人才和实战经验丰富的专家不足，应急管理学科建设、人才培养、技术装备等存在短板，尚未形成现代化应急管理专业科研体系和教育体系。

（五）基层应急救援力量建设的支撑保障有待加强

目前，基层应急救援力量建设是较为薄弱的板块，科技支撑、基础设施和装备支撑、人才支撑不足。一是信息化建设不够完善，监测监控体系存在不足，应急指挥等关键环节智能化程度不高，科技对应急决策的支撑能力相对滞后，智能化功能尚未有效实现。二是网络通信覆盖不足，应急通信水平尚待提升，基础设施保障不足，尤其是目前农村基础设施建设相对滞后。三是基层人岗不适问题较为突出，目前基层应急管理部门人员少、任务重，应急管理监管执法专业人员配备不足，还不能完全适应应急工作的需要。四是专业技能培训与实战演练的需求尚有较大差距。

（六）市场机制作用发挥不充分

市场机制在应急救援风险治理和安全发展各环节作用发挥不充分。一是目前应急救援需求与应急物资储备还有差距，基层政府相关部门应急基础能力建设的投入仍然不足，此环节对市场的引入机制运用不足。部分省份从保险机构、行业协会等角度对此进行一定尝试，其中，福建省社会保险机制在应急救灾中的作用进一步提升，防灾减灾救灾市场机制成效初显；上海市充分发挥市场机制在安全宣传教育活动中的作用，以公共安全教育、安全体验实训等为主题，创新开展系列安全科普活动。

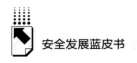

四 应急救援风险治理和安全发展的建议

应急救援的风险治理和安全发展应树立系统思维、坚持科学谋划，从顶层设计、能力评估、力量建设、支撑保障四方面出发，总体形成应急救援的安全发展规划内容。首先，加强统筹谋划，通过应急管理体系建设优化应急救援安全发展的顶层设计；其次，构建评价指标，做好绩效评估，检验实际成效；再次，提升应急处置能力，通过应急救援力量建设完善应急救援力量体系；最后，增强发展动能，通过应急救援综合保障夯实应急救援工作基础。

（一）贯彻落实安全发展理念，加强顶层设计和统筹谋划

应急救援的安全发展需首先从顶层设计上开展统筹谋划，逐步健全应急救援体系建设。本报告根据中央与地方已出台的应急救援"十四五"规划、应急管理"十四五"规划政策文本，构建应急救援体系建设框架。

第一，完善组织领导，加强应急救援统筹协调。应急救援的风险治理和安全发展应首先完善组织领导，从而全面统筹协调和推动开展应急救援各项事务。应急救援的组织领导是指促进应急救援建设的相关体制机制，主要包括完善领导体制、落实监管责任两个方面。一是建立健全应急救援的机构部门设置。围绕应急救援的建设工作，从中央到地方形成完善的组织架构。通过国家和区域应急救援中心建设，提升救援力量综合水平，推动资源优势互补。截至2023年底，国内正在建设6个国家区域应急救援中心，通过统筹抢险救援力量和应急救援基地建设，推动资源优势互补。此外，各地根据区域灾害特点和救援需求，设置省级应急救援保障中心作为综合机构。二是明确理顺应急救援的职能责任分工。地方以应急管理责任制为内核，通过明确应急救援相关机构职能分工落实监管责任。应急救援的责任体系以"党政同责、一岗双责、齐抓共管、失职追责"的应急管理责任制为内核，以厘清责任边界为抓手。

在落实监管责任过程中，完善议事协调机构运行机制，深化完善各级安全生产等相关议事协调机制，厘清综合监管和行业监管职责，推动各级各部门履职尽责。编制政府部门应急管理权责清单，有效衔接"统与分""防与救"责任链条，理清抢险救灾关键节点责任链条，确保无缝对接。

第二，推动形成贯通省、市、县的指挥协调机制。应急救援的风险治理与安全发展需形成上下贯通的指挥体系，在灾害发生后迅速统筹应急救援资源，有序开展应急救援行动。目前，从国家层面到地方层面，均面向各灾种形成扁平、高效的应急救援指挥机构，包括防汛抗旱指挥部、抗震救灾指挥部、安全生产委员会、应急管理委员会等议事协调机构，统筹推进应急救援的指挥工作。地方应急救援的指挥机构建设主要是依靠贯通省、市、县的应急指挥部，即建立市、区两级应急指挥部，统一指挥各类应急救援队伍，统筹灾害事故救援全过程管理。按照"上下基本对应"原则，建立县级以上党委、政府领导下的应急管理指挥机构，统筹灾害事故救援全过程管理；健全应急响应机制，完善应急预案等，明确各级各类灾害事故响应程序，进一步理顺灾害事故救援指挥机制。

第三，构建协同网络，推动应急救援任务衔接。应急救援的风险治理与安全发展需各部门、各主体加强协作，通过协同应对形成应急救援合力。应急救援的协同机制指相关主体的横向与纵向协调，主要包括构建部门协同、区域协同、军地协同、政社政企协同、队伍协同、国际合作六个方面，形成部门间、区域间、军地间、政社间通力协作的应急协同格局。一是搭建完善应急救援部门协同机制。通过健全实施的协同配合机制，加强各项工作任务衔接。二是构建应急救援跨区域协同机制。在顶层设计上注重省级和跨行政边界的应急救援协同机制搭建，强化资源共享机制，构建区域合作应急力量体系。三是健全军地联合的应急救援协同联动机制。地方已在抢险救灾领域形成军地协同联动机制，将驻区军队、武警部队、民兵等纳入制度化应急救援力量。四是强化政社政企协同的社会联动机制。地方联合社会组织、民间机构、企业社会力量完善社会动员机制，

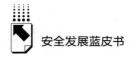

推动形成应急救援的社会联动。五是加强各类救援队伍的协同应对能力。地方定期组织召开综合演练，建立各类应急救援队伍共训共练、合作救援机制，提升各类应急救援力量实战能力。六是加强国际救援队伍与救灾合作能力建设，提高国际救灾合作能力，通过加强救援队伍国际合作与救援，积极参与国际救援协调、国际交流等工作，提高中国应急救援力量影响力。

第四，制定完善应急救援预案与政策规范体系。在完善组织领导的基础上，应推动预案与政策规范的制定与完善工作，形成应急救援风险治理与安全发展的基础和依据。应急救援的政策规范体系指为推动应急救援建设而制定的政策规范文本所形成的体系。包括应急预案与法规政策、标准规范，通过不断完善政策规范体系，推进应急救援工作有序开展。一是完善应急救援的预案体系与配套政策，通过持续完善应急预案体系，从应急救援的处置原则、流程和任务以及人员预置上，制定应急救援的前置性方案；同时做好应急预案模拟演练工作，实现从顶层设计到工作任务的衔接。二是完善应急救援的基础性制度规范。地方通过构建标准体系，完善救援队伍基础性制度规范，加强救援队伍规范化建设。

（二）构建评价指标，做好绩效评估，动态反馈结果

安全发展综合评价可以在一定程度上检验应急救援建设的实际成效，本报告开展了应急救援安全发展评价的试探性研究，并构建了应急救援安全发展评价的指标体系和评价方法。首先，指标体系作为综合评价工具，可以在现状的基础上得到更为系统的结果，本报告通过政策文本分析，构建了3个指标模块——应急救援顶层设计、应急救援力量建设、应急救援支撑保障，并进一步细化为10个二级指标。其次，考虑到数据可获得性，应急救援的安全发展评价可采用定性定量相结合的评价方法：采用德尔菲法进行评分，得到各个指标的得分；基于层次分析法计算权重，得到各个指标的权重。最后根据综合指数法计算评价结果。

第一，评价指标体系与说明（见表2）。

表2　应急救援安全发展指标

一级指标	二级指标	三级指标	指标说明
应急救援顶层设计	组织领导	机构部门设置	是否设置救灾与物资保障处、救援协调与预案管理处、火灾防治或救援管理处、防汛抗旱处等相关业务处室(是1;否0)
		机构职责分工	是否制定应急救援工作领导责任分工清单(是1;否0);是否制定机构职责分工清单(是1;否0)
	预案与政策规范	预案体系配套政策	应急预案体系中是否对应急救援队伍和物资进行详细规定(是1;否0);是否有配套政策予以保障(是1;否0)
		基础性制度规范	法规政策与标准体系近三年是否更新(是1;否0);是否针对应急管理流程中的应急救援建立制度规范(是1;否0);重点领域大中型企业、重点行业专业应急救援队伍管理办法制订出台覆盖率
	协同机制	部门协同机制	是否建立专业委员会并实体化运作(是1;否0)
		跨区域协同机制	是否建立跨区域协调会商、指挥协调机制(是1;否0)
		军地联合机制	是否建立民兵部队参与应急救援的程序和保障措施(是1;否0)
		社会联动机制	是否建立社会力量参与应急救援的管理办法和保障措施(是1;否0);重点地区社会应急力量现场协调机制覆盖率
		队伍协同应对能力	是否建立应急救援队伍衔接和合作的管理办法和处置措施(是1;否0);是否建立队伍指挥和领导方案(是1;否0)
	指挥机制	指挥机构	是否建立突发事件应急救援的各类指挥部(是1;否0);是否建立应急救援的指挥调度平台(是1;否0)
应急救援力量建设	力量布局	救援力量层级	是否形成各行政区划层级的应急救援队伍(是1;否0)
		应急救援基地	是否建立应急救援基地(是1;否0);是否与邻近区域协同建立区域性应急救援基地(是1;否0)
	力量结构	综合应急救援力量	市、区(县)、乡镇(街道)三级综合应急救援队伍建成率
		专业应急救援力量	地震和地质、洪涝灾害高风险地区专业应急救援队伍覆盖率;森林(草原)火灾高风险地区专业应急救援队伍覆盖率;安全生产高风险行业、区域专业应急救援队伍覆盖率;专业应急救援队伍是否覆盖区域内全部行业领域(是1;否0);专业应急救援队伍占区域内人数比例
		航空应急救援力量	是否建立航空应急救援力量(是1;否0);航空应急救援力量在全省域内响应时间
		基层应急救援力量	各类功能区和乡镇(街道)专(兼)职救援力量覆盖率;乡镇专职消防队、志愿消防队、小型消防站建设率;基层应急救援力量到达灾害事故现场时间
		民兵部队救援力量	是否将区域民兵力量纳入应急救援力量体系(是1;否0)
		社会应急力量	应急(安全)宣传教育体验馆数量;群众应急救护培训达标普及率;社会应急力量红十字救护员取证率

续表

一级指标	二级指标	三级指标	指标说明
应急救援支撑保障	人才培育与专家智库	人才培育与实战演练	专业应急救援队伍取得"应急救援员"国家职业资格人员比例;重点行业规模以上企业新增从业人员安全技能培训率;年度开展应急救援相关主题培训和实战演练次数;县级以上专业应急救援队伍培训演练率;群众应急救护培训达标普及率;重点行业规模以上企业新增从业人员安全技能培训率;综合性应急演练次数
		专家智库	是否建立专家支持决策机制(是1;否0);省域内高校应急管理学科建设覆盖率
		待遇与职业认同	是否制订救援人员职业待遇激励方法(是1;否0);是否开展救援人员优秀模范评比以及建立宣传报道机制(是1;否0)
	资金保障	资金投入机制	是否建立资金多元化投入机制(是1;否0);是否吸引市场机制参与资金投入和保障(是1;否0)
	物资保障	应急物资储备体系	生活保障类应急物资储备总体规模;消防人员占总人口的比例
		快速交通保障机制	突发事件发生后受灾民众得到救助的平均时间;干线公路路段抢通平均时间
	科技支撑	装备研发应用	是否建立应急救援装备配备规范(是1;否0);是否按照标准配备装备(是1;否0);消防站数;承担国家重点研发计划数量;专业应急救援队伍装备配备达标率;高层公共建筑或住宅小区微型消防站建设率
		应急救援产业	应急救援产业园数量;应急产业示范基地数量
		指挥调度与通信保障	突发事件处置救援现场通信覆盖率;应急单兵系统到社区(村)的覆盖率;智能应急指挥调度系统监测感知数据覆盖率;县级以上应急管理主要业务信息化覆盖率

资料来源:笔者根据政策文本归纳总结得出,具有相应研究方法误差。

第二,基于层次分析法确定权重。将问题分解为层次结构,即分析各因素的关联、隶属关系,构造系统的递阶层次结构。应急救援安全发展的层次结构模型由从上到下的目标层(应急救援顶层设计层 A,4 个元素)、准则层(应急救援力量建设层 B,3 个元素)和方案层(应急救援支撑保障层 C,4 个元素)组成,以定量评价这些具体指标所产生的安全发展效能。

两两比较，构造判断矩阵。对同一层次的各因素关于上一层次中某一准则的重要性进行两两比较（专家打分构造判断矩阵常常使用表格形式，如表3）。矩阵 R_A 中的元素 r_{ij} 值表示元素 B_i 对 A 的影响比元素 B_j 的重要程度。

表3　应急救援安全发展评价判断尺度

分值	赋分说明
1	表示一个指标对另一个指标的影响度最小/危险度低
2	表示一个指标对另一个指标的影响度较小/危险度较低
3	表示一个指标对另一个指标的影响度一般/危险度中等
4	表示一个指标对另一个指标的影响度较大/危险度较高
5	表示一个指标对另一个指标的影响度最大/危险度高

$$R_A = \begin{array}{c} \\ B_1 \\ B_2 \\ \cdots \\ B_n \end{array} \begin{array}{cccc} B_1 & B_2 & \cdots & B_n \end{array} \left(\begin{array}{cccc} r_{11} & r_{12} & \cdots & r_{1n} \\ r_{21} & r_{22} & \cdots & r_{2n} \\ \cdots & \cdots & \cdots & \cdots \\ r_{n1} & r_{n2} & \cdots & r_{nn} \end{array} \right)$$

B_n：应急救援力量建设层的元素；r_{ij}：矩阵中第 i 排第 j 列的元素。

一致性检验。由判断矩阵计算被比较因素对上一层次该准则的相对权重，通过层次单排序从判断矩阵取出同一层相关因素的权重向量：计算判断矩阵 R 的特征根和特征向量 W：RW = λW，即，解线性方程组 $(\lambda I_n - R)$ W = 0（其中，I_n 是 n 阶单位矩阵），求向量 W 的值，其中，与最大特征根 λ_{max} 对应的 W 为所求。并进行一致性检验。

计算各层次因素相对于最高层次，即各层次相关的权重相乘，合成总权重向量，进行层次总排序，并进行一致性检验，检验两两比较是否有过大的矛盾。

第三，综合指数计算。应急救援安全发展的综合指数计算采取一般的耦合叠加计算方法，公式如下：

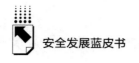
$$I = W_A \times \sum A_i + W_B \times \sum B_i + W_C \times \sum C_i$$

其中，I 为应急救援安全发展指数；W_A 为应急救援顶层设计的得分权重，W_B 为应急救援力量建设的得分权重，W_C 为应急救援支撑保障的得分权重，权重可根据地方发展特色和重点而变化；A_i 为某一应急救援顶层设计一级指标的二级指标的得分，B_i 为某一应急救援力量建设一级指标的二级指标的得分，C_i 为某一应急救援支撑保障一级指标的二级指标的得分。

（三）系统规划，完善力量体系，提升应急处置能力

在统筹谋划的顶层设计基础上，应急救援的安全发展要完善应急救援力量体系，提升突发事件的应急处置能力。本文从建设目标、力量布局、力量建设三个要素构建应急救援力量建设框架。

第一，系统规划，细化应急救援力量建设目标。应急救援力量建设需进行系统规划，通过设立建设目标指引建设方向。应急救援力量建设目标是围绕提升救援队伍建设水平而设立的相关指标。应急救援的核心目标是维护人民群众生命财产安全，应急救援力量建设的核心目标是提升突发事件的应急处置能力。一是完善专业应急救援队伍建设与布局，投入相关建设资源，补齐原有队伍结构和布局的短板，推动实现全灾种、全领域、全覆盖。二是完善救援队伍装备配备与基础设施。建立应急救援的基础设施，如消防站和物资仓储、应急产业基地、宣传教育场馆等，同时围绕各类救援队伍的装备配备标准，完善救援队伍的装备配备体系。三是加强应急救援队伍培训与实战演练。从救援队伍的专业技能和实战技能出发，提升应急救援队伍应急处置和救援能力，以各类演练、培训活动、技能比赛为抓手，通过完成目标次数促进培训演练效果提升；同时通过社会人群救援知识的普及和提升，提高社会人群自救互救能力。四是提高应急救援队伍处置与响应效率。通过缩短救援队伍到达灾害或事故现场的时间，来提升救援队伍的响应效率，不断压缩专业队伍的救援空白期，提升应急救援效能。五是提高应急救援队伍综合保障水平。从人员、物资运输、信息化水平与通信保障等方面加强应急救援综

合保障，提高应急救援全过程的综合保障水平。

第二，科学布局，促进应急救援力量全面覆盖。应急救援力量结构指应急救援队伍在层级和区域上的布局情况。应急救援力量布局形成纵向救援力量体系、横向立体救援格局。一是构建"省、州市、区县、乡镇"四级救援力量，地方统筹各级各部门建设全覆盖的应急救援力量体系，包括省级、州市级、区县级、乡镇级四个层级的应急救援队伍，从灾种、区域、领域等角度优化救援力量布局。二是建设区域联动的区域性应急救援基地，通过应急救援基地建设，统筹推进应急救援力量布局，根据区域灾害救援需求，建设救援训练基地，提供应急救援队培训训练场地，搭建应急救援基地等各类救援力量同训共练平台。

第三，完善应急救援力量体系，推动各类应急救援力量建设。一是立足区域实际，加强综合应急救援力量建设，包括国家综合性消防救援队伍和全灾种应急救援队伍两个方面。二是加强专业应急救援力量建设，面向各领域的专业救援力量，主要包括行业领域、特定领域、重点领域。三是加强航空应急救援力量建设，地方开展航空应急救援力量的建设工作，形成立体化的应急救援力量体系。四是加强基层应急救援力量建设，基层应急救援力量是面向基层一线紧急情况救援的队伍。地方通过建设基层应急小分队等逐步完善基层应急救援力量，发挥基层一线的"第一响应人""吹哨人"作用。同时，地方培养发展基层灾害信息员，为精准预警、救灾、救助奠定坚实基础。五是加强民兵救援力量建设。地方将民兵等纳入突击应急救援力量，作为应急救援体系的重要组成部分。六是加强社会应急力量建设，社会应急力量是以社会人群为主体的救援队伍，主要包括应急救援志愿服务队伍、企事业单位应急救援力量两部分。一方面，推进应急救援志愿服务队伍建设，地方积极吸纳社会组织应急救援力量参与应急救援工作，将其纳入政府购买服务范围；另一方面，推进企事业单位应急救援力量建设，地方依托企事业单位应急救援资源建设社会应急救援队伍，形成专业应急救援队伍到基层应急救援队伍的良好衔接。七是提升社会人群安全素养。地方推动安全知识技能培训和宣传教育，建设应急科普基地和应急安全体验馆，积极培育社会人群应急能力素养。

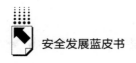

（四）加强应急救援综合保障，夯实应急救援工作基础，增强发展动能

应急救援的安全发展要以坚实的综合保障为基础，持续增强发展动能。本报告从人才保障、资金保障、物资保障、科技支撑四个要素构建应急救援综合保障框架。

第一，增强人才保障，促进人才培育与专家智库支撑。从人才引进和培育角度促进应急救援人才保障。应急救援的人才培育指面向应急救援需求的人才培养和实战演练，同时通过引进专家智库，为应急救援提供相关决策支撑。一是促进应急救援人员培育与实战演练。以国家"应急救援员"和"紧急医疗救护员"职业能力建设为牵引，统筹抓好专业应急救援队伍通用技能培训。二是以专家智库牵引应急救援科技创新，注重专家智库在应急救援科技创新的作用，通过依托高校科研院所等平台，不断提高应急管理科技研发能力和决策支撑水平。三是提高应急救援人员待遇与职业认同，应急救援的保障激励指为提高应急救援人员工作积极性而采取的一系列措施。根据应急职业特点，通过完善应急救援人员的工资待遇、保障机制和荣誉激励等制度，提高应急救援人员职业待遇激励水平。

第二，增强资金保障，构建完善多元资金投入格局。应急救援的资金保障是指为应急救援各环节的资金使用提供保障。通过建立资金投入机制加强应急救援的资金保障，加强应急救援力量建设资金保障，完善财政投入机制，统筹安排救援装备、基地建设、信息化建设和善后补偿等保障经费，探索建立企业、社会组织等各方参与的多元化资金筹措机制，夯实应急救援力量建设的经费保障基础。

第三，增强物资保障，切实提升应急救援响应效率。应急救援的物资保障指为保障应急救援过程中的物资使用而采取的一系列措施，包括物资储备布局、抢险救援交通保障两个方面。增强物资保障为应急救援响应效率提供坚实基础。一是完善政社联合储备的应急物资储备体系。推动应急物资储备体系建设，围绕应急救灾物资种类规划、布局、供给等各个环节，构建省市县乡四级应急物资储备网络，确定应急物资储备品种规模和产能保障，探索建立应急物资更新轮换机制，同步完善跨部门、跨区域应急物资协同保障机制。二是建立抢险救援的快速交通保障机制。建立抢险救援通行保障机制，构建"航空+铁路+公路+水路"一体的立体化应急救援通道网络，通过加强区域应急救援绿色通道建设的方式，推动紧急运输网络建设。

第四，增强科技支撑，推动装备升级与信息化建设。从应急救援的综合支撑保障方面增强发展动能，为应急救援提供全方位的支撑保障。应急救援的科技保障指通过科学技术保障应急救援全过程，包括救援装备研发、产业创新、信息化建设三个方面。一是促进高精尖实用型应急救援装备的研发应用。救援装备是应急救援人员参与救援活动时携带的防护、救援装备。应急救援的救援装备包括科技研发和创新应用。提升应急领域科技研发和创新应用能力，提高应急救援装备水平。一方面，从科技研发角度推动救援装备创新，另一方面，地方根据应急救援产业情况和救援实际需求，优化应急救援装备配备结构和内容，提升人装协同水平，加大先进适用装备配备力度。二是推动应急救援产业发展与救援安全良性互动。应急救援产业是面向应急救援装备需求而发展的产业类型。地方从应急救援产业扶持政策、战略布局角度，优化应急救援装备产品结构，构建产学研协同创新体系，建立以政府政策引导、重点企业为主体、高等院校和科研院所为支撑、应急产业示范园为基地的应急产业体系。一方面，地方探索建立应急产业基地，形成产业集聚效应，另一方面，通过制定产业政策实施政策引导，健全应急产业发展机制，优化产业发展环境。三是推动应急救援智能指挥调度与通信保障，一方面，地方搭建应急指挥调度体系，另一方面，以实战需求为导向，完善应急通信网络保障系统，地方加强现场通信技术保障。

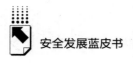

参考文献

唐钧、田雯：《应急救援的安全风险综合防控策略》，《中国应急管理》2023年第3期。

张海波：《中国第四代应急管理体系：逻辑与框架》，《中国行政管理》2022年第4期。

"Firefighter Fatalities in the United States," https：//www. usfa. fema. gov/statistics/reports/firefighters-departments/firefighter-fatalities. html.

《【文字解读】〈安徽省"十四五"应急管理体系和能力建设规划〉》，安徽省应急管理厅网，http：//yjt. ah. gov. cn/public/9377745/146526981. html。

《安徽省应急管理厅关于印发〈安徽省"十四五"应急救援力量建设规划〉的通知》，安徽省应急管理厅网，http：//yjt. ah. gov. cn/public/9377745/146620071. html。

《省政府办公厅关于印发江苏省"十四五"应急管理体系和能力建设规划的通知》，江苏省人民政府网，http：//www. jiangsu. gov. cn/art/2021/9/26/art_46144_10027925. html。

《陕西省人民政府办公厅关于印发"十四五"应急管理事业发展规划的通知》，陕西省人民政府网，http：//www. shaanxi. gov. cn/zfxxgk/zfgb/2022/d5q/202204/t20220406_2216418. html。

《贵州省应急管理厅贵州省发展和改革委员会关于印发〈贵州省"十四五"应急体系建设规划〉的通知》，贵州省发展和改革委员会网，http：//fgw. guizhou. gov. cn/ztzl/sswgh_5643328/202208/t20220819_76127040. html。

《自治区人民政府办公厅关于印发宁夏回族自治区应急体系建设"十四五"规划的通知》，宁夏回族自治区应急管理厅网，http：//nxyjglt. nx. gov. cn/xxgk/fdzdgknr/jcgk/gzgh/202112/t20211222_3243354. html。

《北京市"十四五"时期应急管理事业发展规划》，北京市发展和改革委员会网，http：//fgw. beijing. gov. cn/fgwzwgk/zcgk/ghjhwb/wnjh/202205/t20220518_2715139. htm。

《广东省人民政府关于印发广东省应急管理"十四五"规划的通知》，广东省人民政府网，http：//www. gd. gov. cn/xxts/content/post_3666555. html。

《江西省人民政府关于印发江西省"十四五"应急体系规划的通知》，江西省人民政府网，http：//www. jiangxi. gov. cn/art/2021/9/8/art_4968_3564293. html。

《北京市应急管理局关于印发〈北京市"十四五"时期应急救援力量发展规划〉的通知》，北京市人民政府网，http：//www. beijing. gov. cn/zhengce/gfxwj/sj/202111/t20211130_2548934. html。

《应急管理部关于印发〈"十四五"应急救援力量建设规划〉的通知》，中国政府网，http：//www. gov. cn/zhengce/zhengceku/2022-07/01/content_5698783. htm。

《黑龙江省人民政府关于印发黑龙江省"十四五"应急体系建设规划的通知》，黑龙江省人民政府网，https：//www. hlj. gov. cn/hlj/c107895/202207/c00_31444020. shtml。

《甘肃省人民政府办公厅关于印发甘肃省"十四五"应急管理体系建设规划的通知》，甘肃省人民政府网，http：//www. gansu. gov. cn/gsszf/c100055/202112/1933752. shtml。

《吉林省人民政府办公厅关于印发吉林省应急管理"十四五"规划的通知》，吉林省人民政府网，http：//xxgk. jl. gov. cn/szf/gkml/202201/t20220126_8387550. html。

《福建省人民政府办公厅关于印发福建省"十四五"应急体系建设专项规划的通知》，福建省人民政府网，http：//www. fujian. gov. cn/zwgk/zxwj/szfbgtwj/202108/t20210830_5678247. htm。

《上海市人民政府办公厅关于印发〈上海市应急管理"十四五"规划〉的通知》，上海市人民政府网，https：//www. shanghai. gov. cn/nw12344/20210816/7c35057f10ff46a1a47f1be37e1a01f9. html。

B.4
安全风险治理和安全发展的"危态改、常态督、未态防"报告

李金泽*

摘　要： 现阶段，我国城市正处于从快速扩张发展向高质量发展的过渡期，城市安全事故频发，风险主要集中于自然灾害、事故灾害和社会安全等领域，给城市发展和社会稳定都带来负面影响。本报告基于安全风险治理和安全发展指标体系，结合国务院发布的《"十四五"国家应急体系规划》，提取出"危态改、常态督、未态防"三项，构建三种状态下的安全风险治理和安全发展系统，同时本报告基于各省份安全风险治理措施提出要在城市社会安全、城市自然灾害和城市事故灾害方面构建城市安全风险预防策略，进而提升城市安全度，促进城市安全发展。

关键词： 城市安全发展　城市风险治理　危态改　常态督　未态防

一　概况

现阶段，安全发展是城市建设的重点方向，我国城镇化速度逐渐加快，城市正处在从高速扩张向综合提质的阶段，城市安全是城镇化建设的关键环节和基本保障。全球灾害事件表明，城市安全风险事件频发，对城市安全发

＊ 李金泽，中国安全风险治理和安全发展课题组成员。

展造成了一定程度的负面影响，在此背景下，构建完善的城市安全风险治理体系，降低各类风险事件的发生率和破坏率，成为当前城市建设的重要任务。

（一）城市安全风险现状

改革开放以来，我国城镇化建设高速推进，数据统计显示，我国城镇化率从 1978 年的 18%增长到 2020 年的 64%，并且依旧保持着快速增长的态势。近些年来，城市安全风险呈现复合性、联动性、叠加性、扩散性、隐蔽性等特征，风险主要集中于自然灾害、事故灾害和社会安全等领域。多领域多特征的城市安全风险阻碍了城市的可持续发展，需研究城市各领域风险特征，有针对性地提出对策建议，促进城市安全、可持续发展。

1. 社会安全

《中国统计年鉴 2021》和《中国统计年鉴 2020》的数据显示，2020 年中国公安机关受理治安案件为 8628053 起，比 2019 年减少 10.4%，其中查处案件 7723930 起，比 2019 年减少 11.4%；每万人口受理案件数为 61.1 起，比 2019 年减少 7.1 起。案件类型包括扰乱单位秩序、扰乱公共场所秩序、寻衅滋事等。

2020 年中国公安机关管理的治安案件数与 2019 年相比有所减少，但是随着大数据时代的到来，犯罪开始呈现网络化、技术化、结构化等特征，公安机关识别安全风险演化规律和路径的难度增加，尤其是电信诈骗，全国公安机关立案的诈骗刑事案件的数量逐年升高（见图 1）。诈骗刑事案件严重危害网络安全，并且极大地破坏了社会秩序，为此基于大数据视角，需总结社会安全事件的特征，为城市社会安全问题的改进和风险预防提供新的思维方式。

2. 自然灾害

2022 年 7 月，应急管理部与其他部门和单位会商分析了 2022 年上半年全国自然灾害情况。上半年，我国自然灾害以洪涝、风雹、地质灾害为主，干旱、地震、低温冷冻和雪灾、森林草原火灾等也有不同程度发生。各种自

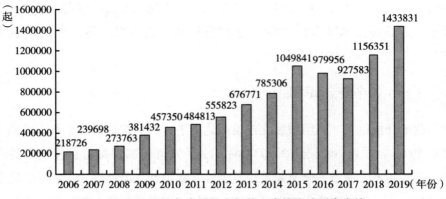

图1　2006~2019年全国公安机关立案的诈骗刑事案件

资料来源：历年《中国统计年鉴》。

然灾害共造成3914.3万人次受灾，因灾死亡失踪178人，紧急转移安置128.2万人次；倒塌房屋1.8万间，损坏房屋28.7万间；农作物受灾面积3618.9千公顷；直接经济损失888.1亿元。[①]

3. 事故灾害

随着社会的发展，我国的事故灾害呈现连锁性、复杂性等特征，城市安全风险治理工作面临挑战。回顾往年事故灾难，事故发生的主要原因是工作人员操作不当导致严重事故、设施设备老化导致严重事故、违规改建导致严重事故等。这些事故灾难会导致较严重的灾难性后果，包括但不限于人员伤亡和直接经济损失。

（二）安全风险治理和安全发展系统构建

近年来，我国城市安全风险态势发生了新变化，对应急管理体系建设提出新要求，为能够从过往的风险事件中吸取经验教训，提升对城市风险的治理能力，总报告结合全国各城市出现的安全问题的实际情况以及特点，将城市安全发展概念引入城市风险治理活动中，根据"范畴"和"时

[①] 《应急管理部：上半年全国自然灾害共造成3914.3万人次受灾178人死亡失踪》，国家应急广播网，http://www.cneb.gov.cn/yjxw/gnxw/20220721/t20220721_525924823.html。

空"两个维度，按照每个维度的 3 种指标，形成安全风险治理和安全发展指标体系（2024 版）（见表 1）。为了健全应急管理体系、提升应急救援效能，提高安全生产水平、增强防灾减灾能力，本报告基于上文的安全风险治理和安全发展指标体系，结合国务院发布的《"十四五"国家应急体系规划》，提取出"危态改、常态督、未态防"三项，构成了三种状态下的安全风险治理和安全发展系统。

表 1　安全风险治理和安全发展指标体系（2024 版）

范畴	危态	常态	未态
人民向往	"改"	"谐"	"智"
发展持续	"稳"	"创"	"谋"
安全治理	"救"	"督"	"防"

本报告基于我国 31 个省份的相关政策、开源数据、新闻报道等，开展深入研究、精细化剖析、总结共性规律，对城市安全风险治理和安全发展韧性机制做了一定的分析，从城市安全风险各个发展阶段入手，危态—常态—未态，包含自然灾害、事故灾害和社会安全三个领域，通过深入研究各城市安全风险的改进、监督和预防措施，从城市的规划理念、管理制度、技术系统、文化打造、社会机制等方面对不同领域的灾害提出有针对性的对策建议，打造"人民向往、发展持续、安全治理"的韧性城市。

二　专项研究

（一）危态改

现阶段，我国城镇化进程不断加快，城市人口高度密集，社会风险相互交织，城市危态治理工作的复杂性和艰巨性较高，针对安全问题的改进成为城市安全保障的重中之重。基于社会安全、自然灾害和事故灾害等领域的风

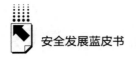

安全发展蓝皮书

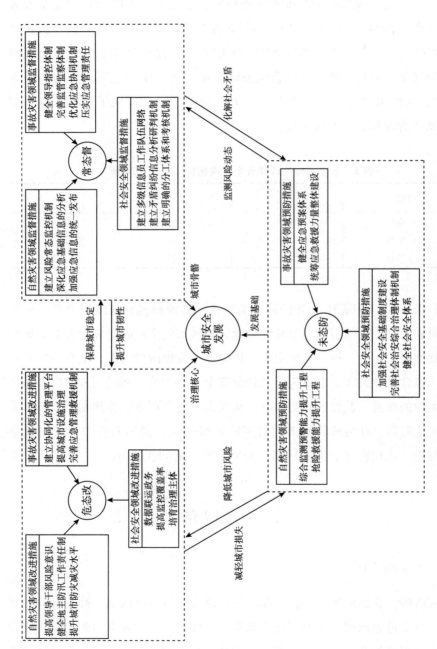

图 2　城市安全风险治理和安全发展韧性机制

112

险特征，通过实施层、制度层和现象层城市治理采取针对性措施，从而使政府转变政绩观、加强法治建设、促进信息透明，全面提升我国城市应急管理的效果，维护社会秩序健康运行。

1. 社会安全领域

本报告根据社会安全的突发性、多样性、复杂性和时效性等，针对城市自身社会安全风险演化，总结出在社区治安、黑恶势力、毒品犯罪、电信诈骗等领域公安机关的改进举措，并根据其共性和个性问题，提出未来改进城市社会安全问题的措施（见表2）。

表2　公安机关改进城市社会安全问题的举措

层级	领域	典型措施
实施层	社区治安	完善社会矛盾纠纷多元预防调处化解机制
	危险货物管理	加强寄递物流安全规范管理
	黑恶势力	打击黑恶势力，破除当地"保护伞"
	毒品犯罪	建设立体化边境防控体系
	电信诈骗	针对电信诈骗会同有关部门制定出台司法解释和法律适用指导意见
制度层	交通安全	公安部修改《道路交通安全违法行为处理程序规定》
	暴恐犯罪	修订《暴力恐怖犯罪线索举报奖励办法》
现象层	跨境赌博	开展打击治理跨境赌博的专项行动
	疫情防控	北京警方针对各类涉疫情违法犯罪依法打击查处
	社区治安	湖北省仙桃市公安局开展"春季惊雷·破小案"专项行动

（1）数据联动政务，高效处置城市风险事件

大数据思维目前已成为城市建设的指路明灯，信息化建设属于国家重大战略的一部分，正逐渐成为推动城市现代化建设的强大推动力。

①优化基础设施建设。按照国家标准建设大数据中心，对数据资源进行统一存储和管理；对接汇聚各级相关部门数据，横向打通数据壁垒；建成省市县三级综治中心，将公安监控数据接入综合治理中，实现数据全领域立体化操作。

②建立健全应用机制。优化各类大数据应用系统，增强系统的实战水

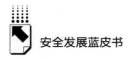

平，打造全时空全领域的态势感知平台，实现省、市、县三级无障碍沟通协调，推动社情、警情、民情等各领域动态的全方位展示。

③提升系统应用水平，建立以大数据为牵引，围绕城市安全风险的多元化治理机制，发挥态势分析、智能研判、应用实战的重要作用，有针对性地实现城市安全风险治理措施。

（2）提高监控覆盖率，提升城市风险治理新能力

建设具有高清探头的城市监控网，推动城市安全视频监控联网应用建设，融合城市各类视频数据资源，整合视频采集、人脸识别、大数据计算等技术，实现城市安全视频技术应用"全覆盖"。

①规范监控视频布点，构建"全域覆盖、立体布局、多网联动"的防控体系。按照"断面无盲区、局部构成封闭"与"围圈、切块、分格、连线、定点"原则，规划布建高清视频监控前端点位若干路并接入视频专网，对辖区的应急、卫生、治安等进行重点监控、对辖区内治安、灾情、人员、储备等实施监控、统筹调度。

②统筹监控资源整合。整合公安监控视频与社会监控视频资源，推进监控摄像头高清化建设，实现社会视频与天网监控系统无缝对接，织密视频监控网络。

（3）培育治理主体，打造城市风险治理新模式

面对复杂多变的城市安全风险，需构建城市治理机制，培育省、市、县三级治理主体，促进各级政府部门提高在城市风险治理中的综合协调能力，加强风险治理和隐患排查工作的组织领导能力。

①推动部门信息资源互联互通、共享共用，建立健全信访联处、治安联防、上下联动等工作机制。

②增强基层基础设施建设，坚持因地制宜，构建村民矛盾纠纷化解机制，突出重点矛盾问题治理，加强各类风险隐患排查，定期座谈会商，稳定城市基础。

2. 自然灾害领域

我国社会经济迅猛增长，社会环境发生变化城市在面对自然灾害的冲击

时，会出现各种各样的问题，本报告总结出在极端降雨、洪水暴发、环境污染、城市改造等领域中各省份的主要改进举措（见表3），并根据其共性和个性问题，提出未来城市社会安全问题改进措施，以提高城市防风险治理能力，推动城市安全、和谐、生态持续发展。

表3　面对自然灾害冲击时各省份的主要改进举措

层级	领域	典型措施
实施层	极端降雨	建设城市"里子工程""避险工程"
	洪水暴发	河流防洪能力提升工程，建设智慧城市
	环境污染	完善生态环境治理体制
	城市改造	实施重大城市建设改造项目
	强降水	更新城市建设，提升城市功能
	地质灾害、消防安全	加强自然灾害防治能力建设

（1）大力提高领导干部的风险意识和自然灾害应急处置能力

各级领导干部要树牢"人民至上、生命至上"理念，统筹好发展和安全两件大事，增强风险意识和底线思维，提高防灾减灾救灾和防范化解风险挑战的能力和水平，切实把确保人民生命安全放在第一位落到实处。

（2）落实政府机构领导防汛工作责任制

地方政府部门作为防汛治理的主体，具有常态化防范、危机时救灾、灾害后重建等责任，压实领导一岗双责、党政同责，建立健全防汛救灾指挥的应急预案和执行制度，明确责任主体和具体责任，政府部门领导人要统一指挥，掌控全局，亲赴灾害现场坐镇指挥，始终掌握灾害治理全局，正确决策指挥。

（3）提高城市防灾救灾整体水平

完善防洪救灾机制和风险等级标准，增强医院、地铁等公共服务设施的基础设施建设水平，深入开展自然灾害风险源统计，将防灾救灾作为城市安全发展相关重大战略、关键要素、基础工程，强化城市生命线工程的建设，加强备用供水供电等设施的保障，提升发生自然灾害时城市应急治理能力，

推动城市风险治理水平同城市发展速度相适应。

3. 事故灾害领域

为提高城市抵御灾害能力,减轻灾害损失,本报告总结提炼近期各省份在安全生产、食品安全、矿山安全等领域的改进措施,以期增加处置事故灾害经验,合理调配资源修复城市风险漏洞。

表4 省份在安全生产、食品安全、矿山安全等领域的改进措施

层级	领域	典型措施
实施层	安全生产 食品安全	整治重点行业领域的安全生产问题
	矿山安全	针对重点行业领域和校园及周边等安全隐患责任到个人
	燃气安全 道路运输	利用"四张清单"整治相关领域的安全情况
	施工安全 化工安全 燃气安全 交通安全	对所有领域进行全面排查,查处责任事故和失职行为
	消防安全 燃气安全	落实属地管理、部门监管和企业主体"三个责任"
	生产安全	针对重点领域开展安全专项排查整治行动
	燃气安全 危险化学品安全	对设施不符合国家法律法规的要集中整治
	燃气安全	利用大数据思维进行安全问题整治,建立完善燃气安全管理机制体制

(1)坚持科技导向,建立多元化的管理平台

①城市安全风险治理的基础是机制保障,需建立健全灾害防治、应急管理、安全监控等领域数据共享联动机制,使用各类智慧平台和研判系统,加强城市基础设施和应急设施的智能化、信息化、自动化,建设指挥统一、协调联动的综合应急指挥平台。

②构建多种灾害仿真模型。基于韧性三角形理论,为增强城市风险治理能力,政府部门人员应该更深入探索多元化防灾治灾机制,提取典型灾害案

例参数，揭示灾害事件风险源和责任主体。

（2）提升城市设施治理，防范化解城市安全风险

①加强城市基础设施建设，做好安全监管，落实风险防范。按照行业种类深入探索城市安全设施质量情况，尤其是城市供电、供水等涉及民生的地下管线，进一步明确城市风险事故安全隐患，相关政府部门要对发现重大事故隐患的企业进行约谈、监管，提升企业与政府机构的协查水平。

②建立城市安全风险预警机制，评估城市风险指标，定期反馈更新风险评估结果，实现城市安全风险由被动治理到主动预防的转变。

③建立城市安全风险责任制度，明确城市安全发展的主体责任，具体到企事业单位，由政府部门实施监督，确保担负起主体责任。

（3）完善应急救援机制，提升城市风险应对水平

①各城市要建立健全应急救援、灾害防治、环境保护等领域应急管理机制，逐步建设综合应急信息平台，促进各部门数据平台融合建设，加强城市基础设施建设、安全设施运行、城市安全管理等工作，实现智慧城市开发管理，提升城市生产安全风险的处理能力，促进安全城市发展。

②城市应急管理部门要综合灾害预防和应急救援两个方向，全面提升城市防灾治灾能力水平，提高应急管理部门救援力量素质，加强基层救援基础设施建设，实现全领域应急救援覆盖。

③政府部门要对城市应急管理能力进行评估，重点关注高危行业，政府机构要加强对高危行业的管理，项目开始前进行风险评估，制定防范安全风险事故的措施，注重常态化安全监管。

（二）常态督

现阶段，由于社会经济飞速发展，社会结构逐渐复杂，城市安全风险呈现从"非常态爆发"到"常态爆发"的趋势，常态化的安全风险监督已经成为政府日常风险管理的重要举措。政府应搜集社会安全领域、自然灾害领域和事故灾害领域中易导致群死群伤的典型案例，分析事故的原因，结合各省份往年监督经验制定安全风险监督管理的具体实施，通过安全风险监督管

理模式创新，提升安全风险监督工作的及时性与高效性，确保城市的安全发展。

1. 社会安全领域

社会安全事件和自然灾害事件、事故灾难事件相比，社会安全事件的风险监督工作更具有难度，它基于恩格尔系数、城市发展指数等相关指标监测社会安全水平，根据监测结果对社会安全风险发出一定预警，并采取相应的措施。

（1）建立省、市、县三级信息联络员工作网络

各政府部门均设社会风险信息联络员，明确主体责任，开展社会矛盾纠纷信息搜集和通报工作，及时发现并处置社会安全风险事件。建立省、市、县三级信息联络员工作网络，按照"网上网下联动、精准防范治理"的工作思路，对社会安全风险隐患进行实时巡查监控，做到社会风险隐患监测无死角。

（2）构建社会矛盾风险信息常态研判机制

针对城市重点矛盾隐患，参考历史数据和风险发展规律特点，实时更新归纳，根据实际情况提出矛盾纠纷处置措施。一是推进重大风险事件一体化决策指挥，贯彻情报导向思维，设置风险研判分析岗位，为指挥员提供决策支持，做到情报和指挥一体运行。二是加强本地多警种联勤联动，构建"合成作战"机制，融合各警种数据，建立大数据分析研判平台，推动数据研判、合成作战长效处置机制。

（3）建立风险处置分工体系和绩效考核机制

一是政府各部门要建立风险处置专人专岗制度，确保责任到个人，各司其职，协调联动，齐抓共管，设置监督岗位，落实监督制度，实现社会风险处置岗位监管机制的常态化。二是各城市要建立健全应急救援、灾害防治、环境保护等领域政府公共数据共享机制，形成社会重点领域严打态势，实现各部门数据共享、联动处置的合作。

2. 自然灾害领域

为加强对自然灾害事件的常态化管控，需要构建智能精准的监测预

警体系，实现风险和隐患信息的动态监测管理，强化事故灾害信息的报送管理，深化应急基础信息的分析和应用，加强应急基础信息的统一发布管理等。

第一，建立自然灾害领域风险常态监管机制。深入开展自然灾害领域风险隐患调查，强化风险预警能力，做到由事后治理到事前预防的转变。

第二，深化应急基础信息的分析和应用，建立自然灾害风险数据研判平台，实现应急风险智能预测，强化数据研判辅助决策指挥，构建完善的应急管理指挥体系。

第三，加强应急基础信息的统一发布管理，建立统一的应急基础信息发布制度，及时发布传播应急基础信息，严格管理应急基础信息发布行为。

3. 事故灾害领域

在事故灾害领域，我国针对相关领导责任追究有着大量规定，包括且不限于《国务院关于特大安全事故行政责任追究的规定》《安全生产领域违法违纪行为政纪处分暂行规定》《关于实行党政领导干部问责的暂行规定》《中共中央国务院关于推进安全生产领域改革发展的意见》《地方党政领导干部安全生产责任制规定》《中国共产党问责条例》《中国共产党纪律处分条例》等。

面对事故灾害频发的严峻形势，需要明确政府部门监管职责，确保安全生产纳入常态化监管，认真履行好职责使命。责任制是防范事故灾害的灵魂，部门安全监管责任是预防事故灾害责任体系的重要组成部分。严格落实部门安全监管责任，需要健全领导指挥体制、完善监管监察体制、优化应急协同机制和压实应急管理责任，这对当前全面加强防范事故灾害，提升安全监管效能具有重要的现实意义。

（1）健全领导指挥体制

按照常态应急与非常态应急相结合的方式，建立国家应急指挥总部指挥机制，省、市、县建设本级应急指挥部，形成上下联动的应急指挥部体系。按照综合协调、分类管理、分级负责、属地为主的原则，健全中央与地方分

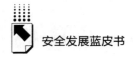

级响应机制，明确各级各类事故灾害响应程序，进一步理顺防汛抗旱、抗震救灾、森林草原防灭火等指挥机制。将消防救援队伍和森林消防队伍整合为一支正规化、专业化、职业化的国家综合性消防救援队伍，实行严肃的纪律、严密的组织。按照准现役、准军事化标准建设管理，完善统一领导、分级指挥的领导体制，组建统一的领导指挥机关。建立中央地方分级指挥和队伍专业指挥相结合的指挥机制，加快建设现代化指挥体系，建立与经济社会发展相适应的队伍编制员额同步优化机制。

（2）完善监管监察体制

推进应急管理综合行政执法改革，整合监管执法职责，组建综合行政执法队伍，健全监管执法体系。推动执法力量向基层和一线倾斜，重点加强动态巡查、办案等一线执法工作力量。编制应急管理综合行政执法事项指导目录，建立完善消防执法跨部门协作机制，构建消防安全新型监管模式。制定实施安全生产监管监察能力建设规划，负有安全生产监管监察职责的部门要加强力量建设，确保切实有效履行职责。加强各级矿山安全监察机构力量建设，完善国家监察、地方监管、企业负责的矿山安全监管监察体制。推进地方矿山安全监管机构能力建设，通过政府购买服务的方式为监管工作提供技术支撑。

（3）优化应急协同机制

①强化部门协同。充分发挥相关议事协调机构的统筹作用，发挥好应急管理部门的综合优势和各相关部门的专业优势，明确各部门在事故预防、灾害防治、信息发布、抢险救援、环境监测、物资保障、恢复重建、维护稳定等方面的工作职责。健全重大安全风险防范化解协同机制和事故灾害应对处置现场指挥协调机制。

②强化区域协同。健全自然灾害高风险地区以及京津冀、长三角、粤港澳大湾区、成渝城市群及长江、黄河流域等区域协调联动机制，统一应急管理工作流程和业务标准，加强重大风险联防联控，联合开展跨区域、跨流域风险隐患普查，编制联合应急预案，建立健全联合指挥、灾情通报、资源共享、跨域救援等机制。组织综合应急演练，强化互助

调配衔接。

（4）压实应急管理责任

①强化地方属地责任。建立党政同责、一岗双责、齐抓共管、失职追责的应急管理责任制。将应急管理体系和能力建设纳入地方各级党政领导干部综合考核评价内容。推动落实地方党政领导干部安全生产责任制，编制安全生产职责清单和年度工作清单，将安全生产纳入高质量发展评价体系。健全地方政府预防与应急准备、事故灾害风险隐患调查及监测预警、应急处置与救援救灾等工作责任制，推动地方应急体系和能力建设。

②明确部门监管责任。严格落实管行业必须管安全、管业务必须管安全、管生产经营必须管安全的要求，依法依规进一步夯实有关部门在危险化学品、新型燃料品、人员密集场所等相关行业领域的安全监管职责，加强对机关、团体、企业、事业单位的安全管理，健全责任链条，加强工作衔接，形成监管合力，严格把关重大风险隐患，着力防范重点行业领域系统性安全风险，坚决遏制重特大事故。

③落实生产经营单位主体责任。健全生产经营单位负责、职工参与、政府监管、行业自律、社会监督的安全生产治理机制。将生产经营单位的主要负责人列为本单位安全生产第一责任人。以完善现代企业法人治理体系为基础，建立企业全员安全生产责任制度。健全生产经营单位重大事故隐患排查治理情况向负有安全生产监督管理职责的部门和职工大会（职代会）"双报告"制度。推动重点行业领域规模以上企业组建安全生产管理和技术团队，提高企业履行主体责任的专业能力。实施工伤预防行动计划，按规定合理确定工伤保险基金中工伤预防费的比例。

④严格责任追究。健全事故灾害直报制度，严厉追究瞒报、谎报、漏报、迟报责任。建立完善重大灾害调查评估和事故调查机制，坚持事故查处"四不放过"原则，推动事故调查重点延伸到政策制定、法规修订、制度管理、标准技术等方面。加强对未遂事故和人员受伤事故的调查分析，严防小隐患酿成大事故。完善应急管理责任考评指标体系和奖惩机制，定期开展重

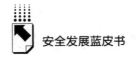

特大事故调查处理情况"回头看"。综合运用巡查、督查等手段，强化对安全生产责任落实情况的监督考核。

（三）未态防

结合各城市风险治理的实际情况以及特点，将城市安全发展概念引入城市风险治理活动中，对城市的规划理念、管理制度、技术系统、文化打造、社会机制等方向的问题展开深入、全面调研，在城市社会安全、城市自然灾害和城市事故灾害方面构建城市安全风险预防策略，坚持"关口前移、根源治理"安全风险预防原则，促使城市实现安全、可持续发展。

1. 社会安全领域

随着我国城镇化水平的不断提升，社会结构愈加复杂，伴随而来的社会安全风险对城市社会安全治理提出了严峻的挑战。为降低社会安全风险，维护社会稳定，需要提升对社会风险的预防水平，针对社会安全风险的特征，不仅要在数据应用上有所创新，还要在社会制度、政府治理、公众观念等领域提出预防措施。

第一，加强社会安全基础制度建设。完善国家社会人口数据库，构建社会信息系统，健全社会心理服务体系和疏导机制、危机干预机制。

第二，完善社会治安综合治理体制机制。以信息化为支撑加快建设社会治安立体防控体系，完善社会矛盾纠纷排查预警和调处化解综合机制，建设基础综合服务管理平台。

第三，健全社会安全体系。加强全民安全意识教育，建立健全风险预警机制，创新协调联动机制；加强防灾减灾能力建设，落实指挥统一、统筹协调、分级负责的社会安全管理体制，加强全民减灾防灾宣传，形成有效应对社会安全风险的强大合力。

2. 自然灾害领域

自然灾害会给城市造成一定的生命和财产损失，为了维护社会安全稳定，结合我国自然灾害的特性，本报告提出了高效、精准的自然灾害风险预防措施。

第一，自然灾害综合监测预警能力提升工程。推进风险基础数据库建设、风险监测系统建设、自然灾害风险预警平台建设和专用卫星智能应用平台建设，加强对卫星遥感、人工智能、云计算等技术的融合应用，提高风险预警的及时性、精准性。

第二，应急综合保障能力提升工程。一是强化应急救援队伍建设，重点强化工程应急抢险队伍、地震应急救援队伍、森林草原火灾应急救援队伍建设，壮大社会应急力量；二是保障自然灾害物资充分调配，加强物资储备体系建设、物资产能提升工程、物资调配现代化工程；三是落实应急资源综合管理数据化建设，推进应急救援队伍、应急装备物资、应急避难场所管理信息化建设。

3. 事故灾害领域

《中共中央关于制定国民经济和社会发展第十四个五年规划和二〇三五年远景目标的建议》把"防范化解重大风险体制机制不断健全"作为"十四五"时期经济社会发展的主要目标之一，要求各地制定精确的预防措施防范化解重大风险，维护社会安全稳定。

（1）建立健全应急预案体系

建立健全应急预案体系，加强应急风险管理，要落实各部门在各个环节的安全措施和主体责任。企业生产安全事故综合应急预案要求在发生事故时安全第一，预防为主。以人为本、减少危害，提高灾害事故处置水平。

（2）统筹应急救援力量整体建设

统筹谋划应急救援力量整体建设，建立全时空、多灾害、高质量的应急救援队伍，将消防救援队伍和森林消防队伍整合为一支正规化、专业化、职业化的国家综合性消防救援队伍。实行严肃的纪律、严密的组织，按照准现役、准军事化标准建设管理，完善统一领导、分级指挥的领导体制，组建统一的领导指挥机关，建立中央地方分级指挥和队伍专业指挥相结合的指挥机制，加快建设现代化指挥体系，建立与经济社会发展相适应的队伍编制员额同步优化机制。

三 结语

城市安全风险是环境、人员、管理等城市风险管理要素相互影响的结果，其危态、常态和未态呈现了城市风险发展的客观规律。因此，三种时空状态的治理情况反映了城市安全韧性和城市持续发展的可能性，将城市安全发展概念引入城市风险治理活动中，对城市的规划理念、管理制度、技术系统、文化打造、社会机制等方面的问题展开深入、全面调研。在城市社会安全、城市自然灾害和城市事故灾害方面构建城市安全风险预防策略，促使城市实现安全、可持续发展。

B.5
公共安全风险治理和安全发展的
"稳""创""谋"专题研究

黄伟俊*

摘　要： 从"发展持续"的范畴，公共安全风险治理和安全发展应实现
"危态稳、常态创、未态谋"，创建更高水平的安全发展。从公
共安全风险治理的角度，要以公共安全"稳定"和安全发展
"稳健"统筹兼顾为目标，通过社会稳定风险评估，"平安建设
条例""社会治理促进条例"等社会治安综合治理的制度性建
构，"六稳六保"工作等维持社会稳定有序。常态的经济社会过
程中，需根据安全和发展的四种组合型态，即安全发展、安全但
不发展、发展但不安全、不发展且不安全，因地制宜精准施策，
通过改革创新，增强发展的安全性主动权。面向未来，公共安全
风险治理和安全发展将在总体国家安全观的指导下，以政治安
全、军事安全、国土安全等国家安全为基础和前提，在高危风险
整改、安全风险治理、统筹发展和安全的过程中呈螺旋式上升，
最终实现高质量发展和高水平安全的良性互动，和人民群众获得
感、安全感"双感"的持续提升。

关键词： 风险治理　安全发展　社会稳定风险评估　社会治理　总体国家
安全观

---

* 黄伟俊，中国人民大学公共管理学院博士生，中国安全风险治理和安全发展课题组成员。

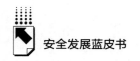

一 公共安全"稳定"和安全发展"稳健"统筹兼顾

习近平总书记在党的二十大报告中指出："我国发展进入战略机遇和风险挑战并存、不确定难预料因素增多的时期。"① 各级政府既要在认知高度上增强忧患意识，坚持底线思维，更要在实践中加强公共安全风险治理，增强风险防范和危机应对能力，服务于社会经济发展大局，不断提升人民群众的安全感和获得感。

结合我国"十四五"时期的实践发现，多个省份通过《平安建设条例》《社会治理促进条例》完善社会治安综合治理的制度性建构，并以"六稳六保"工作为抓手有力地应对贸易保护主义等冲击与挑战，保障人民生活稳定、企业生产稳定；在通过社会稳定风险评估促进风险防控前置的基础上不断鼓励人民群众参与公共安全风险治理与安全发展事业，努力实现共建共治共享的治理格局（见图1）。公共安全风险治理与安全发展的"稳"内容以危机状态下的"连续性管理"的理论逻辑为参考，全面服务

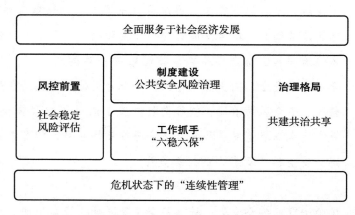

图1 公共安全"稳定"和安全发展"稳健"统筹兼顾示意

① 习近平：《高举中国特色社会主义伟大旗帜 为全面建设社会主义现代化国家而团结奋斗——在中国共产党第二十次全国代表大会上的报告》，人民出版社，2022，第26页。

于社会经济发展实践，形成公共安全"稳定"与安全发展"稳健"的统筹兼顾。

（一）发挥社会稳定风险评估的四种属性，促进风控前置

社会稳定风险评估（以下简称"稳评"）作为中国特色的重要治理工具之一，具有政治、技术、管理、公共四种属性，并分别对应四种内涵、目标和策略（见表1）。把握稳评的四种属性，可以归纳稳评的价值内涵与提升方向。

表1　稳评的四重属性及其内涵、目标与策略

属性	内涵	目标	策略
政治属性	正当合法	增强决策政策政治势能	依法开展稳评,考核问责约束
技术属性	决策科学	提高政策质量	多元评估,综合研讨定级
管理属性	行政担责	降低重大决策风险	风险全流程治理,管理者主动创稳
公共属性	人民民主	争取更广泛的群众基础	广纳民意,接受监督

注：为一般性经验归纳，存在相应误差。

1. 政治属性以正当合法为内涵，通过依法开展稳评、考核问责约束，增强决策政策政治势能

发挥稳评的政治属性，有利于增强稳评工作与稳评结果的政治势能，帮助稳评工作更好地开展，发挥稳评风险前置防范与防范的效果。要坚持把法治思维和法治方式贯彻到重大决策社会稳定风险评估工作全过程，依法开展稳评工作，同时加强考核培育政治忠诚，保障稳评工作不变色变质。

（1）"党委主持+流程设定"，为稳评工作赋予权威。重大决策、重大事项部署的主体主要为党政部门，评估主体由地方党委和政府指定，或者党委和政府主管部门授权第三方机构开展，这为稳评工作赋予了较高的"优先级"与较强的"注意力"。同时，稳评通过方案制订—意见听取—分析论证—确定等级—编制报告—组织评审—报告备案等一系列法定的流程与程序进行，由此形成的稳评报告遵循了法律法规的要求，凝聚着集体决策的共

识，具有较强的合法性。

（2）责任考核，培育政治忠诚。《国务院工作规则》（国发〔2018〕21号）、《重大行政决策程序暂行条例》（国务院令第713号）等政策对评估主体责任和决策主体责任进行规范。一方面，行政部门把公众参与、专家论证、风险评估、合法性审查和集体讨论决定等作为重大决策的法定程序，评估主体受到评估责任约束，需要依法履职，认真开展稳评工作，避免敷衍应付、避重就轻，出现做表面文章、走过场、制作虚伪文本等现象。另一方面，决策主体受到决策责任约束，需要重视稳评结果，加强对稳评结果的运用，根据稳评建议采取合适的措施，避免评而不用、选择性使用，出现决策失误、久拖不决等现象。

2. 技术属性以决策科学为内涵，通过多元评估、综合研判定级，提高政策质量

发挥好稳评的技术属性，有利于最广泛地吸纳政府部门、专家机构、人民群众的智慧，通过舆情跟踪、重点走访、会商分析等方式听取建议，并构建全面且具体的评价指标进行评估，根据标准划定风险等级，为后续采取风险处置的先后顺序、轻重缓急提供决策依据，增强政策的科学性、连续性、稳定性，提高风险防范效能。

（1）"政府+专家+群众"，多主体参评凝聚智慧。参考国务院2019年颁布的《重大行政决策程序暂行条例》，稳评的评估主体可以分为政府部门、专家组织、人民群众三大类。政府部门根据需要对稳评事项涉及的人财物投入、资源消耗、环境影响等成本和经济、社会、环境效益等进行整体性分析。专家组织包括专家、专家库、专业机构等，稳评单位可以采取论证会、书面咨询、委托咨询论证等方式，吸取专业性、技术性方面的建议。此外，稳评也可以委托第三方稳评专业机构进行，有利于提高稳评的中立性与客观性。听取人民群众意见可以采取座谈会、听证会、实地走访、书面征求意见、向社会公开征求意见、问卷调查、民意调查等多种方式，并积极通过政府网站、政务新媒体以及报刊、广播、电视等便于社会公众知晓的途径，公布决策草案及其说明等材料，明确提出意见的方式和期限。

（2）稳评的评价体系由传统的“四维评估”走向“基于场景的多维评估”。作为较早在中央层面提出的稳评指标，《中共中央办公厅、国务院办公厅关于建立健全重大决策社会稳定风险评估机制的指导意见（试行）》从合法性、合理性、可行性、可控性四维度构建稳评的评估指标体系。目前已经发展到合法性、必要性、科学性、可行性和可控性五维度评估，并根据不同的评估系统采取不同的评估体系，如卫生计生系统加入安全性、国际性，教育系统加入廉洁性，司法系统加入程序性、稳定性，住房城乡建设系统加入安全性等。

3. 管理属性以行政担责为内涵，通过风险全流程治理、管理者主动创稳，降低重大决策风险

发挥好稳评的管理属性有利于促进稳评工作的落实与深化，在开展稳评工作的同时治理风险，评估主体基于担责与服务的目的主动稳评，实现风险前置防范、关口前移，提高公共风险治理的效益。

（1）以稳评落实风险治理，并在实践中重视舆情回应。从公共安全风险治理的视角，稳评贯穿于风险识别、分析、定级、处置、预备、监测、学习等环节；以评促改，通过稳评推动落实风险治理。

（2）稳评范围不断扩大，稳评得到更多管理者重视。一是稳评建立“清单化”评估模式，开展“全程化”风险管控，严格“终身化”责任追求等，由“保稳定”向“创稳定”转变。

从稳评制定的驱动性考虑，目前稳评范围采取“法定稳评清单+鼓励应评尽评”。一方面，稳评的应用领域不断扩展，逐渐成为政策制定前不可或缺的一环，管理者越来越重视并倾向于采取稳评。早期的稳评主要用于防范群体事件，以征地拆迁、农民负担、国有企业改制、环境影响、社会保障、公益事业为主要内容，涉及农村土地征用、城镇房屋拆迁、国有企业改制、涉法涉诉等领域。[①] 目前的“法定稳评清单”已经逐渐扩展至教育、水利、

① 《中共中央办公厅、国务院办公厅关于建立健全重大决策社会稳定风险评估机制的指导意见（试行）》（中办发〔2012〕2号）。

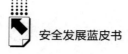
固定资产投资、司法、卫生、人力资源和社会保障、住房城乡建设、工业和信息化、舆情、市场监管等领域。同时，鼓励对未作要求但行政部门认为有必要的决策事项，也开展稳评。

4. 公共属性以人民民主为内涵，通过广纳民意、接受监督，争取更广泛的群众基础

发挥稳评的公共属性有利于动员民众参与到稳评工作中来，通过广泛参与及监督，集民智、聚民意，既有利于加强稳评工作的群众基础与社会认同，也有助于提高稳评的质量水平。

（1）稳评广泛听取人民群众的意见，稳评结果反映人民意志。人民群众的诉求既是稳评的出发点，也是稳评的落脚点，需要广泛听取人民群众的意见。安全风险的"冰山模型"说明，暴露的风险只是社会风险的冰山一角（见图2）。稳评可以帮助政府了解不同利益相关者的诉求，既发挥社会"减压阀"的功能，又可以识别社会的潜在风险。

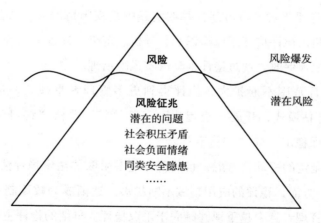

图2 安全风险的"冰山模型"

（2）稳评促进政策制定过程透明化，强化社会监督。一方面，稳评通过发布公众参与信息公告等方式，将决策事项基本信息、负责单位和联系方式等信息进行社会公示，有利于促进政府信息透明，发挥社会监督功能，减少政策风险与决策过程的违规违法现象。另一方面，稳评能提高社会对该项

目或决策的关注，在后续的政策执行过程中也能提高社会监督效果，保证政策执行不会变形走样。

（二）多地制订《平安建设条例》《社会治理促进条例》，公共安全风险治理制度建设进一步完善

截至 2022 年底，我国新疆、广东、天津、西藏正式实施本区域的《平安建设条例》，深圳、广州、长沙正式实施本市的《平安建设条例》；南京、安阳也正式实施本市的《社会治理促进条例》。《平安建设条例》《社会治理促进条例》均立足于总体国家安全观，服务于社会治理的方方面面，是社会稳定发展制度性建构的重要成果之一。平安建设与社会治理由三领域六方面构成主要职能，推进系统治理、依法治理、综合治理、源头治理和专项治理相结合（见图 3）。

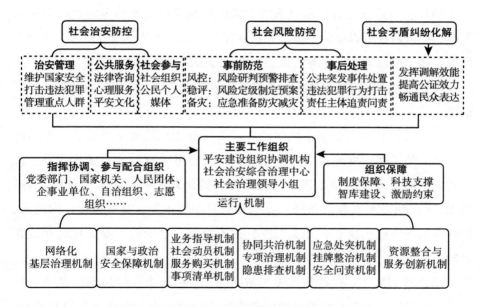

图 3　平安建设与社会治理方面的制度性建设

资料来源：笔者根据省市《平安建设条例》《社会治理促进条例》制作而成。

1. 社会治安管控强调维护国家安全、打击违法犯罪和管理重点人群

（1）把维护国家与政治安全作为平安建设的第一任务。一是加强国家安全人民防线建设，推动基层人民防线工作融入网格化服务管理。二是弘扬意识形态，促进民族团结、宗教和睦、社会和谐；《南京市社会治理促进条例》特别对亵渎英烈、否认南京大屠杀等行为亮明"红线"。三是维护国家权益，维护边疆地区国土安全、近岸海域安全和国家海洋权益等。

（2）打击违法犯罪，针对群众反映突出的重点难点及时作出制度性安排。一是扫黑除恶落实常态化运作、跨部门协同和加强重点行业监管与整治。二是打击金融犯罪，涵盖网络电信诈骗、非法集资，加强统筹防治与社会宣传建设。三是网络安全治理，建立健全网络安全综合防控体系，依法打击利用网络通信工具从事颠覆国家政权、破坏国家统一和民族团结等活动，妥善处置涉稳涉边网上重大突发舆情事件。

（3）精准服务和管理重点人群，预防和减少社会不稳定因素。对特殊人群、严重精神障碍患者、生活失意和性格偏执等人员、未成年人、流动人口等群体，通过教育、服务、保护、关怀等措施，维护社区平安。

2. 社会风险防控实行源头治理与专项治理相结合，强化关口前移、根源治理

（1）突出重点行业安全风险治理。主要涵盖危险化学品监管、食品药品安全风险治理、物流安全风险治理、人员密集场所（人口密集建筑、人口密集活动）安全风险治理、消防安全风险治理和新业态安全风险治理。例如，《广州市平安建设条例》要求政府对共享单车、共享租车、网约车、智联汽车等新业态企业和外卖餐饮、物流快递、电子商务等领域强化监督管理。

（2）构建风控、稳评与备灾三道防线，加强社会风险事前防范与关口前移。一是风险研判与预警，协同公安机关对社会安全形势进行研判预测，加强风险源识别与处置；二是风险评估与预防，重视重大决策、重大工程、重大事项、重大活动的社会稳定风险评估，并强化评估结果的运用；三是加强防灾减灾备灾能力建设，建立突发事件应急管理委员会与协调指挥系统等；四是风险的事前防范采取专项治理机制和协同共治机制，实现"早识别、早预警、早发现、早处置"。

（3）完善处突、整治、问责三道关口，强化社会风险事后应对与根源治理。应急处突机制：依法持续提高快速响应与高效处突能力。挂牌整治机制：对平安建设突出问题实施挂牌整治、对重大事故隐患实行挂牌督办。安全问责机制：主要是对政府主管部门和平安建设组织协调机构等单位的问责，包括部门考核以及社会评价两部分。

3. 整合社会资源、创新服务模式，依法、及时、妥善化解社会矛盾纠纷

社会矛盾纠纷化解遵循发挥调解效能、提高公证效力、畅通民众表达三个原则，针对不同的社会矛盾纠纷进行应对，并通过整合行政、司法与社会资源，推动信息机制衔接与服务模式创新保障落实，预防和减少社会矛盾，提高人民满意度。对大部分纠纷事项，鼓励协商化解、发挥多元调解，更大程度地发挥调解效能。保障公证机构公信力，发挥公证机构在社会矛盾纠纷化解方面的重要作用。畅通和规范群众诉求表达渠道，尊重保障公众知情权、参与权、表达权、监督权。

（三）以"六稳六保"为工作抓手，保持发展稳中有进

"六稳六保"的提出均有明确的"危态"背景。2018 年 7 月，受中美贸易摩擦加剧等外部环境影响，中共中央政治局会议提出"六稳"方针，即稳（保）就业、稳金融、稳外贸、稳外资、稳投资、稳预期。2020 年 4 月，受疫情影响，党中央又提出"六保"的新任务，即保居民就业、保基本民生、保市场主体、保粮食能源安全、保产业链供应链稳定、保基层运转（见表 2）。

截至 2022 年 11 月，本报告从颁发的 133 份国家级部署"六稳六保"工作的政策文件中梳理得到 10 项类别、29 项工作内容、115 项措施。从发文时间上，2020 年颁布的文件最多，共 65 份，2022 年次之，共颁布了 44 份文件；从发文部门上，财政部（38 份，28.6%）、人力资源社会保障部（37 份，27.8%）、国家发展和改革委员会（26 份，19.5%）为发文数

量前三的参与部门；至于牵头单位，人力资源和社会保障部（29份，21.8%）、国务院办公厅（15份，11.3%）、国家发展和改革委员会（14份，10.5%）与交通运输部（9份，6.8%）为发文数量前四的牵头单位。"六稳六保"工作的政策标题，"疫情""就业""保障""服务""支持"等为高频词语。

从不同的任务和执行策略中找到核心特点与共性规律，有助于归纳我国在贸易形势与疫情形势均严峻的背景下仍能行稳致远的治理经验。归纳发现，"六稳六保"工作展现了人民政府主动担当的工作态度，安排提振信心、纾困解难、保障底线的工作任务，形成了纵横联动、精准施策的工作机制（见图4）。

表2 "六稳六保"工作类型、内容、主要措施与涉及政策数量

工作类型（10项）	工作内容（29项）	主要措施数量（115项）	涉及政策文件数量（133份）
1. 稳(保)就业	1.1 支持行业发展	11	19
	1.2 促进就业创业	6	16
	1.3 优化就业服务	3	8
	1.4 保护就业权益	3	4
	1.5 降低就业门槛	3	3
	1.6 强化保险保障	2	2
2. 稳金融	2.1 政府债券支持与融资担保	2	2
3. 稳外贸、稳外资	3.1 优化政府服务	7	11
	3.2 加强财政支持	3	4
	3.3 引导企业升级	5	3
4. 稳投资	4.1 扩大投资	2	2
5. 稳预期	5.1 激活市场	5	7
	5.2 稳定信心	1	1
6. 保基本民生	6.1 应对疫情的救助与服务	6	14
	6.2 金融支持	3	3
	6.3 交通保障	2	2
	6.4 环境保护	1	1

续表

工作类型 （10项）	工作内容 （29项）	主要措施数量 （115项）	涉及政策文件数量 （133份）
7. 保市场主体	7.1 发挥金融作用	14	20
	7.2 缓缴费用与减税降费	5	8
	7.3 优化政府管理与服务	4	4
8. 保粮食能源安全	8.1 粮食供给安全	8	12
	8.2 能源供应安全	5	5
	8.3 粮食生产安全	2	2
9. 保产业链供应链	9.1 保障物流通畅	3	6
	9.2 统筹供应时空	3	4
	9.3 尽快复工达产	1	1
10. 保基层运转	10.1 基层医疗系统	2	6
	10.2 基层疫情防控系统	2	2
	10.3 基层政府	1	1

注：表格为不完全统计，具有相应误差；部分政策文件涉及多项措施。措施和政策文件有重叠，会重复计算。

图4 "六稳六保"工作的主要特点

1. 积极刺激市场，提振生产、消费信心

地方政府支持政府性融资担保增信，支持出口信用保险、信用贷款、融

资增信,推广"信保+担保"融资模式,加大创业担保贷款贴息力度;加快地方政府专项债券发行使用并扩大支持范围,开拓专项资金进行支持。

2. 纾困解难,通过四类政策工具帮助企业生产和群众生活

一是通过保障型工具,保障人民群众基本需求与正当权益,以及企业生产的基本公共服务,加强社会救助、保障物流运输;二是通过服务型工具,提高管理精细化与人文化,促进职业技能培训、建立"一企一策"机制助力外贸、以"店小二"精神和精简审批推进企业复工复产等;三是通过奖补型工具,提高奖补的强度、广度,并加快落实,减少岗位流失,吸引外资投入,实现产业链"固链"等;四是通过解制型工具,降低各类资格获取与服务享受门槛,并延缓各类费用的缴纳,如允许部分职业"先上岗、再考证",允许企业和个人缓缴社保金等。

3. 保障生产生活底线,确保粮食、能源、产业供应链稳定

在产业链供应链领域,促进产业链协同复工复产,对未能协同复工复产的提出应对预案和政策储备,在上下游空间中统筹;落实产业链供应链跨周期调节,保障链条整体平稳可持续。

4. 优化管理,强化纵横联动、精准施策

在就业方面,针对高校毕业生、农民工、困难人员等不同的重点人群就业进行差异化部署,在稳定劳动关系上灵活处理疫情防控期间的劳动用工问题、工资待遇问题,兼顾员工的正当权益与企业的招聘、稳岗成本等。

(四)稳托人民幸福,建设共建共治共享的社会治理格局

打造人人有责、人人尽责、人人享有的社会治理共同体,既是治理迈向科学化、精细化的必然要求,也是体现人民当家做主,尊重人民参与权、表达权等权利的根本遵循,更是党和国家人民至上、群众路线治理观的重要内涵。

1. 完善社会公共服务,加强平安建设宣传

一是加强法律、心理、纠纷化解和平安文化等方面的建设,培育良好社会风尚。二是加强平安建设宣传,有机融入民众生活的各方面。例

如,《天津市平安建设条例》推动平安建设相关内容纳入居民公约、村规民约,组织引导居民、村民参与平安建设活动,促进自治、法治、德治相结合（见图5）。

图5 完善社会公共服务的主要内容

2. 扩大社会参与,促进共建共治共享

2022年11月3日,应急管理部、中央文明办、民政部、共青团中央颁布了《关于进一步推进社会应急力量健康发展的意见》,指出要进一步推进社会应急力量健康发展。发挥党政相关部门统筹协调、组织推动、指导监督辖区内的社会治理工作;同时公民和社会组织均需履行社会治理工作职责,督促指导、检查考核本行业、本系统社会治理工作,并依法开展内部平安建设工作,建设人人有责、人人尽责、人人享有的社会治理共同体（见图6）。

图6 凝聚社会治理合力

（五）稳中求进:危机状态下的"连续性管理"

无论是"平安建设条例""社会治理促进条例"的制度建设、"六稳六保"工作,还是"稳评"促进风控前置、打造共建共治共享的治理格局,背后都蕴含着危机状态下的"连续性管理"的理论逻辑。业务连续性管理（Business Continuity Management）是在中断事件发生后，组织在预先确定的可接受的水平上连续交付产品或提供服务的能力的管理。危机状态下的"连续性管理"，就是把风险治理、应急管理和安全发展统筹起来，不断提高国家的抗逆力，更有利于自如地应对风险挑战，使危机不影响社会经济发展的核心部分。

第一，强化系统韧性，在抵御危机的过程中尽可能减少负面影响，维护生产生活平稳有序。能力上，强化应灾主体"领导力"，提升指挥调度能力、群众号召能力，有效组织各方力量，抵御危机初期的冲击，尽快重启与恢复经济发展与社会运转。策略上，增强应灾策略"灵活性"。善于在与危机斗争中学习，不断完善和更新应灾策略，应对不断变化的外部环境和治理目标。

第二，发扬斗争精神，不断开创社会经济发展新局面。发展是解决一切问题的"总钥匙"，《扎实稳住经济的一揽子政策措施》等措施激励全国上下积极作为，实现疫情防住、经济稳住、发展安全，以公共安全体系和能力现代化支撑经济高质量发展。

二　创新务实精准施策，增强发展的安全性主动权

可以把安全和发展分为两个维度、四个象限，形成四种组合型态：安全发展型态（A区）、安全但不发展型态（B区）、发展但不安全型态（C区）、不发展且不安全型态（D区）。安全发展型态是共同追求的型态，但若生产力和生产关系水平不够或不匹配，难以长效保持，因此需要促进科技和管理创新，不断提高生产力和生产关系；不发展且不安全型态是目前重点治理的型态，但若仅注重关停企业、清除不安全要素等"前半篇文章"，难以促进发展，因此需要促进产业升级，通过引入更高水平、更高附加值、更高经济效益、更绿色与安全的经济型态等，实现发展和安全的同步提升。安全但发展型态和发展但不安全型态则需要统筹好发展和安全，结合地区资源禀赋和风险特征做好相关工作（见图7）。

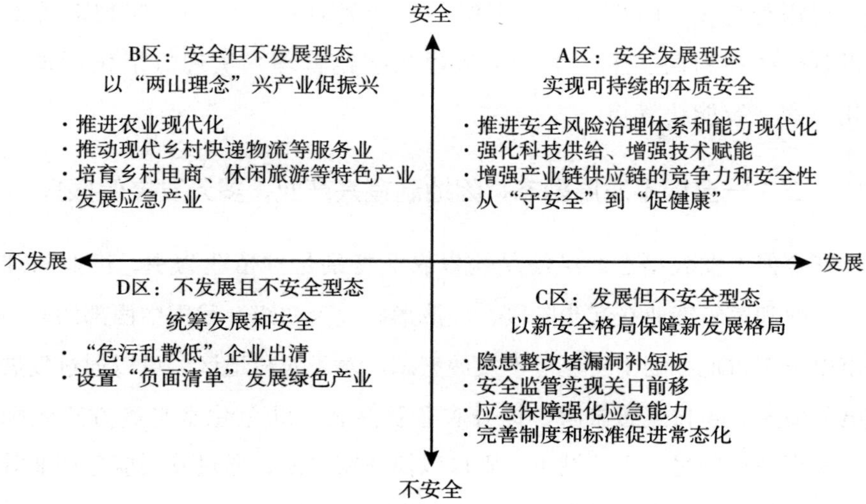

图7 安全和发展的"四种型态"与治理路径示意

资料来源：唐钧《论安全发展的创建和统筹》，《中国行政管理》2022年第1期。笔者制作时有补充。

（一）安全发展型态：创新引领，推进公共安全治理体系和能力现代化

安全发展型态有效兼顾发展和安全，产业附加值高、经济贡献强；通过科技赋能、管理创新较大程度规避了传统安全风险，生产安全事故发生率、死亡率处于较低水平。

安全发展型态利用物联网、5G网络、大数据、云计算等先进技术，提升安全状态。例如，安全发展型态通过落实"工业互联网+安全生产"，提升企业安全生产水平。一是建设"工业互联网+安全生产"新型基础设施，支撑安全生产全过程、全要素、全产业链的连接和融合，提升安全生产管理能力。二是打造基于工业互联网的安全生产新型能力，推动安全生产全过程中风险可感知、可分析、可预测、可管控。三是深化工业互联网和安全生产的融合应用，加快工业互联网向安全生产场景纵深发

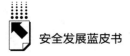

展，促进跨企业、跨部门、跨层级的生产管理协同联动；实现对关键生产设备全生命周期、生产工艺全流程数字化管理，实现数字化管理、网络化协同、智能化管控。

（二）安全但不发展型态：因地制宜兴产业，多元发展促振兴

安全但不发展型态，经济结构以农业特别是种植业为主，产业附加值低；工业和第三产业在起步阶段，经济形态较为初级。我国中西部的非一线城市以及农村地区处于安全但不发展型态。对于农村地区，可以通过发展农村电子商务、乡村生态旅游，提升农业智慧化、绿色化水平等方式激励发展，实现乡村振兴；对于城市，则可以抓住窗口期，通过发展应急产业等新兴产业争取经济"弯道超车"，促进高质量发展。

1. 加快农业集约化、智慧化、绿色化发展

对标农业强国目标，强化供给保障、设施装备、经营体系、产业韧性和竞争能力。一是推动农业集约化，实施设施农业现代化提升行动，加快高标准农田新建和改造，补上水利等基础设施设备短板，提高单位亩产效率，发展高质量农业。二是促进农业智慧化，提升农业科技一体化、自动化、智能化水平，落实《数字乡村建设指南》，提高生产资源使用率，实现生产要素更加集约，生产流程更加高效，生产环境更加安全。三是促进农业绿色化，打造农业绿色低碳产业链，集成推广适应性广、实用性强的绿色技术模式，实现产业链全程绿色化发展；强化耕地、河湖、草地等自然资源的生态保护、风险管控和安全利用。

2. 坚持"两山理念"，发展乡村电商、旅游产业增益创收

乡村地区发展乡村电商产业，通过完善农村电商公共服务、优化农村电商基础设施、促进农副产品直播、培育农村电商主体、搭建体系化物流网络等激励措施鼓励电商发展。此外，乡村发挥好山水林湖草沙等自然风光资源，民族特色与历史名人建筑等文化资源，打造地方旅游品牌。

3. 以产促安,发展应急产业

2021 年以来,我国先后颁布了《国家安全应急产业示范基地管理办法(试行)》《安全应急产业分类指导目录(2021 年版)》等政策,激励应急产业发展。我国的应急产业处于起步阶段,各省份可以抓住发展窗口期,参考国家相关政策指导,结合安全风险防治需求,立足本土资源优势,在壮大产业规模、发挥产业集聚效应、增强竞争实力、完善创新体系、强化服务保障等方面加快创新,探索应急产业的突破性增长,为地方经济创造新引擎,同时为安全风险治理增强硬实力。

(三)发展但不安全型态:压实细化风险治理,以新安全格局保障新发展格局

发展但不安全型态表现为,产业经济贡献率高,但安全风险严峻,损害发展成果。既要落实监管和处置,隐患排查整改、强化监管能力,同时提升应急处置能力,实现"有急能应、应之能胜",又要注重生产系统优化、产业绿色转型升级,通过流程改革减少、规避风险,以高水平安全服务高质量发展。

1. 深入安全隐患排查整改,巩固经济稳进提质基本盘

(1)紧抓责任制要害,以权责清单压紧压实安全责任。多个省份编制《危险化学品安全监管(管理)职责清单》《安全生产监督管理职责任务清单》《安全生产监管权力和责任清单》等,压实各相关部门危险化学品安全监管责任,实现全主体、全品种、全链条安全监管。

(2)建设隐患排查治理体系,强化业务引领和制度支撑。以法治化、规范化推进隐患排查治理工作,建立健全安全隐患台账管理制度和清单管理制度,做到安全隐患治理"一本账""一表清",有效指导企业单位、监管部门和行业主管部门等主体开展隐患排查治理工作。

2. 加快风险治理能力补短板堵漏洞,提升突发事件的防范和应对能力

广东推动"强预警强联动强响应",提升"三防"(防台风、防暴雨、防干旱)工作效能。一是通过建立应急值守"五个一"(一日一研判、一

日一报告、一日一调度、一日一抽查、一事一处理），应急处置"四个一"（一个指挥中心、一个前方指挥部、一套工作机制、一个窗口发布），应急指挥"四合一"（卫星通信指挥车、集群对讲机、无人机、智能单兵终端"四合一"）等机制①，实现快速响应。二是通过实行行政首长负责制，建立"省领导联系市、市领导联系县、县领导联系镇、镇领导联系村、村干部联系户"的"五联系制度"等，增强基层防灾化解能力。三是借助应急一键通App等技术手段，建立起短临预警、精细化预报和夜间重点提醒三项机制，形成融合指挥、应急通信、全域感知、短临预警、数据智能"五大优势"，实现监测预警"一张图"、指挥协同"一体化"、应急联动"一键通"，应急处置的科学化、专业化、智能化、精细化水平不断提高。

（四）不发展且不安全型态：产能转型升级，提升发展效益

不发展且不安全型态的特征为：经济产能落后、经济效益低，同时安全风险高、污染严重，已经不适合高质量发展的时代需求。通过清退、整治、限制发展等手段，改变落后的经济发展模式，为安全发展提质增效。

1. 打破发展束缚，清退落后产能

（1）"危污乱散低"企业出清。常州市出台《常州市"危污乱散低"出清提升行动实施方案》《常州市"危污乱散低"企业排查指导性标准（试行版）》等文件，开展"危"类企业专项整治、"散乱污"类企业专项整治、"散低"类企业综合提升工作，从生产安全、消防安全、建筑安全、环境污染、行政审批、经济发展等方面细化标准，为排查整治工作提供指导和依据。

（2）推进城镇人口密集区危险化学品生产企业搬迁改造。出台高危行

---

① 《广东直面痛点难点探索构建"三防"工作新模式：强预警强联动强响应，告别"被动应急、匆忙应对"》，深圳市应急管理局网，http：//yjgl. sz. gov. cn/zwgk/xxgkml/qt/yjyw/content/post_9823104. html。

业企业退城入园、搬迁改造和退出转产等的扶持奖励政策，并在实践中以创新企业经营路径、政企协商等方式方法，推动化工园区外的危险化学品生产企业搬迁入园。

2. 设置"负面清单"，鼓励发展绿色产业

（1）鼓励企业绿色转型。从严控制危险化学品生产与储存、道路交通运输等高危企业规模和总量，防止工艺技术落后、安全环保风险高、资源利用效率低的项目重复建设。

（2）设定限制目录，守安全底线。编制中心城区安全生产禁止和限制类产业目录，淘汰落后危险化学品安全生产工艺技术设备目录上的项目等，淘汰不适应发展需求的产品。

三 安全发展是在总体国家安全观的战略中谋求高质量发展

党的二十大胜利召开，"统筹发展和安全"这一战略三次出现在党的二十大报告中，同时被正式写入党章，要更加坚定贯彻并落实。

结合公共安全风险治理和安全发展的分析，可以从党的二十大报告中提炼出我国目前面临的困难和问题，归结为六点：发展水平有待提升、发展区域有待平衡、发展过程有待稳定、安全底线有待牢固、群众满意待创新高、国际挑战有待回应。其本质上是发展和安全的问题，即在推动社会经济发展的同时促进总体国家安全，实现高质量发展和高水平安全良性循环、相互促进（见图8）。

公共安全风险治理和安全发展在总体国家安全观的指导下，以政治安全、军事安全、国土安全等国家安全为基础和前提，在高危风险整改、安全风险治理、统筹发展和安全的过程中呈螺旋式上升，最终实现高质量发展和高水平安全的良性互动，和人民群众获得感、安全感"双感"的持续提升（见图9）。

第一，提高公共安全风险预防能力，推动关口前移，实现根源治理。

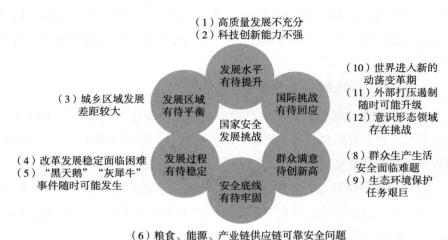

（1）高质量发展不充分
（2）科技创新能力不强

（10）世界进入新的
动荡变革期
（11）外部打压遏制
随时可能升级
（12）意识形态领域
存在挑战

（3）城乡区域发展
差距较大

（4）改革发展稳定面临困难
（5）"黑天鹅""灰犀牛"
事件随时可能发生

（8）群众生产生活
安全面临难题
（9）生态环境保护
任务艰巨

（6）粮食、能源、产业链供应链可靠安全问题
（7）金融风险防范问题

图8　国家安全发展面临的主要挑战

资料来源：笔者根据党的二十大报告制作。

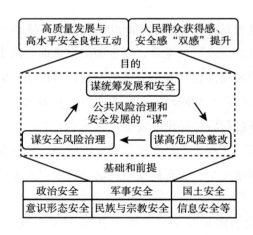

图9　公共安全治理和安全发展的"谋"

第二，提升急难险重突发公共事件处置保障能力，提升系统韧性。

第三，提高统筹发展与安全程度和层次，提高人民群众获得感与安全感。

（一）谋提升发展水平，通过产业水平提升、结构升级、要素共享等创建高质量发展

1. **发展绿色产业，鼓励绿色农业、绿色工业、绿色第三产业发展**

各省份普遍大力推进生态经济化、经济生态化，因地制宜发展生态农业、生态旅游，以及清洁能源工程（水电、光伏等）建设等生态产业，因地制宜发展气候经济、山上经济、水中经济、林下经济，并利用生态优势促进第二、三产业群发展（见表3）。

表3 生态产业的地方实践

绿色产业	内容	各省份措施示例
绿色农业	生态农牧业	内蒙古：高质量建设农畜产品生产基地
	生态产品交易	青海：拓宽生态产品交易渠道，探索开展出让、租赁等生态资产产权和生态产品交易试点
绿色工业	发展节能环保产业	江西：推动节能环保产业成为新兴支柱产业
	补强绿色产业链	广东：开展绿色工厂、绿色产品、绿色园区、绿色供应链等示范创建
	清洁能源产业	海南：依托海南新能源发电项目，发展风电、光伏、电力储能、智能电网等相关配套产业
绿色第三产业	生态旅游	吉林：合理开展生态旅游及相关的必要公共设施建设，提升自然教育体验服务能力
	生态体验和自然教育	青海：因地制宜开展生态体验和自然教育，推动从生态补偿对象向生态产品卖方市场转变
	生态博览会和配套产业	上海：加快建设"上海花港"，积极发挥"花博效应"，打造花卉研发、生产和销售全产业链
	健康产业	广西：培育旅居养老、森林康养、健康旅游等新业态，建成国内一流、国际知名的宜居康养胜地

注：表格为不完全总结，存在相应误差。
资料来源：笔者根据各省份"十四五"规划制作而成。

2. **发展边境特色产业，实现国防安全和边境地区发展"双赢"**

（1）以"兴边富民行动"促进国防建设与经济发展相统筹。边境省份发展边境地区特色产业，既有利于改善边民生产生活条件，遏制边境地区人

口外流势头，又能促进当地经济发展，达到经济发展和国防安全的双赢。例如，西藏一方面统筹经济建设和国防建设，通过改善边境地区基础设施条件，加强物资保障能力建设，完善协调对接机制等，把国防需求纳入经济社会发展体系，促进国防实力和经济实力同步提升；另一方面强化边境地区人口与经济支撑，加快边境地区村镇建设，落实边境地区特殊优惠政策，持续推进兴边富民行动等，推动边境地区高质量发展。

（2）促进要素共享，加快数据、技术、物资设备等资源军民共享和产品相互转化。主要做法有：在基础设施、资源共享、维稳处突上强化军地统筹协调配合；推动实现地质、测绘、气象、频谱、空间环境等基础数据共享；开展军地科技协同创新，加大"军转民""民参军"力度，促进标准化通用化；建立军地共商、科技共兴、设施共建、后勤共保的体制机制等。

（二）谋平衡发展区域，促进城乡协调、功能区协同

1. 科学规划和管理生态空间，巩固提升生态系统质量和稳定性

一是优化生态空间规划，严格生态空间管控。根据资源环境承载能力、开发强度和发展潜力等构建生态、农业、城镇三大国土空间开发格局，落实生态保护、永久基本农田、城镇开发等空间管控边界，恢复和扩大自然生态空间。二是健全自然资源产权制度，加强自然资源管控。加强自然资源评价监测和确权登记、资产调查、评价和核算制度，编制自然资源资产负债表，并探索多种形式驱动落实。

2. 探索生态保护与经济发展协同共进机制

一是探索生态补偿机制，由政府支付向市场化、多元化方式扩展。开展政府转移支付、跨流域跨区域等政府间横纵向补偿，以及政府（对本地干部群众的）激励补偿。此外，积极探索市场化、多元化生态补偿机制，如绿色利益分享机制，"政府补贴+第三方治理+税收优惠联动"机制，上下游相关市县对口协作、产业转移、人才培训、共建园区等新型补偿方式。二是探索价值体现机制，包括研究建立生态价值核算体系、资源环境权益管控和有偿使用与损害赔偿机制。

（三）谋稳定发展过程，提高防灾减灾救灾和重大突发公共事件处置保障能力

1. 落实高危风险隐患整改

（1）加强安全生产监管，以分类分级管控、重点专项行动等加强隐患排查。从 31 个省份"十四五"规划中归纳发现，我国主要针对矿山（含煤矿和非煤矿山）、危化品、消防、建筑施工、交通（含道路运输）和特种设备等安全风险展开重点治理（见图 10）。其中，矿山作为安全生产重点治理领域，共被 28 个省份提及。

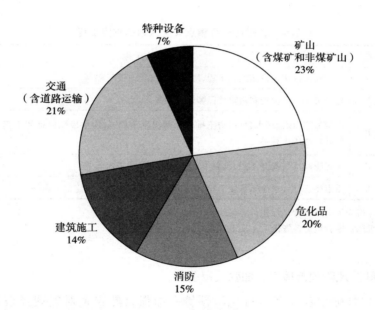

图 10　安全生产重点专项治理领域

注：类别关键词的入选条件为在规划中表述为重大事故易发领域、专项整治重点领域等；统计时对同义词作同类项合并。
资料来源：笔者根据各省份"十四五"规划制作而成。

（2）推进企业环境风险的隐患治理和搬迁规避。既要做好隐患治理，深入开展化工园区和危险化学品企业环境风险隐患排查整治工作，将生态环

境风险防范纳入常态化管理，又要推动源头风险规避，如实施基于环境风险的产业准入政策，鼓励发展低环境风险产业，完善重大风险源企业突发环境事件风险防控措施，城镇人口密集区、水源区等重点地区危险化学品生产企业搬迁改造等。

（3）摸清自然灾害"底数"，落实抗灾工程。一是摸清灾害"底数"，开展自然灾害风险普查，建立完善自然灾害风险数据库、灾害事故信息数据库、综合减灾能力数据库；二是实施抗灾工程，实施公共基础设施安全加固和自然灾害防治能力提升工程，提升自然灾害防御工程标准（见表4）。

表4　各省份进行重点安全谋划的抗灾工程

自然灾害	主要抗灾工程
地震灾害	地震易发区房屋设施加固工程,房屋抗震加固改造工程等
地质灾害	地质灾害综合治理和避险移民搬迁工程等
洪涝灾害	海绵城市、韧性城市建设,防汛抗旱水利提升工程,病险水库除险加固工程,病险水闸除险加固工程等
气象灾害	人工影响天气提升工程,气象灾害防御能力建设工程等
森林灾害	重点生态功能区生态修复工程,森林草原防灭火救援能力建设工程等

注：表格为不完全统计，存在相应误差。
资料来源：笔者根据各省份"十四五"规划制作而成。

2. 健全风险预警体系，加强关口前移

（1）加强宏观经济运行风险预警。加强自然灾害对宏观经济运行和微观主体影响监测研判，滚动开展经济政策评估、储备和相机调整；做好中长期应对国内外环境变化准备，加强重要经济指标动态监测和分析研判等。

从降低风险发生概率、降低风险损害情况和降低社会负面评价三方面对各省份宏观经济运行风险防控进行梳理（见表5）。

表5　宏观经济运行风险防控的类型、原理与措施

类型	原理	各省份措施示例
降低风险发生概率	风险—能力匹配	山东:健全投资者适当性制度,加强金融消费者权益保护
	风险防范前置	江苏:在审慎监管的前提下开展金融创新,筑牢市场准入、早期干预和处置退出三道防线
	增进信息共享	四川:构建"人、地、房"联动调节机制,规范租赁服务体系,促进房地产市场平稳健康发展
降低风险损害情况	风险对冲	湖北:完善存款保险制度,防范金融流动性风险、信用风险、影子银行业务风险
	风险分散	广东:建立全省农商行流动性风险互助处置机制
降低社会负面评价	增进政策共识	浙江、山东:完善经济运行新闻发布和政策解读机制

注:表格为不完全统计,存在相应误差。

资料来源:笔者根据各省份"十四五"规划制作而成。

（2）加强社会治安的密切跟踪和综合研判。完善"民转刑"案件预防机制，做好群体政策落实、帮扶解困、教育稳控等工作，制定高风险主体处置应对方案等。以失业风险防范为例：多个省份提出健全就业需求调查和失业监测预警机制，完善职业供求状况分析机制、加强就业形势分析监测和构建就业影响评估机制等，着力防范化解规模性、结构性、行业性、区域性失业风险。

（3）密切关注群众呼声和需求，加强舆情回应和治理工作。党的二十大报告强调"依法严惩群众反映强烈的各类违法犯罪活动"①。一方面是完善舆情监测机制，高度关注社会民生领域敏感、热点、负面舆情，常态化舆情监测研判；另一方面是健全舆情治理机制，通过科技支撑、阵地建设、企业责任落实、舆论监管、权威发布、快速联动处置等方式进行有效应对。

（4）通过网络安全能力建设工程加强网络安全风险治理，提升网络安

---

① 习近平:《高举中国特色社会主义伟大旗帜　为全面建设社会主义现代化国家而团结奋斗——在中国共产党第二十次全国代表大会上的报告》,人民出版社,2022,第54页。

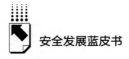

全状态。从网络应用场景的角度，加强党政系统网络安全、情报网络安全、生产和重大活动网络安全和新兴技术安全建设；从网络安全保障体系的角度，通过开展净网行动等推动安全风险治理。

（5）生态环境风险防范治理规划初成体系，持续加强风险全流程防治。一是风险识别监测，建立完善生态环境监测网络与生态环境大数据平台，并加强核辐射、重金属、化学品、持久性有机物等重点环境风险监管。二是风险评估，包括环境影响评估和环境承载力评估，指导编制突发环境事件应急处置预案。

3. 增强应急管理能力建设，提升重大突发公共事件处置保障能力

从各省份"十四五"规划来看，应急管理建设主要涵盖完善应急指挥体系、应急响应机制、应急预案体系、应急物资储备和采供物流体系，以及应急队伍建设、应急基础设施建设、基层应急能力建设等。

（1）加强应急处置能力建设。一是应急响应机制，推进应急响应平台建设，加速信息共享、救援到场。二是应急指挥体系，按照"统一指挥、分级负责"的原则明晰职责边界和责权界线，实现多主体协同联动。三是应急物资采供物流体系，实现高效投放、规范管理。四是灾后恢复机制，建立事后评估机制、灾后恢复重建机制等。

（2）加强应急保障能力建设。一是应急预案体系，兼顾重点编制与全面覆盖、情景构建与实战演练。二是应急物资储备体系，科学确定与优化储备品种、规模、结构、布局并加强管理。三是应急队伍建设，增强综合消防队伍、专业应急救援队伍和壮大社会应急救援队伍，并建立培训基地，提升常态培训与危态救援效能。四是应急基础设施建设，推进应急避难场所（应急避灾站点）建设、标准化改造、可视化接入。五是基层应急能力建设，健全机构、推进能力标准化建设，同时深入群众开展宣传，增强社会群众防灾减灾抗灾救灾能力。六是应急能力的其他建设。如广东提出"建设全球人道主义应急仓库和枢纽""建立健全外国人管理协作机制"等，建立完善参与全球安全治理机制（见表6）。

表6　各省份应急储备结构示例

应急储备结构	内容	实施省份示例
政府内部储备分工	省级为中心,市级为骨干,县级为补充	河北
	中央储备,地方储备	内蒙古
按储备主体分工	政府储备,社会储备,企业储备	江西
按储备类型分工	实物储备,协议储备,合同储备,产能储备,技术储备,生产能力、采购资金储备	江苏
按储备空间分工	中心库,区域库,前置库	湖北

注:表格为不完全统计,存在相应误差。

资料来源:笔者根据各省份"十四五"规划制作而成。

(四)谋底线筑牢,强化金融风险防治和粮食、能源、产业链供应链安全可靠

1. 深化金融与债务风险治理,守住系统性金融风险底线

各省份压实金融机构主体责任、部门监管责任、政府属地责任等,完善地方金融风险长效防范化解、排查预警、监管信息共享、风险处置和问责机制。除此之外,加强对网络经济金融安全的管理,整治互联网金融风险等。同时,健全企业债务风险防控机制,加强债务风险监测预警,完善分类管控措施,建立健全国企债务风险突发事件应急工作机制,严肃问责处理违法违规举债,保障债务安全。

2. 系统增强粮食安全保障,健全供给保障体系和应急保障能力

主要做法有三:健全调控、储备、补偿相结合的保障机制;通过绿色通道与区域联动,提升粮食应急保障能力;加强粮食安全的责任制度与安全监管制度。

3. 能源安全重视供给安全、储备保障与应急处置

主要做法有四:促进能源运输安全与交易畅通,增强供给安全;建立多元储备体系与供给渠道,增强储备保障;优化峰值调度系统与抗灾

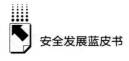

能力，增强应急处置；加强核能的厂址保护、安全使用、风险防范与应急管理。

4. 稳链补链、保链控链，提升产业链供应链韧性水平

各省份普遍采取多种措施进行补链保链，增强产业链供应链竞争力和安全性。综合各省份提出的产业链供应链建设措施，可以从风险治理的视角归纳我国产业链供应链韧性建设谋划（见表7）。

表7 产业链供应链韧性建设谋划

风险治理环节	提高产业链供应链韧性的措施（示例）
风险识别	实施产业竞争力调查和评价工程
风险评估	
风险监测 预警	加强产业链供应链核心环节、敏感技术和高端装备监测预警
	探索建立产业发展风险提示清单制度，完善产业损害预警机制
	制定"一链一策"政策体系，建立产业链外迁风险和对应机制
	建立健全质量安全预警、产品全生命周期质量追溯、售后服务等制度
风险治理	建立多元化采购供给、国产化替代、产业备份、产品和技术储备等系统建设
	密切产业链供应链上下游合作，打通堵点断点环节，推动产业链主配协同发展
	引导优势企业兼并重组，提升产业链控制力和主导能力
	加快推进核心技术、核心设备国产化步伐
应急处置	构建关键零部件、材料、设备的应急储备、调运配送体系，强化应急产品生产能力

注：表格为不完全统计，存在相应误差。

（五）谋群众满意，提高安全感、幸福感

群众满意方面的公共安全主要指安全生产以外的，群众在食品药品安全、生态环境美丽等方面的追求。

1. 强化食品药品全生命周期监管，突出疫苗安全监管

（1）加大食品药品监管与执法力度，保障人民群众舌尖上的安全。开展食品安全放心工程建设攻坚行动，并推动食品药品安全智慧监管与服务一体化平台建设。通过完善监管机制，实现全程可追溯监管；通过

落实专项治理,重点对农村市场假冒伪劣食品、校园食品安全、进口食品安全、网络销售食品等加强监管,并对疫苗、药品、医疗器械等加强监管。

(2)增强监管制度化建设,鼓励社会监督。一是加强食品安全标准建设。二是创新监管模式,通过清单式改革、线上线下安全监管等加大执法力度。三是加强社会监督,完善投诉举报体系和奖励制度,健全联合惩戒机制。

(3)重视疫苗安全,加强追溯、监管、储备等能力。如健全疫苗追溯体系,提升疫苗职业化检查能力,加强疫苗批签发能力建设,落实疫苗责任强制保险制度等。

2. 落实污染治理,强化生态保护

各省份主要针对大气污染、水污染、海洋污染、土壤污染 4 种类型污染,根据 15 项治理目标形成 31 条治理策略(见表 8)。除此之外,对污染治理还有两点特征,一是各省份普遍高度重视新污染物污染,如江西提到光、噪声污染,湖北提到环境激素、抗生素、全氟化合物污染;二是注重农村污染治理,普遍要求推进环境基础设施、环保政策向镇村延伸覆盖,统筹城乡生态安全。

表 8　主要污染物的治理目标与治理策略

类型(4 种)	治理目标(15 项)	治理策略(31 条)
1. 大气污染	1.1 工业减排	1.1.1 重点行业改造 1.1.2 落后行业淘汰 1.1.3 生产过程管控
	1.2 移动源减排	1.2.1 运输转型升级 1.2.2 优化运输结构
	1.3 生活减排	1.3.1 餐饮油烟治理 1.3.2 清洁供暖
	1.4 农业减排	1.4.1 秸秆禁烧 1.4.2 有机物管控

续表

类型（4种）	治理目标（15项）	治理策略（31条）
2. 水污染	2.1 江河湖库水体保护	2.1.1 控源、治污、扩容
	2.2 污水处理	2.2.1 雨污分流 2.2.2 黑臭水体治理 2.2.3 城市、农村生活污水治理 2.2.4 农业、工业生产污水处理
	2.3 饮用水安全	2.3.1 保护区建设 2.3.2 农村水源保护
3. 海洋污染	3.1 污染管控	3.1.1 污染源头控制 3.1.2 排污能力建设
	3.2 围填海管控	3.2.1 围填海管控
	3.3 旅游环境保护	3.3.1 旅游环境保护
4. 土壤污染	4.1 农业面源防治	4.1.1 化肥农药调整 4.1.2 农业垃圾清理
	4.2 建设用地防治	4.2.1 提高准入门槛 4.2.2 加快污染修复
	4.3 危险废物防治	4.3.1 重金属防治 4.3.2 危化品防治 4.3.3 危险废物处置
	4.4 医疗废弃物防治	4.4.1 医疗废弃物回收利用 4.4.2 医疗废弃物集中处理
	4.5 固体废物防治	4.5.1 白色污染治理 4.5.2 生活垃圾分类

注：表格为不完全统计，存在相应误差。

资料来源：笔者根据各省份"十四五"规划制作而成。

3. 建立健全生态保护管理制度，提升治理精准度、协同化

（1）生态责任制度。如河湖湾林长制度，领导干部自然资源资产离任审计制度，生态环境损害责任终身追究制度，生态环境评价考核和责任追究制度，生态环境保护督察制度等。

（2）企业监管制度。如环境信息强制性披露制度，重点企业环境责任报告制度，企业环境信用评价制度，生产者责任延伸制度等。

（3）差异化管控制度。多个省份实行以"三线一单"①为核心的生态环境分区管控体系，如深化重污染天气绩效分级和差异化管控，"分类设置、分级管理、分区管控"的自然保护地管理，核心保护区和一般控制区差别化管控，排污企业"黑名单""白名单"制度等。

（4）联防联治制度。如京津冀建立生态环境联建联防联治体系，加强环境基础数据共享、区域联动执法监管，加大生态环境联合治理和协同保护力度。加强重污染天气预警会商和应急联动。强化流域联动治污，加强海河流域上下游和环渤海城市环保协作，建立健全跨界河湖生态保护联动机制和水环境污染联合处置机制。

---

① 三线一单，即生态保护红线、环境质量底线、资源利用上线和生态环境准入清单。

B.6

"谐":全国文明城市的安全风险
治理评价和安全发展建议

李金泽*

摘　要： 全国文明城市是代表城市精神文明建设整体水平的荣誉称号，
也是反映地方政府引领经济社会全局发展的一面镜子。本文总
结了全国文明城市的获评城市特征和被摘牌原因，基于对全国
文明城市安全风险典型案例的深入分析，建立了城市安全风险
清单和城市应急能力清单，构建了全国文明城市安全风险指标
体系，挖掘城市安全风险源，确定各种安全风险的责任方，有
针对性地提出保障城市安全发展的措施，为城市高质量发展保
驾护航。

关键词： 全国文明城市　城市安全发展　安全风险治理

随着时代发展，我国越来越重视提升城市的文明水平，从第一届全国文
明城市的评选开始，截至 2020 年底已经举办了六届全国文明城市评选活动，
更新过程中有不少"老牌"文明城市由于城市安全风险问题被摘牌，全国
文明城市评选标准要不断适应时代发展，推陈出新。在新的形势下，我们不
仅要促进城市经济的发展，还要维护城市的安全稳定，构建系统性、科学性
的新时代文明城市。

---

* 李金泽，中国安全风险治理和安全发展课题组成员。

一 全国文明城市的获评和被摘牌分析

1986 年党的十二届六中全会在《中共中央关于社会主义精神文明建设指导方针的决议》中首次提出精神文明建设，并在 1997 年成立中央精神文明建设指导委员会。2003 年第一届全国文明城市评选活动启动，2005 年公布了首批全国文明城市名单。截至 2020 年底，共进行了六届全国文明城市评选活动。通过分析其变化规律，可以总结全国文明城市评价方法、获评城市特征和被摘牌原因。

（一）全国文明城市的获评城市分析

第六届全国文明城市评选是在 2020 年底，共有 133 个城市入选第六届全国文明城市名单，前五届的 151 个城市保留全国文明城市称号。根据以上名单，全国文明城市最多的 5 个省份分别是：江苏（28 个）、浙江（26 个）、山东（23 个）、河南（23 个）、安徽（19 个）。

如表 1 所示，江苏以 28 个全国文明城市位居全国之首，13 个地级市中有 12 个入围，南京、苏州、徐州等在列，仅无锡落榜。此外，江苏还有以昆山、太仓、高邮等为代表的 16 个县级市跻身全国文明城市榜单。苏州下辖的 4 个县级市全部在列，加上苏州市本身，一个城市拿下了 5 个全国文明城市荣誉。浙江共有 26 个全国文明城市，其中 11 个地级市全部入围，这也是全国唯一一个所有地级市均跻身全国文明城市的省份。山东、河南各有23 个全国文明城市，都是 11 个地级市入围，郑州、洛阳、济南、青岛等主要城市全部在列。作为中国经济第一大省的广东共有 13 个全国文明城市，其中包含 8 个地级市，全部位于珠三角地区，粤东西北地区仅有韶关市仁化县入围。而一些经济欠发达的西部省份，则只有 2~4 个城市入围，这与经济、基础设施等硬指标的限制不无关系。

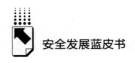

表1　主要省份的全国文明城市一览

省份	总数（个）	省会及副省级城市	其他地级市	县/县级市
江苏	28	南京	苏州、宿迁、徐州、泰州、常州、扬州、镇江、南通、盐城、淮安、连云港	江阴、张家港、常熟、如皋、溧阳、宜兴、丹阳、邳州、启东、海安、昆山、句容、太仓、如东、靖江、高邮
浙江	26	杭州、宁波	湖州、丽水、台州、绍兴、嘉兴、温州、金华、衢州、舟山	德清、慈溪、嘉善、海盐、平湖、安吉、临海、建德、义乌、嵊州、桐庐、诸暨、长兴、瑞安、余姚
山东	23	济南、青岛	淄博、东营、烟台、潍坊、威海、日照、临沂、济宁、泰安	胶州、寿光、莱州、荣成、乳山、龙口、曲阜、新泰、肥城、青州、昌邑、诸城
河南	23	郑州	许昌、濮阳、驻马店、洛阳、新乡、焦作、漯河、南阳、信阳、商丘	巩义、永城、长垣、济源、西峡、林州、新安、平舆、石城、汝州、兰考县、新县
安徽	19	合肥	宣城、芜湖、蚌埠、安庆、淮北、铜陵、马鞍山、黄山、宿州、阜阳	当涂、天长、金寨、广德、宁国、桐城、歙县
广东	13	广州、深圳	佛山、东莞、惠州、珠海、中山、肇庆	德庆、仁化、四会、龙门、博罗
四川	13	成都	德阳、自贡、眉山、宜宾、遂宁、绵阳、泸州、广安	都江堰、米易、阆中、江油
福建	13	福州、厦门	宁德、龙岩、三明、莆田、漳州	沙县、武平、上杭、福清

注：省会及副省级城市也算在地级市中。

（二）全国文明城市被摘牌的原因分析

从2005年公布首批入选城市以来，截至2020年底全国文明城市已经评选了六届。从第二届开始，每届都会复查确认继续保留称号的全国文明城市（区），每次也都会有城市（区）跌出名单。据统计，过去十几年里，有近30个城市曾被摘牌。本报告通过python在网络爬取媒体公开报道，整理全国文明城市被摘牌的具体原因，统计结果如表2所示。

表 2　曾经被摘牌的全国文明城市统计

序号	被摘牌年份	城市	原因	触犯项目	是否复牌
1	2022	唐山	烧烤店打人事件（恶性治安事件）	C07. 发生侵害老年人、妇女、未成年人或残疾人合法权益的恶性案件	否
2	2009	青岛	测评成绩落后，达不到文明城市相关标准	I29. 三年测评总成绩低于75分	是
3	2011	中山	测评成绩落后，达不到文明城市相关标准	I28. 连续两次测评成绩排名末位	是
4	2015	南京	当时的南京市市长季建业和市委书记杨卫泽分别被查	B02. 党委政府一把手严重违纪或违法犯罪	是
5	2011	大庆	测评成绩落后，达不到文明城市相关标准	I28. 连续两次测评成绩排名末位	是
6	2015	临沂	临沂在文明城市的审核中，因多方面的原因，没能过审	I29. 三年测评总成绩低于75分	是
7	2015	江门	测评成绩落后，达不到文明城市相关标准	I28. 连续两次测评成绩排名末位	是
8	2017	南昌	酒店发生火灾，共造成 10 人遇难	G15. 发生有全国影响的重大安全事故	是
9	2017	珠海	因为公共环境、公共卫生、个别窗口服务等方面还存在不少问题，群众对城市管理和城市文明程度评价不高	I25. 在中央文明办组织的测评暗访中，市民对创建工作满意率低于70%	是
10	2011	包头	测评成绩落后，达不到文明城市相关标准	I28. 连续两次测评成绩排名末位	是
11	2019	南宁	测评成绩落后，达不到文明城市相关标准	I28. 连续两次测评成绩排名末位	是
12	2018	哈尔滨	发生"8·25"重大火灾事故	G15. 发生有全国影响的重大安全事故	是
13	2018	银川	测评成绩落后，达不到文明城市相关标准	I28. 连续两次测评成绩排名末位	是
14	2020	石家庄	石家庄市委副书记、市长邓沛然落马	B02. 党委政府一把手严重违纪或违法犯罪	是
15	2018	长春	"长生疫苗"事件	G16. 发生有全国影响的重大食品药品安全事故	是
16	2020	拉萨	测评成绩落后，达不到文明城市相关标准	I28. 连续两次测评成绩排名末位	是

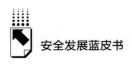

续表

序号	被摘牌年份	城市	原因	触犯项目	是否复牌
17	2015	克拉玛依	测评成绩落后，达不到文明城市相关标准	I28. 连续两次测评成绩排名末位	是
18	2020	宝鸡	存在有不重视创建工作、对工作落实不力进展迟缓的具体责任人	A01. 党委"两手抓、两手都要硬"责任意识不强，精神文明建设严重滑坡	是
19	2020	无锡	既有车辆违停、行人逆行，也有随手丢弃、躺卧公共座椅、遛狗不拴绳、宠物便溺不清理等不文明现象	A01. 党委"两手抓、两手都要硬"责任意识不强，精神文明建设严重滑坡	是
20	2020	泉州	发生酒店坍塌事故，导致29人死亡，42人受伤	G15. 发生有全国影响的重大安全事故	是
21	2020	通辽	测评成绩落后，达不到文明城市相关标准	I29. 三年测评总成绩低于75分	是
22	2020	邯郸	邯郸市委书记高宏志涉嫌严重违纪违法，主动投案	B02. 党委政府一把手严重违纪或违法犯罪	是
23	2015	乌鲁木齐	测评成绩落后，达不到文明城市相关标准	I28. 连续两次测评成绩排名末位	否
24	2020	伊春	突击检查走后回归原样，391个问题中尚未整改完毕的有104个	I27. 为创建全国文明城市，扰乱民生，造成驱赶、关闭商贩的乱象，引发负面舆情	否
25	2020	西安	城市治理等因素考核不达标，部分末梢治理包抓单位"创文"工作开展不到位，创建文明城市任务分工不尽明确，社区、老旧小区改造、背街小巷、农贸市场等区域存在问题	I29. 三年测评总成绩低于75分	否
26	2021	广州	砍树事件	B03. 党委政府班子其他成员3人以上（含3人）严重违纪或违法犯罪	否
27	2020	常德	党政一把手违纪违法被查	B02. 党委政府一把手严重违纪或违法犯罪	否
28	2020	长治	党政一把手违纪违法被查	B02. 党委政府一把手严重违纪或违法犯罪	否

注："触犯项目"系根据2004年9月中央文明委颁布的《全国文明城市测评体系（试行）》进行评估。

二 全国文明城市的安全风险治理分析

全国文明城市的评测标准为《全国文明城市测评体系（试行）》和《全国未成年人思想道德建设工作测评体系》。据有关名单，全国文明城市现有 284 个。然而随着城镇化水平的提高，全国文明城市被摘牌的情况也多次出现。

按照风险的类型，城市安全风险分为自然灾害、生产安全事件、公共卫生事件和社会公共安全事件，其对城市安全发展造成的破坏存在不确定性，本报告总结了 2017~2022 年全国文明城市十大安全风险典型案例，按照风险类型归纳，如表 3 所示。

表 3　2017~2022 年全国文明城市十大安全风险典型案例

风险类型	事件名称	事件过程	事件结果	是否摘牌
自然灾害	2021 年河南郑州等地特大暴雨灾害	特大暴雨、排水系统故障	1478.6 万人受灾，因灾死亡失踪 398 人，倒塌房屋 3.9 万间，直接经济损失 1200.6 亿元	否
	2020 年南宁特大洪水灾害	由于连日降雨，南宁市西乡塘区四联村通往向阳学校的小路有一处被洪水淹没	造成两名小女孩死亡	是
	2020 年云南曲靖隧道塌方事件	在云南曲靖市 3 号隧道进口处发生塌方，12 名施工人员被埋在洞内	无人员伤亡	否
生产安全事件	2020 年泉州"3·7"事故	泉州欣佳酒店发生坍塌	导致 29 人死亡、42 人受伤	是
	2019 年无锡"10·13"爆炸事故	无锡锡山区鹅湖镇新杨路一小吃店发生燃气爆燃	爆炸导致 15 人受伤送医，其中 6 人因抢救无效死亡	是
	2020 年浙江"1·14"厌氧罐爆炸事故	浙江杭州天子岭循环经济产业园在施工过程中发生沼气爆炸	造成 3 人死亡	否
	2020 年浙江衢州火灾事故	浙江省衢州市中天东方氟硅材料有限公司发生火灾事故，过火面积约 2000 平方米	未造成人员伤亡，但造成较大社会影响	否

风险类型	事件名称	事件过程	事件结果	是否摘牌
公共卫生事件	2018年"长生疫苗"事件	长春长生生物科技有限公司冻干人用狂犬病疫苗生产存在记录造假等行为	对长春长生生物科技有限公司罚款344万元,没收"吸附无细胞百白破联合疫苗"186支	是
社会公共安全事件	2022年唐山烧烤店打人事件	唐山市机场路一家烧烤店内,疑因男子酒后搭讪女子起冲突,后多人对女子进行殴打	9名犯罪嫌疑人已由廊坊市公安局广阳分局执行逮捕,受害者受到不同程度的伤害	是
	2017年红黄蓝幼儿园事件	北京市朝阳区管庄红黄蓝幼儿园的幼儿遭遇老师扎针,喂不明白色药片,并在孩子身上发现多个针眼	涉事幼儿园教师刘某某因涉嫌虐待被看护人被依法刑事拘留,红黄蓝公司发布道歉信	否

三 全国文明城市的安全发展建议

随着我国城镇化进程不断加快,全国文明城市数量总体不断增加,城市安全风险也不断增加,呈现复杂性、密集性、破坏性等特征。本报告从城市安全发展维度出发,有针对性地提出保障城市安全发展的措施,在城市发展的同时注重安全风险治理的投入。

(一)优化顶层设计,统筹城市安全与发展

(1)各地市加紧出台城市安全发展法律法规,制定配套的安全管理办法,搭建城市安全发展的制度体系,促进各部门横向协作,破除城市管理的制度"壁垒",推进城市安全发展。

(2)重点关注高危行业,政府机构要加强对高危行业的管理,项目开始前要进行风险评估,制定防范安全风险事故的措施,注重常态化安全监管。

(3)强化城市安全发展各项规章制度的有效衔接,完善细化安全许可、安全生产和安全评估等制度,为实现城市安全发展提供确实可行的制度依据。

（二）增强城市韧性，构建城市公共安全体系

（1）为加强城市公共安全体系建设，应急管理部门应联合公安、卫生、生态环境等部门成立城市安全发展领导小组，完善相应政策规定，学习先进城市的经验做法，为城市安全发展提供有效指导。

（2）各政府部门应根据城市安全风险清单，评估本城市基础设施建设情况，掌握城市安全底数，发展城市建设弱项，定期完成城市安全情况自评，形成城市安全风险评估报告。

（三）科技创新驱动，建立协同化的管理平台

（1）各城市要建立健全应急救援、灾害防治、环境保护等领域政府公共数据共享机制，逐步综合应急信息平台，促进各部门数据平台融合建设，加强城市基础设施建设、安全设施运行、城市安全管理等工作，实现智慧城市开发管理，促进安全城市发展。

（2）根据韧性三角理论，建立多灾害场景仿真模型，深入探索城市防灾减灾路径，揭示城市防灾减灾的损害机制。研究多灾害情形下的城市风险发展规律，构建灾害预警模型，广泛采集典型灾害事件样本参数，引入模型进行检测，为防灾、减灾、救灾提供参考和依据。

（四）夯实基础提高质量，精准防范化解重点风险

防灾减灾是城市安全发展的主要任务，相关城市管理部门需要加强城市基础设施建设，促进城市安全发展，努力增强城市经济发展能力。

（1）防灾、减灾、救灾为城市安全发展的重点方向，加强城市基础设施建设，做好安全监管，落实风险防范。按照行业种类深入探索城市安全设施质量情况，尤其是城市供电、供水等涉及民生的地下管线，进一步明确城市风险事故安全隐患，相关政府部门要对发现重大事故隐患的企业进行约谈、监管，提升企业与政府机构的协查水平。

（2）完善基础设施全生命周期的维护、管理和升级，推动基础设施数

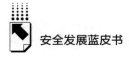

据库整合，增强城市生命线工程安全运行的韧性。

（3）针对易发生安全风险的不同领域和地区，每年有针对性地模拟重点风险情景，组织有经验的专家和骨干，构建灾害情景，开展深入研究，找出风险发生诱因，对症下药，防控重大风险发生。

（五）各司其职通力协作，夯实安全生产责任

（1）健全城市安全风险会商制度、城市安全风险基层防控制度，政府机构需根据本地情况，结合城市风险清单，研究完善城市安全考核办法，列入领导政绩测评指标中，重大城市安全事件，必须由党委牵头，责任部门联合研究后决定处置方案，尤其是乡镇地区的突发事件，要履行信息通报机制，做到市级统筹、县级指挥、镇级执行的模式，促进城市安全。

（2）建立健全与国内外一流大学的合作机制，形成"政、学、研、用"互助模式，借助高校深厚的城市安全建设理论基础，深入开展应急管理、工程安全、灾害事故等研究，推进高水平城市建设。

（3）明确监督检查、防灾减灾救灾等职责分工，城市应急管理部门需加强街道应急管理机构建设，厘清各部门间职责分工，形成城市安全风险治理合力。

B.7
"智"：智慧应急的中国实践和管理对策

张家乐*

摘　要： 智慧应急的建设内核是应急管理信息化现代体系建设，以2025年"建成'智慧应急'信息化体系"为发展目标，以"科技支撑、创新驱动、精准治理"为基本原则，以强化应急管理科技支撑力量为表现形式，以汇聚、融合、共享的大数据支撑体系载体为要素依托，以智慧促合和创新协同的技术治理理念为要素指导，以监测预警、监管执法、辅助决策、救援实战和社会动员五大应急业务为要素牵引，以感知网络、应急通信网络、应急指挥平台、信息化基础设施四大应急职能为要素布局，以标准规范、安全运维、信息化工作机制和科技力量汇聚机制的管理体系为要素强化。

　　智慧应急建设存在"碎片化"问题，智慧应急建设整体推进不够充分，缺乏统一的规划布局，重复建设和重"科技"轻"管理"的问题仍然突出，一体化智慧应急运行体制机制尚未形成，需提升应急信息化体制和机制的改革向心力，补齐灾害应对和风险预警的要素体系短板，攻克核心装备和应急技术的研发瓶颈，强化数据决策和危机学习的风险治理能力。

　　智慧应急构建风险全域监测，强化安全发展智能研判，基于多元化信息共享，保障城市安全发展态势，动态风险评估驱动城

---

* 张家乐，中国人民大学公共管理学院博士生，中国安全风险治理和安全发展课题组成员。

市安全发展决策，基于"工业互联网+"技术创新助力城市安全发展。

关键词： 智慧应急　风险治理　安全发展

一　智慧应急的规划实践

（一）智慧应急的共性规律：基于经验成果的共性和个性特征融合

智慧应急的建设是基于经验成果的共性和个性特征融合，基于政府应急管理信息化的成果规律总结和属地应急管理特征相互融合。

面对复杂多变的安全生产风险和自然灾害态势，政府受制于传统应急管理的决策主体单一性和属地应急资源有限性，以往传统的经验式、粗放式的应急管理方式已不再适应形势发展的需要，与人民群众日益增长的安全需求还有差距，亟须以数字化、网络化、智能化来支撑应急管理的现代化发展。从 2018 年《应急管理信息化发展战略规划框架（2018—2022年）》到 2021 年《"十四五"国家信息化规划》，再到 2022 年《"十四五"国家应急体系规划》，"以信息化推动应急管理现代化"为主线的国家发展战略在应急管理层面逐渐落实为智慧应急建设，"十四五"时期是信息化引领应急管理事业全面创新、构筑智慧应急新格局的重要战略机遇期，是信息化与应急管理业务深度融合、新旧动能充分释放的协同迸发期。

2022 年由中国管理科学学会、腾讯研究院、"智慧应急"研究联合课题组发布的《中国智慧应急现状与发展报告》①指出，智慧应急是坚持创新思

---

① 中国管理科学学会、腾讯研究院、"智慧应急"研究联合课题组编《中国智慧应急现状与发展报告》，https://www.sgpjbg.com/baogao/84238.html。

维，运用信息化手段为提高应急事业的科学化、专业化、精细化水平提供有力支撑的应急管理解决方案。智慧应急借助物联网、移动互联网、大数据、5G 技术、云计算等数字信息技术与应急管理理念的深度融合，相比传统粗放的应急管理存在巨大的优势，是一种全新的管理理念。智慧应急的管理体制由单一灾种单一过程转化为全灾种全过程覆盖，由防救分离的单一部门管理转化为跨部门协同联动，由分时分域、风险单一管控、存在沟通壁垒的监测预警演变为全时全域、风险分级管控、数据共享的监测预警体系，由经验化、主观化的预案指挥决策演化为多灾种、智能化的研判指挥决策；传统应急管理的应急通信只部分接入网络，智慧应急构建空天地一体化、通信跨网融合的通信网络。

2020 年 9 月应急管理部推动"智慧应急"试点建设以来，各单位坚持以应急管理和实战演练为牵引，以智能发展和业务需求为导向，依托大数据支撑和数字赋能，初步完成应急管理现代化信息化建设布局。以"智慧应急"试点建设政府为例，10 个建设单位均对标《"十四五"国家应急体系规划》作出规划表率，制订到 2035 年全面实现智慧应急的远景目标。部分省份单位的应急管理体系顶层设计存在一定的共性问题，比如规划方案的设计过于片面化，停留在数字技术应用层面的"智能应急"缺少系统性的整合设计和政策指导，智慧应急建设"碎片化"，政策落地的可操作性不高，缺乏对应急事件规律的发现和利用或对应急事件演变过程的节点识别，导致应急管理效能不高，应急标准难以统一，体制层面重复建设等。

智慧应急体系的建设与传统应急管理相比，具有高度的复杂性，既需要在高层次的综合体系设计上保持共性，也需要保障各地的实际应急需求，没有任何两个应急事件是相同的，同样也没有任何两个属地的智慧应急体系设计是相同的。因此，本研究试图通过系统梳理总结全国"智慧应急"体系设计的经验成果，探讨在不脱离个性的应急需求基础上实现智慧应急体系的共性发展的可行策略。

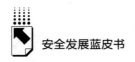

（二）智慧应急建设原则：科技支撑、创新驱动和精准治理

智慧应急的建设原则遵循现代化应急管理体系和能力建设的趋势和规律，从顶层统筹谋划体系和框架，以应急管理信息化建设为内在驱动，深化云计算、大数据、物联网、人工智能、移动互联网等高新技术与监测预警、监管执法、辅助决策、救援实战和社会动员五大应急能力的多层级多态势融合，以智能化和智慧化引领应急管理体系和能力的高质量发展。

从2020年应急管理部推动"智慧应急"试点建设起，全国智慧应急体系构建与规划进入新的发展时期。各地政府高度重视智慧应急建设，坚持以信息化推进应急管理现代化，强化实战导向，规划引领、集约发展、统筹建设、扁平应用，夯实信息化发展基础，补齐网络、数据、安全、标准等方面的短板弱项，推动形成体系完备、层次清晰、技术先进的应急管理信息化体系，全面提升监测预警、监管执法、辅助指挥决策、救援实战和社会动员能力（见表1）。

表1 全国31个省份政府智慧应急规划文件一览

省份	规划文件	省份	规划文件
安徽	《安徽省"十四五"应急管理体系和能力建设规划》	江西	《江西省"十四五"应急管理信息化规划》
北京	《北京市"十四五"时期应急管理科技与信息化发展规划》	辽宁	《辽宁省"十四五"应急体系发展规划》
重庆	《重庆市应急管理"十四五"规划（2021—2025年）》	内蒙古	《内蒙古自治区"十四五"应急体系建设规划》
福建	《福建省"十四五"应急体系建设专项规划》	宁夏	《宁夏回族自治区应急体系建设"十四五"规划》
甘肃	《甘肃省"十四五"应急管理体系建设规划》	青海	《青海省"十四五"应急体系建设规划》
广东	《广东省应急管理"十四五"规划》	山东	《山东省应急管理信息化"十四五"规划》
广西	《广西应急体系建设"十四五"规划》	山西	《山西省"十四五"应急管理体系和本质安全能力建设规划》
贵州	《贵州省"十四五"应急体系建设规划》	陕西	《陕西省"十四五"应急管理事业发展规划》

省份	规划文件	省份	规划文件
海南	《海南省应急管理体系和能力建设"十四五"规划》	上海	《上海市应急管理"十四五"规划》
河北	《河北省"十四五"应急管理体系规划》	四川	《四川省"十四五"应急体系规划》
河南	《河南省"十四五"应急管理体系和本质安全能力建设规划》	天津	《天津市应急管理信息化"十四五"规划》
黑龙江	《黑龙江省"十四五"应急体系建设规划》	西藏	—
湖北	《湖北省应急体系"十四五"规划》	新疆	—
湖南	《湖南省"十四五"应急体系建设规划》	云南	《云南省"十四五"综合防灾减灾救灾规划》
吉林	《吉林省应急管理"十四五"规划》	浙江	《浙江省应急管理"十四五"规划》
江苏	《江苏省"十四五"应急管理体系和能力建设规划》		

注：西藏、新疆的有关文件没有搜索到。

1. 智慧应急的共性建设原则

截至 2022 年 9 月，全国 31 个省、自治区、直辖市政府下发的应急规划文件中，共计有 18 个省份政府的应急管理"十四五"规划文件标题中含有"应急体系"或"应急管理体系"，分别是安徽省、福建省、甘肃省、广西壮族自治区、贵州省、海南省、河北省、河南省、黑龙江省、湖北省、湖南省、江苏省、辽宁省、内蒙古自治区、宁夏回族自治区、青海省、山西省和四川省，其中安徽省、海南省、河南省、江苏省和山西省政府在体系规划上进一步提出"能力建设"。重庆市、广东省、吉林省、上海市和浙江省政府的应急规划文件直接表述为各省份的应急管理"十四五"规划，云南省的应急规划文件为《云南省"十四五"综合防灾减灾救灾规划》，陕西省的应急规划文件为《陕西省"十四五"应急管理事业发展规划》。

以上省份政府规划文件的智慧应急建设内容，即坚持"科技支撑、创

新驱动、精准治理"的基本原则，坚持科技支撑与数字赋能齐驱并进，创新驱动与资源优化相辅而行，精准治理与整体智治相与为一。

（1）科技支撑与数字赋能齐驱并进

强化科技支撑引领，以数字智慧赋能提升应急管理的现代化、智能化和精细化水平。搭好各级应急管理部门信息化和全业务应用体系建设的架构，凭借应急产业创新集聚和科技成果转换应用的依托，以高素质规模化应急人才培养和应急管理装备技术支撑为后盾，精准助推应急管理数字化转型赋能，提升应急科技攻关和科技保障水平，在实时感知网络全面推行、数据治理多元驱动、危急情景深度应用层面，推进现代化数字科学技术与应急多场景业务的全局融合。

（2）创新驱动与资源优化相辅而行

以数字化创新推进应急管理的要素资源市场改善革新，基于应急管理的科技进步和技术改革全面推动应急管理体系和能力现代化。以整体优化、协同融合为导向，统筹应急管理传统和新型基础设施发展，开展"工业互联网+安全生产"创新应用，实施智慧矿山风险防控、智慧化工园区风险防控、智慧消防工程，推进应急管理制度创新、应用创新、方法创新和管理创新，优化科技要素、人才资源和产业市场配置，形成系统完善的应急科技创新体系。

（3）精准治理与整体智治相与为一

发挥数字化改革的牵引作用，全面提升精密智控能力。创新科技手段和方法，加强事故灾害全过程精准防控，实现精准预警发布、精准抢险救援、精准恢复重建、精准监管执法。全面推进聚焦重点领域、关键环节，推进流程再造，实现整体智治，创新科技手段方法，加强精准闭环管控，全面提高重大风险防范化解能力，科学认识和系统把握致灾规律。

2. 智慧应急的个性建设原则

北京市、江西省、山东省和天津市的应急管理信息化"十四五"规划文件的智慧应急发展原则为：整体统筹、集约发展，业务牵引、实战主导，安全可控、急用先行，共享共创、体系建设。

（1）坚持整体统筹、集约发展

立足应急管理的能力基础和属地实际，强化整体统筹和顶层设计，坚持统一筹划部署、统一规划模式、统一技术标准、统一数据集群，确保省、市、县（区）分级集约建设、上下同步、有序推进，按照集约化原则建设信息化基础设施和信息系统，确保应急管理体系和能力信息化的高质量发展。

（2）坚持业务牵引、实战主导

紧密围绕应急管理在安全生产、自然灾害、公共卫生和社会安全方面的实践实战业务需求，剖析属地实战能力短板与不足，坚持业务导向、过程导向、实际导向，规划应急管理关键业务的科研支撑和信息化建设项目，以大数据的融合实战为基本要素，以应急场景的深层次应用为核心引导，促进属地应急管理的技术理论与实际业务的深度融合，最大程度提升智慧应急的信息化能力。

（3）坚持安全可控、急用先行

推进独立自主的核心科研技术在多元应急场景架构和装备技术层面的规模化应用，持续提高属地现代化信息化基础设施设备的柔性抗灾水平和持续运维能力，优化数字信息系统韧性水平和数据要素的汇聚和应用能力。坚持着眼长远、急用先行、有序推进，围绕应急管理的迫切需要，抓重点、填空白、补短板、出实效，重点解决应急管理信息化的薄弱环节和突出问题。

（4）坚持共享共创、体系建设

基于应急管理的实际业务多部门协同与联动的需求水平，增强数字信息要素的汇聚，推动多部门、多层级、跨区域的互联互通、信息共享和业务协同。营造社会互联共享和共建共创的智慧应急联合创新生态，鼓励政府部门、企事业单位和社会组织共同参与应急管理信息化体系和能力建设。

全国 31 个省份政府围绕属地现代化体系和信息化能力的实际情况，立足原有的应急管理信息化设施和技术，开展不同深度和层次的"智慧应急"规划，各省份政府对智慧应急建设的基本原则和分项目标和而不同，在共性的体系要求和现代化能力要求外，保留了因地"智"宜的个性特征。基本内核是应急管理信息化现代体系建设，以 2025 年"建成'智慧应急'信息化体系"为发展目标，以"科技支撑、创新驱动、精准治理"为基本原则，以强化应急管理科技支撑力量为表现形式，以监测预警、监管执法、辅助决策、救援实战和社会动员五大应急能力为建设重点，部分省份智慧应急规划文件作出重要补充，强调整体统筹的顶层设计，坚持业务牵引的实战需求，按照急用先行的建设原则，提倡共享共创的智慧生态。

（三）智慧应急架构"五要素"

智慧应急发展是应急管理体系及能力现代化改革的中心任务，[①] 如今，传统应急管理顶层设计的"一案三制"（应急管理预案、体制、机制、法制）已经不能很好地适应现代应急管理信息化建设的科学化、专业化、精细化特点，各地政府开展智慧应急的建设水平参差不齐，由于普遍缺少智慧应急整体架构和实施方案，政府危机应对条块分割、应急业务体系构建重"技术"轻"管理"、多元协同主体参与引发大数据失真和信息不对称、应急主体绩效考核制度缺失等"碎片化"问题广泛存在。

智慧应急向技术和管理相融合的高级信息化发展阶段迈进，就必须从战略高度上基于数据、业务、职能、治理、保障等要素进行整合，结合科技创新理念和整体"智"理的管理思维，联动整体规划统筹和应急实战业务需求，在协调、融合、系统的智慧应急整体架构要素上推进应急管理信息化建设。

根据各省份的智慧应急战略规划文件，以整体架构的要素搭建为理论指导，以属地智慧应急建设的理论经验和案例研究为切入角度，结合应急管理信息化的未来发展方向，突出在数字化政府转型的时代背景下，从战略布局整体把握智慧应急在数据支撑、治理理念、系统布局、业务牵引和保障机制的基本要素和做法（见表 2）。

---

① 刘奕、张宇栋、张辉、范维澄：《面向 2035 年的灾害事故智慧应急科技发展战略研究》，《中国工程科学》2021 年第 4 期。

表 2 智慧应急要素一览

要素清单	主要内容
依托载体——大数据支撑体系	汇聚、融合、共享
指导方向——技术治理理念	智慧促合、创新协同
牵引发力——五大应急业务	监测预警、监管执法、辅助决策、救援实战和社会动员
系统布局——四大应急职能	感知网络、应急通信网络、应急指挥平台、信息化基础设施
综合保障——管理体系	标准规范、安全运维、信息化工作机制和科技力量汇聚机制

1. 载体要素依托：汇聚、融合、共享的大数据支撑体系

智慧应急大数据支撑体系是数字政府转型的重要途径，是推动"信息孤岛"转向"信息融合"的基本要素，是区别于传统应急的现代应急管理的重大变革。数据资源的汇聚有力支撑了应急部门打通信息交流壁垒，依靠大数据挖掘分析、云计算和人工智能等技术创建场景化、智能化融合的数据应用，以大数据为载体，形成"横向到边、纵向到底"的网络化联动治理，打破数据壁垒，实现对人、物、突发事件的全方位覆盖、全环节管理、全天候参与的管理和服务，形成互联互通、信息共享的大数据支撑体系。

总结各地智慧应急建设经验，大数据支撑体系建设多以"数字政府"和社会治理的视域展开，基于部级省级市级一体化大数据平台，汇聚融合应急管理各类业务数据信息的处理、交换、分析和应用，相关应急业务建设形式包括灾害数据资源库建设，风险信息管理平台、应急管理一体化数据中心、"应急管理云"、相关数据治理等信息技术服务，建立跨部门、跨地域、跨层级的应急数据汇聚、融合和共享机制。

2. 治理要素指导：智慧促合和创新协同的技术治理理念

社会治理视域下的智慧促合和创新协同的技术治理理念成为全国各省份政府的智慧应急建设趋势，应急管理信息化的转型改变了传统应急管理的组织和运作方式，原本分散的应急业务、数字资源通过集成的平台系统得以集中管理和运行，充分发挥大数据、人工智能、物联网和5G技术在危机态势感知、风险预警预测、综合安全分析工作中的重要作用，推动应急管理治理模式由信息孤立、业务分散向智慧促合、创新协同转变，持续推进应急管理

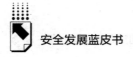
数据共享、系统集成推进应急管理数字化转型，进一步促进各应急部门数字化相关业务和数字化系统的综合集成，拓展一体化、智能化、场景化多业务协同应用。

全国各省份政府全面提升应急管理的智能决策和风险防范能力，形成"用数据说话、用数据决策、用数据管理、用数据创新"的现代化治理体系，以应急信息流的传递、共享和交流为纽带，连接政府、市场和社会，提升智慧监管能力，推动应急管理治理范式重铸，加快建成社会治理视域下的业务智慧促合和职能创新协同的治理体系。

3. 业务要素牵引：监测预警、监管执法、辅助决策、救援实战和社会动员五大应急业务

监测预警、监管执法、辅助决策、救援实战和社会动员五大应急业务作为智慧应急总体架构的核心层次，全面覆盖应急管理的减灾、准备、响应和恢复四个阶段，以应急管理实战需求为导向，是服务数据架构和引导应急职能布局的决定要素，是解决条块分割、部门林立导致数据治理无法精准发力和应急职能无法执行等"碎片化"问题的破题关键，由上层统一规划和部署应急业务有利于实现应急管理与数字信息技术的协同和整合。

全国各省份政府以数据驱动智慧应急五大业务为核心，依托空天地立体化应急通信基础网络和覆盖全域的感知网络，紧密围绕应急管理、安全生产、防灾减灾救灾业务需要，坚持业务导向、问题导向、实战导向，规划一批关键业务的科研支撑和信息化建设项目，推动监测预警、监管执法、指挥决策、救援实战和社会动员能力的全面提升，迭代开发应急管理综合应用，构建智慧应急"大脑"。

监测预警以防范化解重大风险为目标，强化风险防控基础支撑建设，实施"工业互联网+安全生产"行动计划，打造全时全域的风险防范体系，将安全关口前移，实现灾害事故的早发现、早预警、早处置，降低人民群众的生命财产损失。加快"互联网+监管"平台建设和应用，实现"互联网+监管"平台与国家系统的互联互通，完善"互联网+监管"系统风险预警和反馈机制，推动实现多部门、全领域联合监管常态化，逐步构建集动态监测、

科学分析、风险预警、辅助决策等功能于一体的智慧监管体系。

监管执法基于互联网互联共享和共建共创的数字信息要素，推动属地"互联网+政务服务"的体系建设，优化智慧执法与风险治理系统，形成"互联网+执法"的全过程监管系统，提升执法科学化、精细化、智慧化水平，从执法层面落实安全生产责任。

辅助决策围绕山区短时强降雨泥石流、森林火灾蔓延至城市建筑群、尾矿库因洪峰溃坝、危险化学品运输因交通事故导致泄漏和爆炸等多灾种多情景多链条的耦合灾害事故，建立仿真模拟和决策支持系统，分析灾害事故的时空影响，科学评估灾害事故的人员伤亡和经济损失、为研判次生衍生灾害和社会影响提供决策辅助。

救援实战围绕科学决策、高效指挥、服务实战，构建韧性抗毁的通信网络，建设智能化的应急指挥信息系统，对接应急管理部灾害事故精准救援系统，加快推进应急救援航空体系试点建设工作，提高应急救援能力和水平。

社会动员利用互联网平台、信息技术等多种手段，加强应急管理宣传教育、应急资源组织管理、军警民融合工程建设，提升基层应急能力，筑牢防灾减灾救灾的人民防线。

4. 系统要素布局：感知网络、应急通信网络、应急指挥平台、信息化基础设施四大应急职能

智慧应急的四大应急职能以应急管理信息化的实战需求为指引，感知网络、应急通信网络、应急指挥平台、信息化基础设施是信息化实现的基础保障，应急职能要素将大数据、云计算、5G、物联网等先进数字技术应用于应急管理信息化建设，既体现了应急管理业务的需求，自身也依托大数据支撑体系，将二者有机结合，应急职能的建立和完善是智慧应急建设有序开展的必要前提。

共享应急管理部统一建设的地震感知网络、卫星感知网络；推动各级应急管理部门建设应急处置现场感知网络，推动煤矿、非煤矿山、危险化学品和烟花爆竹等重点行业领域企业健全完善安全生产感知网络；加快接入人口、经济、环境等应急基础数据和自然资源、水利、气象、林业、地震等部门的灾害风险监测监控信息，以及公安天网等第三方平台数据；推动有关部门加强大型建筑、公用设施、地下综合管廊、公共空间等城市基础设施安全感知网络建设。

搭建空、天、地一体化的应急通信网络，保障指挥调度扁平高效和极端条件下前后方通信不断。推进应急通信能力提升工程，基于空天地数字信息传输，综合多情景多态势的通信技术和设备，构建基于数字卫星通信的全覆盖、互通互达的信息传输系统；构筑应急管理现场指挥临时信息专网等应急通信网络；推动救援技术和装备建设，建设大型通信指挥车，持续推进各级应急管理部门部署信息采集设备、通信链路装备、通信终端、现场指挥装备、辅助保障装备等。

构建集情报汇聚、决策支持、指挥调度为一体的应急指挥信息系统，满足值班值守、综合业务管理、综合分析展示、应急协同会商、研判分析、应急决策、指挥调度、信息发布、指挥演练等应急处置业务需求，形成应急指挥"一张图"功能；实现灾害事故精准救援，推广"安全码"应用。

5. 保障要素强化：标准规范、安全运维、信息化工作机制和科技力量汇聚机制的管理体系

标准规范、安全运维、信息化工作机制和科技力量汇聚机制的管理体系是推动智慧应急转型的重要组成部分；开发和集成相关的应急业务信息系统，是信息化建设的重要途径。在当前严峻的网络安全形势下，从标准和安全上要对业务和职能要素起到安全支持和综合保障的作用，在确保应急系统的稳健性、稳定性和可靠性的同时，更要兼顾应急信息和数字资源的安全应用。应全面开展属地政府应急管理信息化系统的标准化建设，推动数据层面的纵向流通和横向共享。

信息化建设需要为数据共享、开放、开发利用、资产管理、运营、安全管理等提供法规依据，建立明确的责任机构和责任人。部分省份政府由大数据技术部门的人员负责相关事宜，可能导致组织保障体系偏重于技术角度，无法从全局对战略部署和应急业务进行科学决策。以智慧应急研究基地建

立、专业应急人才培养为主的科技力量汇聚机制也是综合保障需要考虑的要素之一。

（四）智慧应急建设的共性短板

1. 提升应急信息化体制和机制的改革向心力

全国各省份政府的智慧应急建设整体推进不够充分，缺乏统一的规划布局，重复建设和重"科技"轻"管理"的问题仍然突出，一体化智慧应急运行体制机制尚未形成，在部门配合、条块结合、区域联合、军地融合等方面的应急机制还不够顺畅，缺少应用聚合数字科技手段推动信息化改革的向心力。除应急管理部部级云计算平台、北京主数据中心和贵阳备份数据中心等通用平台建设外，其他省份政府在纵向跨层级应用和横向技术架构上缺少对接和联动。各地的智慧应急业务平台未能充分支撑各地政府应急管理现代化和信息化的转型发展，针对我国信息化建设水平欠发达地区，受制于机制、人才、投入等多因素影响，信息化建设欠账较多，数据治理滞后，应急业务横向建设难以协同。

各地政府智慧应急业务布局体系仍有待提高，在资源整合、应急业务创新等方面与各地政府的实战需求相比还存在一定差距，缺乏统筹整合，在发挥综合数字平台优势、整合带动应急管理产业上下游企业、政务一体化信息产业方面仍存在较大提升空间，属地政府智慧应急相关部门的"信息孤岛"问题严重，数字信息要素的归集汇聚、互建共享和统筹构建的问题难以解决。

各地政府对突发事件发展规律的认识存在局限性，过多依靠资源、资本、劳动力等要素投入支撑应急工作，运用科技手段提升社会治理水平的意识有待提高，科技理念有待创新；需要顺应当前形势要求，发挥科技创新的支撑引领作用。应急管理科技在提升突发事件事前预防、事中指挥救援、事后恢复的支撑能力不足，日常监管执法工作和社会治理手段相对单一，监管效能偏低，应急人才及队伍科学文化素养仍需提升。"大应急、大安全、大联动"管理理念亟待加强，"行政管理与专业指挥"等协调配合机制有待完

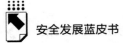

善；应急管理议事协调机构职能交叉，相关职能部门责任边界尚未完全厘清，新兴行业、领域和业态安全监管职责不够明确；应急管理综合行政执法改革任务尚未完成；全社会关注、参与应急管理及自然灾害防治机制不够完善；统一高效的事故灾难调度指挥机制仍需健全。

2. 补齐灾害应对和风险预警的要素体系短板

各省份政府综合灾害应对机制与风险监测预警体系仍存在短板，部分政府现有的灾害防治和事故预防的监测预警能力难以满足安全生产和自然灾害的应急管理全过程全链条的实际需要，与国外相比，缺少较完善的区域协调互助机制，当某省份发生重特大事故时，如何实现区域应急管理协调应对，确保受灾区域获得足够的救助资源，保障公众的灾后生活和基础设施的重建恢复，仍然是灾害应对体系中的短板所在。

受限于财政预算，部分省份政府的信息技术与应急管理业务融合程度低，属地政府防灾抗灾能力不足，城市部分基础设施的韧性抗毁水平较低。全域覆盖的感知网络建设刚刚起步，空天地一体化的应急指挥网络还不健全。多灾种演变和多灾害链情景的监测预警、早期预警和研判能力有所欠缺。灾害监测预警所需的系统性、标准化基础数据支撑和数据信息共享机制有很大不足，未实现完备高效的监测数据接入与集成；基于大数据的事故形成机理和演化规律研究不足，智能感知预警与指挥系统支撑能力亟待加强。

3. 攻克核心装备和应急技术的研发瓶颈

大数据、云计算、地理信息、人工智能、物联网、先进指挥通信、轻型智能工程机械等关键应急技术核心装备在防灾减灾救灾领域尚待进一步发挥其优势。对于经济欠发达的西部地区，受属地经济发展水平、城市基础设施防灾抗灾能力、应急指挥和救援体系、居民危机意识等多要素制约，它们普遍存在应急管理现代化水平不高，专业装备保障、科技支撑、信息化建设滞后，应急装备产品科技含量不高，在重点领域一批"卡脖子"和关键核心技术尚未突破的问题。如何降低较高的基础信息化设施建造成本，在保障预警预报系统的准确性和时效性的同时提升智慧应急的效率，需要部分省份政府起带头作用，攻克应急核心装备的研发瓶颈，如危险化学品安全防控关键技术装备、森林防火救援专用无人机及配套系统、城市多参数感知设备等一批关键技术与核心仪器装备。

应急管理装备的适用情景多以事中处置为主，事前预防装备和技术相对而言难有较大突破，科技发展主要依靠"事件推动型"被动发展，缺乏一定的自主创新能力；专业装备缺乏、成套化设备较少，可靠性与环境适应性缺乏科学检验检测标准，部分技术仍落后于国际先进水平；危机现场处置能力不强，救援力量、物资、装备等调度能力不够，体系化、数字化、可视化作战能力存在一定不足。经济欠发达地区有效协调资源努力攻克现有科研瓶颈，并积极利用现有应急装备的信息化优势，基于常态化的信息协同进一步有效收集公众信息，才能在一定程度上减少重特大灾害带来的损失。

4. 强化数据决策和危机学习的风险治理能力

各省份政府在面临重特大公共危机时，以往的经验决策和精英决策已经无法较好地适应现代化应急管理信息化建设中的应急信息动态流通、环境参数冗杂繁多和风险事故涉及多元主体等特点。目前我国智慧应急建设工作集中分布在灾害的减灾、准备和响应阶段，对于灾后恢复阶段涉及部分较少。张海波等指出，广义的应急管理整体框架包含危机学习，即从应急事件中吸取教训，从实践中汲取经验，为整体反思和系统改进提供有力的制度保障。[①] 随着人工智能、5G、云计算、物联网等新一代数字信息技术的快速发展，属地政府需要基于新一代信息技术在应急管理应用层面的驱动力，优化公共危机事件的数据决策水平和危机学习的风险治理能力。

大数据时代下，重特大突发公共事件的风险治理越来越取决于决策者基于海量数据分析的能力，而非传统的单一精英决策者的经验和直觉。[②] 以往政府某一个或某几个部门进行危机信息的搜集、分析和决策的过程，常常因

---

① 张海波、童星：《广义应急管理的理论框架》，载童星、张海波主编《风险灾害危机研究》（第八辑），社会科学文献出版社，2018；张海波：《应急管理的全过程均衡：一个新议题》，《中国行政管理》2020 年第 3 期。

② 陈潭等：《大数据时代的国家治理》，中国社会科学出版社，2015。

为政府组织与公众间信息传递的延缓和失真导致决策滞后和应急迟缓。如今的人工智能分析等信息技术对多部门多主体的数据进行深层挖掘和风险精准画像分析，危机信息的流通突破了传统的上传下达、层层传递的模式，让非政府组织、企事业单位和公众都能参与到智慧应急的决策过程中来。政府部门要开展危机学习，从经验学习和决策反思的层面为应急管理信息化提供更全面的分析思路。在未来的智慧应急建设中，研究者和政策制定者应该进一步从组织制度的缺陷、应急业务的重复建设、应急法律法规的失位等方面进行综合考量，形成自适应的善后学习，在一定程度上形成自上而下的智慧应急总体框架，指导属地应急管理信息化建设，并为权力结构的扁平化奠定信息化基础。

二　智慧应急对于风险治理和安全发展的综合功能

（一）智慧应急构建风险全域监测，强化安全发展智能研判

　　智慧应急基于重点行业领域重大安全风险监测预警信息全覆盖，推动物联网、卫星遥感、视频识别、5G 等技术演进，各省份全面推进应急管理网络建设，优化风险信息监测站网布局，实现全域覆盖、多源感知，利用卫星网络高分辨率测绘形成的风险底图，建设现代化、智能化的自然灾害常态监测和风险研判系统，基于"智慧城市"实践经验，稳步推进城市安全信息传输系统、"空、天、地"一体化交通风险感知体系、城市"生命线"管网监测预警平台等智能感知和研判能力的建设，实现对城市自然灾害易发多发频发地区和安全生产高危行业领域全方位、立体化、无盲区动态监测，为多维度全面分析城市全域风险信息提供数据源。

　　智慧应急完善属地政府的"一网统管"布局规划，构建卫星通信、无线短波信息传输网络、全灾种全过程覆盖的智能监测和风险预警体系，完善预警信息发布制度，提高安全风险监测预警公共服务水平和应急处置的智能分析研判能力，强化针对特定区域、特定人群、特定时间的精准发布能力，

广泛部署城市运行各领域、各重点部位的感知终端，建强全域风险感知体系，推动现代化智能化的信息技术与应急管理数字化建设工程的全局融合，实现智慧应急、精准服务。

（二）智慧应急的多元化信息共享保障安全发展态势

智慧应急基于5G、大数据、人工智能、云计算、物联网等数字信息技术，开展重大自然灾害及灾害链典型事故风险隐患动态排查、综合风险动态评估、化学品本质安全提升及化工园区系统安全、油气生产安全事故防控、冶金等领域安全风险防范、森林火灾监测预警与风险防控、城市火灾预防与控制、灾害事故现场应急通信保障与侦测、应急资源和救援力量协同调度、重大灾害事故情景构建与应急救援决策等技术研发，搭建具有各省份突发事件特点及典型灾害应对方法的可视化应用，满足安全态势综合展现、源头风险防控有手段、应急救援科学研判的业务需求，为关口前移、实现源头风险防控提供支撑。

智慧应急以自然灾害综合风险普查为基准，制定自然灾害风险区划，严格控制区域风险等级及风险容量，探索建立自然灾害红线约束机制，加快推进化工、钢铁、煤电等重点行业转型升级和战略性布局。构建安全风险常态化研判机制，完善风险信息共建共享的汇聚机制，健全城市国土规划、专项规划、生命线建设的全流程全要素风险管理制度，开展城市安全的综合和专项风险评估。严格落实国家产业政策，引进先进高科技产能，推动落后淘汰产能的退出，提升城市本质安全水平。编制危险化学品"禁限控"目录，强化危险化学品全生命周期管理。科学编制经济开发区、高新技术产业开发区总体发展规划，严把准入门槛，合理布局区内企业，完善区内公共安全设施。

（三）智慧应急的风险评估基于动态数据驱动安全发展决策

当前复杂多变的极端气候、国际形势、城乡规划和社会发展等因素的耦合影响，存量风险隐患未完全排除，各新兴行业的增量风险隐患日益增

加，二者极易产生"叠加效应"，新技术、新产业和新业态的涌现使应急管理的复杂性倍增，智慧应急基于统筹建设风险动态评估和管理体系，健全自然灾害、事故灾难、公共卫生事件、社会安全事件四大类突发事件专项指南，推动落实危险工艺自动化改造、安全防护距离达标改造、危险化学品安全生产风险监测预警系统，推动化工园区建设智能安全和智慧应急等一体化信息智能平台，构建基础信息和风险隐患数据库，实现对化工园区内企业、重点场所、重大危险源、基础设施在线实时监测、动态评估和自动预警。

智慧应急研究应建立综合动态评估指标体系，健全完善数据共享机制，以强化属地责任推动建设风险管理综合信息平台和风险管理案例库，健全地方政府的事故灾害的全天候精细化监测预警、风险隐患分级分类的排查整治、应急救灾和资源冗余配置的工作责任制，压实属地应急管理责任，推动风险隐患防治工作系统化、科学化、精准化展开。

（四）智慧应急基于"工业互联网+"技术创新助力城市安全发展

智慧应急基于建立严格统一的安全准入体系，通过强化企业的安全生产条件提高本质安全水平，强力推进危险化学品、非煤矿山等高危行业领域企业的有序退出，持续推动全国范围的企业安全生产标准化，构建"工业互联网+安全生产"治理体系，全力督促企业落实安全管理、加大安全投入，持续推进企业安全生产标准化达标提档建设，实现安全管理、操作行为、设备设施和作业环境规范化，扎实开展隐患排查治理，落实风险管控措施，推动企业健全完善安全生产风险分级管控和隐患排查治理双重预防体系，实现安全管理、操作行为、设备设施和作业环境规范化，大力推进科技兴安，深入实施本质安全水平提升工程。

各省份应按照"政府组织实施、部门指导推动、安办综合协调、企业落实创建"的要求，进一步夯实激励约束、分类监管和动态管理等政策措施，构建"工业互联网+安全生产"快速感知、实时监测、超前预警、联动处置、系统评估等新型能力体系，推动安全生产从静态分析向动态感知、从事后应急向事前预防、从单点防控向全局联防转变，严格按规定组织开展安全风险评估、论证并完善和落实管控措施，禁止自动化程度低、工艺装备落后等本质安全水平低的项目进入化工园区，加强宣传培训，严格考评管理，强化考核督导，促进企业实现安全管理、操作行为、设备设施、作业环境标准化，进一步提高本质安全水平。

行 业 篇

Industry Reports

B.8
省份安全风险治理的大数据分析
和安全发展对策研究

千龙智库*

摘　要： 本报告统筹安全和发展理念，以千龙网大数据全媒体信息技术监测平台为依托，运用安全风险感知和安全发展综合评价体系，形成 31 个省份安全风险指数，对时间规律、地域分布、高发场所、涉险群体、伤亡分布、涉险类别等形成大数据感知画像，综合评价各省份安全发展过程中暴露的共性问题，为各省份创建安全发展示范城市，为地方争创高质量安全发展提供大数据驱动和决策支持。

关键词： 省份安全　安全发展　公共安全　高质量发展

---

* 千龙智库为首批首都高端智库试点单位。本报告撰写人为赵丽娜、李振东、张世良、李乐乐，刘昊源、秦茜、宋曼曼、宫英慧为本报告提供了数据支持。

一　安全风险感知和安全发展综合评价

（一）大数据研究理念

习近平总书记在党的二十大报告中强调，"国家安全是民族复兴的根基，社会稳定是国家强盛的前提。必须坚定不移贯彻总体国家安全观，把维护国家安全贯穿党和国家工作各方面全过程，确保国家安全和社会稳定"，"完善国家安全法治体系、战略体系、政策体系、风险监测预警体系、国家应急管理体系"，"构建全域联动、立体高效的国家安全防护体系"，"提高公共安全治理水平。坚持安全第一、预防为主，建立大安全大应急框架，完善公共安全体系……提高防灾减灾救灾和重大突发公共事件处置保障能力"。[①]

本报告统筹安全和发展理念，开展安全风险感知分析和安全发展综合评价。安全风险是指由公共安全、公共服务、社会负面影响产生并且叠加，经由民众和社会各界的交互，可能引发或演变成为社会危机的风险。

本报告以千龙网全媒体信息技术平台为依托，搭建大数据安全风险信息库，对同类别风险案例、相关联风险信息进行收集、汇总和分析（见图1）。安全风险评估安全风险感知和安全发展综合评价是一个动态持续的过程：一要对已发安全风险进行感知，二要对评估结果动态更新，三要对社情民意监测跟踪，四要对政府管理科学评价，实现"稳评+舆评"全过程评价。其实质是跟踪、监控、审查、信息采集和工作调整，以及再监测、再跟踪、再调整、再评估、再控制的动态循环过程。

本报告通过"数据挖掘—风险感知—因素剖析—发展评价—管理建议"的分析路径，实现对各领域安全风险的动态评估和综合评价，为相关部门摸

---

① 习近平：《高举中国特色社会主义伟大旗帜　为全面建设社会主义现代化国家而团结奋斗——在中国共产党第二十次全国代表大会上的报告》，人民出版社，2022，第52、53、54页。

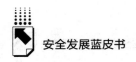

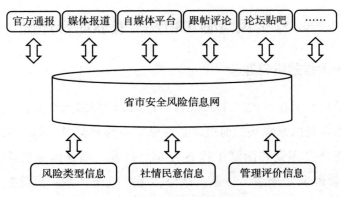

图1　大数据安全风险信息库

清现状、找准定位、防范风险、改革创新等提供量化管理依据和质性决策选择，为建构全面"高质量安全发展"提供决策支撑。①

（二）指标体系设计

习近平总书记在党的十八届五中全会第二次全体会议上讲话中指出："各种风险往往不是孤立出现的，很可能是相互交织并形成一个风险综合体。对可能发生的各种风险，各级党委和政府要增强责任感和自觉性，把自己职责范围内的风险防控好，不能把防风险的责任都推给上面，也不能把防风险的责任都留给后面，更不能在工作中不负责任地制造风险。"②

安全风险感知和安全发展综合评价体系由千龙智库和中国人民大学危机管理研究中心联合开发。③ 运用大数据分析、数据挖掘、风险管理、改革创新等技术方法，充分发挥千龙网大数据全媒体信息技术平台海量数据挖掘能力，全面调动中国人民大学危机管理研究中心在"大安全"风险感知和

---

① 《服务高质量发展，安全风险感知和安全发展综合评价体系发布》，新京报网，https：//m. bjnews. com. cn/detail/1681201037168126. html。
② 《习近平谈治国理政》第二卷，外文出版社，2017，第82页。
③ 《服务高质量发展，安全风险感知和安全发展综合评价体系发布》，新京报网，https：//m. bjnews. com. cn/detail/1681201037168126. html。

"公共安全体系"顶层设计等方面的研究优势，形成风险评估治理智能化解决思路，建构全面支持"高质量安全发展"的决策支撑。

安全风险感知和安全发展综合评价体系包含风险因素综合指数分析层、社情民意综合指数反映层和政府应对综合指数评价层，共有一级指标 3 项、二级指标 14 项（见表 1）。其中，风险因素综合指数分析层从涉险群体、应险主体、风险类别、遇险程度、处险周期、承险环境等指标开展综合交叉研究。社情民意综合指数反映层从舆情量级、社会情绪、民意诉求、安全感知等指标开展综合交叉研究。政府应对综合指数评价层从应急响应、安全稳定、政务评价、风险防范等指标开展综合交叉研究。

表 1　安全风险感知和安全发展综合评价体系

一级指标	二级指标	风险描述
风险因素	涉险群体	风险事故中的受害者职业工种、年龄程度、性别等
	应险主体	风险事故中直接相关的社会主体机构
	风险类别	风险事故中突发事件的种类，采用 GB/T 35561-2017 国家标准
	遇险程度	风险事故的严重程度及影响范围
	处险周期	处于风险事故中的舆论传播周期，事故发生时间、月份、季度
	承险环境	风险事故发生所在地的省、直辖市、自治区；地级市；区、县；场所、空间
社情民意	舆情量级	风险事故全网（新闻、微博、微信、短视频等）相关信息量层级划分
	社会情绪	风险事故中民众对事故各因素的疑惑忧虑不满等情绪，量化分析
	民意诉求	风险事故中网民对事件发展过程中累积的诉求，量化分析
	安全感知	风险事故中群众的安全感受层级，情感分类
政府应对	应急响应	在风险事故的传播过程中政府部门是否有发声、发声次数
	安全稳定	在风险事故的传播过程中是否有民众因不满而引发了过度维权、极端行为等
	政务评价	在风险事故的传播过程中民众对政务服务的效果评价
	风险防范	在风险事故的传播过程中是否有报道提及政府采取的防范类措施

（三）多元应用场景

安全风险感知和安全发展综合评价体系兼具安全风险治理、社会评价提升和改革创新支持三种功能。[①] 中国人民大学危机管理研究中心主任、千龙

---

① 《服务高质量发展，安全风险感知和安全发展综合评价体系发布》，新京报网，https://m.bjnews.com.cn/detail/1681201037168126.html。

智库舆情风险评估治理委员会首席专家唐钧教授认为，安全风险治理以"安全第一、预防为主"为目标，发挥公共安全治理模式向事前预防转型功能；社会评价提升以"人民群众满不满意、答不答应、高不高兴"为目标，增强政务美誉度，巩固群众基础；改革创新支持以"高质量安全发展"为目标，推动安全发展向更高质量、更可持续迈进（见图2）。

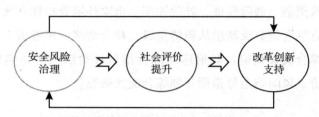

图2 安全风险感知和安全发展综合功能示意

资料来源：唐钧《安全风险感知和安全发展综合评价》，2023新京智库春季峰会，2023年4月11日。

安全风险感知和安全发展综合评价体系包括但不限于多项应用场景，如省份"大安全"的风险感知分析与安全发展评价、行业安全的风险感知分析与安全发展评估、应急救援社会评价提升、应急新闻发布全阶段全要素系统构建、特定领域风险感知和均衡发展指导等。

应用场景一：聚焦安全风险治理功能，提升省份和行业的安全发展系统评估水平。应用场景包括且不限于：第一，省份"大安全"的风险感知分析与安全发展评价。通过对覆盖全国各省份的舆情数据进行全渠道抓取，加强省份安全风险感知、研判、跟踪监测，推动公共安全治理模式向事前预防转型。第二，行业安全的风险感知分析与安全发展评估。针对特定行业领域研判安全风险，及时调整公共关系和安全发展策略。第三，国际视角和国家标准指引的"公共事务活动全面风险管理"。识别可能影响公共事务管理目标的风险源，形成"安全风险清单"并动态更新，制定相应风险应对措施。

应用场景二：聚焦社会评价提升功能，助力公共部门形象提升和民众支持。应用场景包括且不限于：第一，应急救援部门的社会评价提升。综合应用"时势度效治系统模型"（见图3），构建以善治机制带动公关成效的局

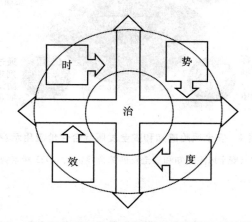

面，形成有利于回应群众关切、推动事件妥善解决、密切党群关系的决策政策。第二，构建应急新闻发布"全阶段全要素支撑系统"。构建常态化的安全风险评估机制，建立健全必要的组织体系，磨合高效的协作运行方式，动态评估和定期研判行业或属地安全风险，打好应急新闻发布的"组合拳"和"整体仗"，有效回应群众关切和理性疏导社会情绪，全面服务于建设更高水平的平安中国，以新安全格局保障新发展格局。

图 3　安全风险感知和安全发展时势度效治系统模型

资料来源：唐钧《应急救援的负面风险防范和社会评价提升策略》，载应急管理部消防救援局编《2021 年公共消防安全与应急救援理论研究》，新华出版社，2021，第 97~106 页。

应用场景三：聚焦改革创新支持功能，全面服务于高质量安全发展。应用场景包括且不限于：第一，构建"舆评+稳评"综合评价体系。主动研判改革创新发展过程中的热点、爆点、堵点、痛点，及时调整决策政策（见图 4），使改革创新更体现民情民意，助力构建人民满意的新发展格局。第二，指导特定行业领域风险感知和均衡发展。以公共卫生行业为例，识别全球、国家、城市和个人四类卫生风险感知关键因素及相互影响，构建分类分级的精细化卫生风险数据体系，制定发展更均衡、发展更安全的政策。第三，国家和各省份重大政策和规划的改革创新支持。针对重大工程、重大规划、重大政策等重大决策事项，利用"舆评+稳评"工具，识别改革创新的

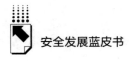

社会态度，为国家和各省份高质量安全发展提供决策参考。第四，服务"构建新发展格局"。贯彻落实党的二十大报告精神，全面支持系列改革创新措施，全面服务于构建新发展格局，助力推动高质量安全发展。

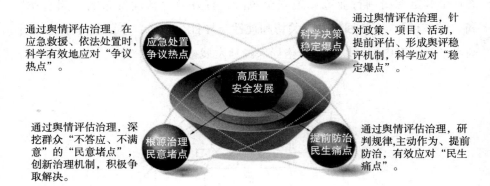

通过舆情评估治理，在应急救援、依法处置时，科学有效地应对"争议热点"。

通过舆情评估治理，针对政策、项目、活动，提前评估、形成舆评稳评机制，科学应对"稳定爆点"。

通过舆情评估治理，深挖群众"不答应、不满意"的"民意堵点"，创新治理机制，积极争取解决。

通过舆情评估治理，研判规律，主动作为、提前防治，有效应对"民生痛点"。

图4　安全风险感知和安全发展综合评价应用示意

资料来源：唐钧《安全风险感知和安全发展综合评价》，2023 新京智库春季峰会，2023 年 4 月 11 日。

（四）研究方法流程

本研究所用数据来源于千龙网大数据全媒体信息技术监测平台。该平台基于弹性的扩展架构实现了海量 PB 级数据的实时采集、分布式存储与多元化大数据分析，实现对平媒、网媒、新闻客户端、微博、微信公众号、视频、论坛、博客、境外媒体等媒介的 7×24 小时不间断实时采集，具备上千亿数据量的数据索引、挖掘分析和存储能力。研究中，千龙网全媒体信息技术监测平台通过对涉险感知关键词进行检索，完成非典型事故案例收集和风险感知数据爬取。

事件时空的编码大部分可以直接从文本中获得（见表2）。其中，省级行政区的编码隐去"省""市""自治区"的后缀，如"北京""广东""新疆"，而非"北京市""广东省""新疆维吾尔自治区"。地级行政区类似于省级行政区，隐去"市""自治州""盟"等后缀，如"广州""阿克苏"；直辖市的

表 2　编码指标及数据示例

编号	省级行政区	地级行政区	县级行政区	场所	风险项	风险类别	涉险时间	涉险人数	涉险职业	社情民意	政府管理	事故	事因	来源
1														
2														
…														

注：数据清洗规则遵循以下原则：①时间限定在 2021 年 7 月 1 日~2022 年 6 月 30 日；②空间限定在我国除港澳台外的 31 个省、自治区、直辖市；③事故存在人员死亡或伤害。

地级行政区统一用该直辖市名称编写，即北京的地级行政区为"北京"。县级行政区则保留全称，如"天河区""拜城县"。场所的编码主要根据空间的主要属性进行判断，如"公路""工地""煤矿""住房""商铺""污水池井""涉及全境"（多用于大范围自然灾害）等。时间的编码格式为×月×日，如"1 月 1 日""12 月 12 日"。空间指标的缺失值或不适用（如在海洋的事故无法对部分行政区划编码等）记为"—"。部分没有公布事故原因或事故原因仍在调查的案例当作缺失值处理，记为"—"。

（五）报告误差说明

本研究虽展开全媒体涉险数据收集，体现案例类型多样、案例真实性高等优势，但仍具有案例描述有限、案例报告偏差等局限性，存在"积极报告事故反而受到更多问责"的鞭打快马效应，该研究方法具有一定误差。此外，社情民意和政府管理的编码采用量化分析，部分语义判断存在误差，可能对分析结论造成一定偏误。

二　省份安全风险感知画像

本报告以 2021 年 7 月 1 日~2022 年 6 月 30 日为周期，以千龙网大数据全媒体信息技术监测平台为依托，有效抓取覆盖我国 31 个省份安全风险相

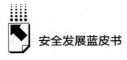

关数据7457406条,依据事件严重程度及社会影响等指标遴选出1000个公共安全风险事件,从自然灾害风险、事故灾难风险、公共卫生风险、社会安全风险、其他突发事件等不同风险类型入手进行识别与分析,形成2021~2022年省份安全风险项清单(见表3)。

表3 2021~2022年省份安全风险项清单

风险板块 (5个)	风险类别 (39类)	风险清单 (211项)
1 自然 灾害风险 (16项)	1.1 水旱灾害(2项)	洪水、山洪
	1.2 气象灾害(6项)	暴雨、雷电、龙卷风、其他气象灾害、台风、雪灾
	1.3 地震灾害(1项)	地震
	1.4 地质灾害(5项)	崩塌、滑坡、泥石流、塌陷、突泥涌水
	1.5 森林火灾(1项)	境内森林火灾
	1.6 生物灾害事件(1项)	其他生物灾害
2 事故 灾难风险 (106项)	2.1 煤矿事故(7项)	煤矿顶板事故、煤矿粉尘爆炸事故、煤矿矿震事故、煤矿水害事故、煤矿运输事故、煤矿窒息事故、煤炭矿与瓦斯突出事故
	2.2 金属非金属矿山事故(3项)	金属非金属矿水灾害事故、金属非金属矿运输事故、金属非金属矿中毒和窒息事故
	2.3 危险化学品事故(2项)	危险化学品爆炸事故、危险化学品中毒和窒息事故
	2.4 烟花爆竹和民用爆炸事故(4项)	民用爆炸物火灾或爆炸事故、其他烟花爆竹和民用爆炸物事故、烟花爆竹生产企业火灾或爆炸事故、烟花生产企业火灾或爆炸事故
	2.5 建筑施工事故(7项)	建筑施工高处坠落、建筑施工机械伤害事故、建筑施工坍塌事故、建筑施工物料保护事故、建筑施工物体打击事故、建筑施工中毒事故、其他建筑施工事故
	2.6 火灾事故(7项)	地下建筑火灾、高层民用建筑火灾、公用建筑火灾、建筑施工火灾、特种工业建筑火灾、一般工业建筑火灾、一般民用建筑火灾
	2.7 道路交通事故(9项)	车辆起火事件、车辆坠水事件、车辆坠沟事件、翻车事件、其他道路交通事故、校车交通事故、车辆撞车事件、车辆撞击物体事件、车辆撞人事件
	2.8 水上交通事故(5项)	船舶搁浅事故、船舶海上遇险事故、船舶碰撞事故、船舶遭受风灾事故、其他水上交通事故
	2.9 铁路交通事故(2项)	列车脱轨事故、列车撞人事故

续表

风险板块 （5个）	风险类别 （39类）	风险清单 （211项）
2 事故灾难风险（106项）	2.10 城市轨道交通事故（1项）	其他城市轨道交通事故
	2.11 民用航空事故（4项）	民航火灾事故、民用航空器剐蹭事件、民用航空器坠机事件、其他民用航空事故
	2.12 特种设备事故（13项）	场（厂）内专用机动车辆事故、除尘器事故、电梯事故、吊车事故、锅炉事故、其他特种设备事故、实验设备事故、塔吊事故、网板托架设备事故、压力容器事故、游乐设施事故、娱乐设施事故、桩机事故
	2.13 基础设施和公用设施事故（8项）	城市轨道交通设施事故、城市桥梁隧道设施事故、大面积停电事故、电力基础设施事故、建筑垮塌事故、其他公用设施和设备事故、石油天然气基础设施事故、水利基础设施事故
	2.14 环境污染和生态破坏事件（2项）	水污染事件、土壤污染事件
	2.15 农业安全事件（4项）	粮食做饲料、破坏耕地、占用耕地、制售伪劣化肥
	2.16 军用航空事故（1项）	军用航空器坠机事件
	2.17 溺水事故（11项）	海边溺亡事件、湖泊溺亡事件、江河溺亡事件、深水洞穴溺亡事件、水沟溺亡事件、水库溺亡事件、水潭溺亡事件、水塘溺亡事件、水洼溺亡事件、下水道溺亡事件、泳池溺亡事件
	2.18 学生教育安全事件（6项）	老师家长矛盾、老师私自补课、殴打学生、强制实习、校规不合理、校园暴力
	2.19 坠亡事件（10项）	单位坠亡、道路坠亡、低楼坠亡、高楼坠亡、酒店坠亡、商场坠亡、水井坠亡、天台坠亡、校园坠亡、悬崖坠亡
3 公共卫生风险（26项）	3.1 传染病事件（2项）	新传染病或我国未发现的传染病传入事件、疫情流行传播事件
	3.2 食品药品安全事件（4项）	农作物种子质量安全事件、其他食品药品安全事件、食品安全事件、药品安全事件
	3.3 群体性中毒、感染事件（3项）	非职业性一氧化碳中毒事件、急性职业中毒事件、其他群体中毒感染事件
	3.4 动物疫情事件（1项）	高度致命性禽流感
	3.5 其他工矿商贸事故（1项）	非法采集稀缺资源

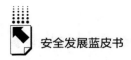

续表

风险板块 （5个）	风险类别 （39类）	风险清单 （211项）
3 公共 卫生风险 （26项）	3.6 医疗卫生事件（3项）	急救事故、医德医风问题、医疗事故
	3.7 突发疾病事件（12项）	工作突发疾病死亡事件、过度饮酒死亡事件、家中死亡事件、减肥过度死亡事件、街道突发疾病死亡事件、警局死亡事件、抗击疫情过劳猝死事件、楼梯死亡事件、学校死亡事件、娱乐场所死亡事件、娱乐死亡事件、运动死亡事件
4 社会 安全风险 （61项）	4.1 重大刑事案件（18项）	爆炸、盗窃、贩毒、放火、故意伤害他人致死或重伤、畏罪自杀、拐卖妇女儿童事件、警民冲突、其他案件、强奸、失踪遇害、逃税罪、网暴死亡事件、性骚扰、寻衅滋事、诈骗、自杀事件、纵火
	4.2 民族和宗教事件（1项）	民族矛盾
	4.3 网络安全事件（15项）	暴力执法、钓鱼执法、发布不当言论事件、服务态度事件、落实不到位、吐槽事件、虚假消息传播事件、学校事件、以权谋私、游街示众、政策风险事件、政府人员不作为事件、政府人员发表不当言论事件、政府宣传不力、执法不透明
	4.4 信息安全事件（1项）	隐私泄露
	4.5 金融安全事件（3项）	存款安全事件、非法集资事件、行业违规事件
	4.6 影响市场稳定的突发事件（23项）	不合理上班要求、出售无授权产品、大规模跳槽、大型企业破产、高额收费、股市大跌、广告宣传不当、过分下调物价、行业垄断、行业违规事件、哄抬物价、教学书籍俗套、烂尾楼、强制消费、驱赶公职人员事件、扰乱面试事件、商标问题、拖欠薪资、违反政策、无故辞退员工、虚假宣传、造假、质量问题
5 其他突发 事件（2项）	5.1 其他突发事件（2项）	工作过劳猝死事故、疫苗事故

注：表格为不完全统计，研究结果具有相应误差。

（一）省份安全风险指数评价

31 个省份安全风险感知和安全发展综合评价风险指数年度平均值为

4.37，中位数是 4.36。安全风险指数位列前十的省份分别为湖南、四川、河南、贵州、江苏、安徽、广东、浙江、青海和广西（见表4）。

表4　2021～2022 年省份安全风险感知和安全发展综合评价指数

序号	省份	事件数量（起）	风险因素指数	社情民意指数	政府应对指数	安全风险指数
1	湖　南	52	4.52	10.00	5.86	6.71
2	四　川	81	3.12	3.58	6.98	6.64
3	河　南	57	4.34	9.28	4.10	6.62
4	贵　州	31	9.21	7.64	8.45	6.32
5	江　苏	75	2.89	2.93	6.87	6.10
6	安　徽	55	4.26	4.41	10.00	5.98
7	广　东	56	4.23	5.68	5.08	5.86
8	浙　江	48	3.95	4.82	7.67	5.34
9	青　海	6	10.00	8.31	7.50	5.16
10	广　西	59	2.81	3.13	5.56	5.10
11	北　京	52	2.79	2.72	8.58	4.95
12	湖　北	26	4.92	6.62	7.72	4.74
13	河　北	41	3.26	4.45	7.65	4.64
14	上　海	40	2.63	5.19	6.57	4.56
15	海　南	12	4.97	8.98	6.72	4.42
16	辽　宁	29	4.19	6.56	3.83	4.36
17	陕　西	34	3.07	5.90	4.54	4.30
18	福　建	32	4.80	3.30	7.52	4.16
19	山　东	35	2.42	4.46	6.16	4.03
20	江　西	24	3.41	4.36	9.44	3.98
21	重　庆	14	6.48	4.18	5.88	3.69
22	黑龙江	16	3.57	5.75	7.52	3.65
23	吉　林	10	3.69	7.08	6.83	3.58
24	内蒙古	22	3.60	3.66	6.68	3.49
25	云　南	32	4.71	0.00	7.49	3.48
26	山　西	29	3.14	2.35	7.55	3.39
27	甘　肃	13	3.97	5.02	4.54	3.12
28	天　津	10	2.69	3.96	9.09	2.85
29	新　疆	3	0.23	8.02	8.46	2.76
30	宁　夏	4	1.43	0.82	6.98	1.29
31	西　藏	2	0.00	0.98	0.00	0.23

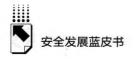

从事件数量来看，省份均值为32.26起，中位数是30.00。从风险因素指数来看，省份均值为3.85，中位数是3.60。从社情民意指数来看，省份均值为4.97，中位数是4.46。从政府应对指数来看，省份均值为6.70，中位数是6.98。

（二）省份安全风险事件时间规律

从季节分布来看，夏秋季事件量高于冬春季。2021年7~12月安全风险事件量占统计总量的53.5%，2022年1~6月占46.5%（见表5、图5）。

表5　2021~2022年省份安全风险事件时间分布

单位：起

省份	2021年						2022年						风险事件（总量）
	7月	8月	9月	10月	11月	12月	1月	2月	3月	4月	5月	6月	
四　川	11	3	11	8	8	4	9	4	9	2	6	6	81
江　苏	4	7	12	10	4	10	5	3	3	6	7	4	75
广　西	3	3	1	3	—	11	9	8	3	4	6	8	59
河　南	10	5	5	4	4	2	5	1	4	6	5	6	57
广　东	7	11	7	—	7	4	4	1	5	3	4	3	56
安　徽	3	5	8	5	4	5	4	6	3	7	5	—	55
北　京	11	7	5	3	2	—	—	2	6	7	6	3	52
湖　南	1	6	3	7	3	6	12	4	2	3	3	2	52
浙　江	7		7	8	3	4	4	1	1	4	3	6	48
河　北	6	3	5	4	2	3	1	1	2	4	2	6	41
上　海	3	3	—	2	—	3	3	2	6	7	4	7	40
山　东	1	3	1	3	4	4	7	3	2	2	1	4	35
陕　西	1	6	1	6	2	2	3	3	5	2	3	2	34
福　建	2	1	1	4	1	3	4	1	3	1	6	3	32
云　南	2	3	2	1	1	3	2	4	1	4	6	3	32
贵　州	3		3		5	3	2	5	2	1	3	2	31
辽　宁	4	3	1	2	2	2	3	2	1	—	3	3	29
山　西	5	1	2	3	2	3	1	1	1	2	6	2	29
湖　北	1	1	3	5	4	4	—	1		2	1	3	26
江　西	—	2	7	3	2	3	1	—	1	1	2	2	24
内蒙古	4	3	2	2		1	1	—	3	2	—	2	22

续表

省份	2021 年						2022 年						风险事件（总量）
	7 月	8 月	9 月	10 月	11 月	12 月	1 月	2 月	3 月	4 月	5 月	6 月	
黑龙江	—	3	1	3	1	2	—	—	1	1	2	2	16
重　庆	2	—	1	1	2	1	1	1	1	1	2	1	14
甘　肃	2	1	1	—	2	—	1	—	1	—	4	1	13
海　南	—	1	1	3	2	—	1	2	—	—	1	1	12
吉　林	2	—	1	1	—	—	—	1	4	—	1	—	10
天　津	—	1	1	—	1	1	—	1	2	2	1	—	10
青　海	—	2	1	—	—	—	—	—	2	1	—	—	6
宁　夏	—	—	—	2	—	—	—	1	1	—	—	—	4
新　疆	1	—	—	1	1	—	—	—	—	—	—	—	3
西　藏	1	—	—	—	—	—	—	1	—	—	—	—	2

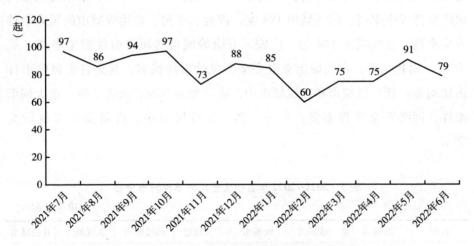

图 5　2021~2022 年省份安全风险事件月度走势

　　从时间节点分布来看，节日期间日均风险事件发生量 2.87 起，非节日期间日均风险事件发生量 2.93 起，节日与非节日风险事件发生量无明显差异（见表 6）。

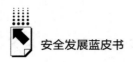

表6 2021~2022年省份安全风险事件与特殊时间节点分布

节点	事件数（起）	天数	日均事件（起）	排名前两项风险
节日期间	89	31	2.87	道路交通事故 17 起 突发疾病事件 12 起
非节日期间	911	311	2.93	道路交通事故 197 起 重大刑事案件 114 起

（三）省份安全风险地域分布

从风险事件城市分布来看，涉及 259 个城市。一线城市事件量 120 起，涉及北京、上海、深圳和广州；新一线城市 154 起，成都、杭州、南京、郑州等城市的风险事件发生率高；二线城市 160 起，南宁、保定、沈阳、贵阳等城市的风险事件发生率高；三线城市 222 起，柳州、淮安、洛阳等城市的风险事件发生率高；四线城市 194 起，南充、亳州、常德等城市的风险事件发生率高；五线城市 144 起，广安、安康等城市的风险事件发生率高（见表 7）。对比来看，一线城市金融安全类风险事件偏多，其余各类风险事件占比均衡；新一线城市和二线城市中，道路交通事故、火灾事故、重大刑事案件、网络安全事件多发；在三、四、五线城市中，道路交通事故较为突出。

表7 2021~2022年省份安全风险事件城市分布

单位：起

省份	一线城市	新一线城市	二线城市	三线城市	四线城市	五线城市	其他城市
四 川		16		6	28	31	
江 苏		24	26	25			
广 西			13	17	11	18	
河 南		18		33	5	1	
广 东	28	5	8	10	5		
安 徽		4		28	23		

省份	一线城市	新一线城市	二线城市	三线城市	四线城市	五线城市	其他城市
北　京	52						
湖　南		15		13	23	1	
浙　江		21	14	7	6		
河　北			19	16	6		
上　海	40						
山　东		6	9	12	8		
陕　西		11		4	9	10	
福　建			10	13	9		
云　南			5		7	20	
贵　州			10	5	10	6	
辽　宁			18		5	6	
山　西			7	4	12	6	
湖　北		10		3	12	1	
江　西			3	13	3	5	
内蒙古				4	6	12	
黑龙江			9		1	6	
重　庆		14					
甘　肃			5		1	7	
海　南				6			6
吉　林			4		3	3	
天　津		10					
青　海					1	5	
宁　夏				1		3	
新　疆				2		1	
西　藏						2	

从风险事件区域分布来看，东部地区的风险事件占比 40.1%，西部地区的风险事件占比 30.1%，中部地区的风险事件占比 24.3%，东北地区的风险事件占比 5.5%。东部地区经济发展较快，基础设施建设规模大，市场主体活跃度高，建筑施工事故、基础设施和公用设施事故、网络安全事件等风险偏高。

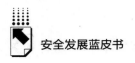

表8   2021~2022 年省份安全风险事件区域分布

单位：起

区域	道路交通事故	重大刑事案件	火灾事故	网络安全事件	突发疾病事件	溺水事故	基础设施和公用设施事故	建筑施工事故	影响市场稳定的突发事件	坠亡事件	其他事件
东部地区	75	50	38	34	31	21	15	20	17	8	92
中部地区	50	31	13	15	10	18	13	8	7	11	67
东北地区	12	8	9	6	2	3	8	1	1	1	9
西部地区	77	30	20	15	25	12	7	7	7	12	89

注：统计数据不全。

（四）省份安全风险高发场所

全国范围内排名前十位的安全风险事件高发场所依次为：道路、小区、企业工厂、山村、水域、政府部门单位、城市设施、餐饮酒店商铺、学校、医疗福利机构。其中，超 20 个省份共同涉及的高发风险场所风险有 9 处，分别为道路、小区、企业工厂、山村、水域、政府部门单位、城市设施、餐饮酒店商铺、学校；10~20 个省份共同涉及的高发风险场所有 3 处，分别为医疗福利机构、网络和娱乐场所。应特别注意的是，发生在道路上的风险事件涉及 29 个省份，发生在企业工厂内的风险事件涉及 28 个省份（见表9）。

表9   2021~2022 年省份安全风险高发场所分布

单位：起

省份	道路	小区	企业工厂	山村	水域	政府部门单位	城市设施	餐饮酒店商铺	学校	医疗福利机构	网络	银行	娱乐场所	空域	森林	沙漠
四　川	24	13	5	11	9	2	1	2	3	2		1	3		5	
江　苏	18	15	14	1	9	3	6	5	3	2	1			1		
广　西	16	18	4	10	5	2			3			1		1		
河　南	9	9	5	9	9	4	2	4	3	2		1	3			
广　东	15	14	7	1	2	3	5	6	4			2	1			
安　徽	11	14	6	4	8	2	1	1			2	1				
北　京	5	5	12	1	5	2	2		5	1		10	3	2		
湖　南	14	6	7		8	5	2	1	1	1		1				

续表

省份	道路	小区	企业工厂	山村	水域	政府部门单位	城市设施	餐饮酒店商铺	学校	医疗福利机构	网络	银行	娱乐场所	空域	森林	沙漠
浙 江	13	5	12	2	6	2	3	2	1	2						
河 北	6	3	8	5	3	3	2	4	1	2	2		1	1		
上 海	1	11	10		2	2	2			2	5	2	1	2		
山 东	14	6	4	2	1	2	2	2		2						
陕 西	2	5	8	5		3		2	1	4	2					
福 建	8	7	5	1	5	2	2	2								
云 南	6	4	2	9		4	4	1	1							
贵 州	6	7	5	4	3	2	1		2				1			
辽 宁	8	7	2		2	1	3	3	2		1					
山 西	4	3	10	4	3		1		3	1						
湖 北	7	6	4	1	2			1	1	1			1		1	
江 西	4	6	4	1	5		1	1								
内蒙古	6	2	5		2	2		1		1						1
黑龙江	7			1	2					1						
重 庆	2	4	2			1	1	1	2				1			
甘 肃	4	1	3	1		1				2			1			
海 南	2		1	1	4		1	1		1			1			
吉 林	1	3	1	2					1	1						
天 津	3					1	3			2			1			
青 海			3			1	1	1								
宁 夏	2		2													
新 疆		1				1					1					
西 藏	1			1												

研究显示，地区经济发展水平、地区环境特点与场所风险类型关联度高。道路场所方面，四川、广西的四线、五线城市道路场所涉险事件多发，江苏、广东、山东的新一线、二线城市道路场所风险相对集中。企业工厂方面，江苏、北京、浙江、上海等地的事故相对较多。山村场所方面，四川、广西、云南等的复杂山地区域及河南的广阔农村地区，安全风险事件发生率普遍高于其他省份。经济发达地区的服务型场所风险事件发生率普遍高于其他场所，一线、新一线城市中的医疗福利机构、银行、娱乐场所等场所风险事件多发（见表10）。

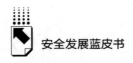
表10 2021~2022年省份安全风险高发场所与城市特点分布

单位：起

场所	一线城市	新一线城市	二线城市	三线城市	四线城市	五线城市	其他城市
小区	25	33	36	31	34	18	
企业工厂	27	17	24	32	27	21	
学校	5	8	5	8	5	9	1
政府部门单位	4	10	9	12	8	7	
城市设施	4	11	13	6	5	9	1
医疗福利机构	7	6	4	5	5	1	
网络	8	5	3	5			
银行	14	2		1		1	
娱乐场所	5	4	2	2	2	3	
道路	14	34	34	51	51	35	
山村	1	7	10	23	22	24	
餐饮酒店商铺	3	7	10	12	12	1	1
水域	3	10	10	31	21	9	3
空域				3	2		
森林						5	
沙漠						1	

（五）省份安全风险涉险群体

涉险程度较高的三类群体依次为：生产服务人员、司乘人员、公职人员。上述三类涉险群体引发的风险事件关联28个省份。

表11 2021~2022年省份安全风险涉险群体分布

单位：起

省份	生产服务人员	司乘人员	公职人员	妇女儿童	家庭成员	校内人员	消费娱乐人员	老弱病残人员	医疗人员	群众
四　川	14	13	2	12	2	5	8	3	1	21
江　苏	25	10	11	6	6	3	4	4	2	4
广　西	4	18	4	6	11	3	2	1	2	10
河　南	9	6	5	1	1		3	3	2	8
广　东	11	8	7	11	8		1	3		9

省份	生产服务人员	司乘人员	公职人员	妇女儿童	家庭成员	校内人员	消费娱乐人员	老弱病残人员	医疗人员	群众
安　徽	11	12	5	7	4	7	1	2	1	5
北　京	21	3	1	5	2	6	5		5	4
湖　南	6	20	5	4	7	4	2	3		1
浙　江	13	10	5	5	2	1	3	3	2	4
河　北	13	7	7	5	1	2		1		5
上　海	12	3	3	1	6	2	3	4	1	5
山　东	8	10	5	1	4			1	3	3
陕　西	8	2	3	5	2	2	1	2	2	7
福　建	8	7	5		5			1		6
云　南	5	7	6	4	3	2				5
贵　州	6	6	6		5	5	1	1		3
辽　宁	4	5	4		4	4	2	2		4
山　西	12	6	1	1		3	1	1	1	3
湖　北	5	5	2	2	5		1	2	2	2
江　西	5	6	3	4	1					5
内蒙古	7	7				1	1	1	1	4
黑龙江	3	5				2				2
重　庆	5	1	3		2			1		2
甘　肃	3	4	1	1		2				1
海　南	2	2	1			2	3			2
吉　林	4		2	1	1	1				1
天　津		3	3	1		2				1
青　海	4		1				1			
宁　夏	2	2								
新　疆			1	1						1
西　藏		1					1			

　　从城市类型与涉险群体关联情况来看，城市经济发展水平与风险事件发生频次呈"倒U"形，城市经济越发达，社会保障能力越大，对涉险人群的保障能力越强，伤亡率越低。以司乘人员、公职人员、校内人员群体为例，一线城市较其他城市涉险事件频次明显偏低（见表12）。

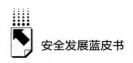

表 12　2021~2022 年省份安全风险涉险群体与城市分布

单位：起

城市类别	生产服务人员	司乘人员	群众	公职人员	妇女儿童	家庭成员	校内人员	消费娱乐人员	老弱病残人员	医疗人员
一线城市	39	11	13	4	15	11	8	8	5	6
新一线城市	31	22	18	22	16	17	13	8	4	3
二线城市	42	24	19	21	12	20	8	5	8	1
三线城市	48	45	26	28	26	9	14	8	10	8
四线城市	40	50	24	23	14	17	7	6	9	4
五线城市	28	37	28	10	10	8	14	7	1	1

（六）省份安全风险事件伤亡分布

在 2021~2022 年 1000 起涉险事件中，有 752 起事件造成人员死亡，死亡人数 1952 人。其中，死亡人数在 0~3 人的风险事件 867 起，四川、江苏占比高；死亡人数在 3~10 人的风险事件 114 起，安徽、云南占比高；死亡人数在 10~30 人的风险事件 17 起，贵州占比高；死亡人数 30 人以上的风险事件 2 起，分别为广西"3·21"东航 MU5735 航空器飞行事故和长沙望城区一居民自建房倒塌事故（见表 13）。

表 13　2021~2022 年省份安全风险事件伤亡人数分布

单位：起

省份	0~3 人	3~10 人	10~30 人	30 人以上
四　川	73	8		
江　苏	73	1	1	
广　西	51	7		1
河　南	49	6	2	
广　东	51	4	1	
安　徽	44	11		
北　京	50	2		

续表

省份	0~3 人	3~10 人	10~30 人	30 人以上
湖　南	45	6		1
浙　江	45	3		
河　北	35	5	1	
上　海	37	3		
山　东	31	4		
陕　西	31	3		
福　建	24	7	1	
云　南	22	10		
贵　州	26	2	3	
辽　宁	22	7		
山　西	24	5		
湖　北	21	3	2	
江　西	19	5		
内蒙古	17	5		
黑龙江	13	2	1	
重　庆	11	2	1	
甘　肃	10	1	2	
海　南	12			
吉　林	8	1	1	
天　津	10			
青　海	4	1	1	
宁　夏	4			
新　疆	3			
西　藏	2			

对风险事故造成人员伤亡较多的风险类型统计显示，道路交通事故、火灾事故、建筑施工事故，是造成人员伤亡数量最多的前三项事故（见表14）。

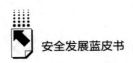

表14　2021~2022年省份安全风险事件伤亡人数与部分事故类型

单位：起

省份	道路交通事故	火灾事故	建筑施工事故	民用航空事故	基础设施和公用设施事故	重大刑事案件	溺水事故	突发疾病事件	煤矿事故	地质灾害
广　西	47	12	4	132	1	3	2	1		7
湖　南	26	11	59	3	1	5	8	2		2
安　徽	60	9	7		1	7	7	4		
四　川	41	6	4	2	9	7	10	3		11
江　苏	15	15	30	3	3	12	3	7		
福　建	19	9	11		11	5	22	2		
广　东	26	16	14	0	6	6	3	6		
贵　州	10	6				5	1	7	22	18
河　南	12	21	1		10	5	10	1		5
河　北	29	11		2	3	7	5	1		
湖　北	10	2			30	12	2	2		
辽　宁	18	19			12	5	3	1		
云　南	26		1			11	1	7	4	4
浙　江	16	17	6	0		3	5	2		
黑龙江	25	3	4			5	1	1	3	
山　东	18	13	1	1	2	2		2	2	
陕　西	8	6	3		1	2	1	3	6	10
江　西	9	5			5	5	12	1		2
山　西	6	12	6		1	1	5		5	2
内蒙古	18	10					1	2	3	
重　庆	1	4	5		16	3		2		
甘　肃	28					1		1		
青　海	7							1	20	
上　海	2	15	0		0	2	2	5		
吉　林	6	18		0						
北　京	3	5			7	0		2	4	
天　津	8						2	2		

续表

省份	道路交通事故	火灾事故	建筑施工事故	民用航空事故	基础设施和公用设施事故	重大刑事案件	溺水事故	突发疾病事件	煤矿事故	地质灾害
海　南	2					1	4			
宁　夏	2								1	
新　疆					1			1		
西　藏										1

　　经济越发达地区，城市应急管理能力越强，风险事故危害程度越低。统计显示，一线城市平均单起事件造成 0.7 人死亡，新一线城市平均单起事件造成 1.79 人死亡，四线、五线城市平均单起事件分别造成 2.9 人和 2.4 人死亡（见表 15）。

表 15　2021~2022 年省份安全风险事件伤亡人数与城市类型

单位：起，人

城市类别	风险事件	死亡人数	平均死亡人数
一线城市	120	87	0.7
新一线城市	154	275	1.79
二线城市	160	330	2.1
三线城市	222	347	1.6
四线城市	194	559	2.9
五线城市	144	345	2.4
其他	6	9	1.5

（七）省份安全风险涉险类别

　　统计显示，安全风险事件发生频次较高的十大风险类别依次是：道路交通事故、重大刑事案件、火灾事故、网络安全事件、突发疾病事件、溺水事故、基础设施和公用设施事故、建筑施工事故、影响市场稳定的突发事件和坠亡事件（见表 16）。

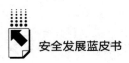
表16　2021~2022年省份安全风险涉险类别分布（前十位）

单位：起

省份	道路交通事故	重大刑事案件	火灾事故	网络安全事件	突发疾病事件	溺水事故	基础设施和公用设施事故	建筑施工事故	影响市场稳定的突发事件	坠亡事件
四　川	25	12	3	4	3	6	1	1	1	6
江　苏	11	10	6	7	7	2	2	12	1	2
广　东	12	10	8	1	6	3	4	1	2	3
广　西	20	3	8	2	1	2	1	3		3
安　徽	14	7	3	2	4	4	1	2	1	4
河　南	6	5	2	6	1	5	6	1	4	3
湖　南	18	4	3	4	2	3	1	3		1
浙　江	11	7	5	2	2	3		1	4	1
河　北	8	6	3	6	1	3	2		2	1
北　京	3	5	1	7	4	2	2		7	
福　建	9	3	4	1	2	4	2	4		
上　海	3	4	7	6	5	1	1	1	1	
山　东	13	3	4		2	2		2	1	1
辽　宁	6	5	5	2	1	2				1
云　南	10	5		2	4			1		1
湖　北	4	10	1		2	1	2			2
陕　西	2	3	2	5	3	1		2	1	3
贵　州	6	2	3		7	1			1	
江　西	5	2	1	3	1	4	2		1	1
黑龙江	5	3	1	3	1			1		
山　西	3	3	3			1	1	2	1	
内蒙古	7		3		2	1				
重　庆	1	3	1	1	2		2	1	1	
甘　肃	3	2			1					1
海　南	2	2		1		2				
天　津	3			1	2	1				
吉　林	1		3				1			
青　海	1				1				1	1
新　疆				1	1		1			
宁　夏	2									
西　藏										

1. 火灾事故

火灾事故占总事件量的 8.0%，火灾事故造成的伤亡人数占总伤亡人数的 12.6%。从事件频次来看，一般民用建筑火灾和高层民用建筑火灾发生频次高。从危害程度来看，建筑施工火灾和公用建筑火灾造成人员伤亡危害较大，平均单起事故死亡人数分别为 7.0 人和 4.8 人（见图 6）。

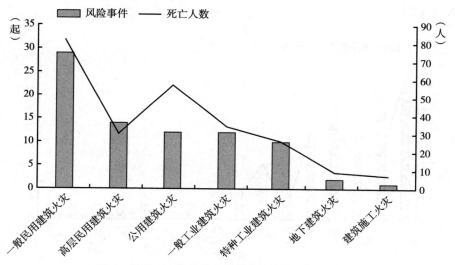

图 6　2021~2022 年安全风险火灾事故与死亡人数

从时间规律来看，火灾事故冬季发生较多，具体来看，民用建筑火灾秋季冬季发生较多，工业建筑火灾春季和夏季发生较多（见表 17）。

表 17　2021~2022 年安全风险火灾事故与季节分布

单位：起

风险类别项	春季	夏季	秋季	冬季
地下建筑火灾				2
高层民用建筑火灾	5	2	1	6
公用建筑火灾	2	4	2	4
建筑施工火灾事故	1			
特种工业建筑火灾	2	4	3	1
一般工业建筑火灾	5	2	1	4
一般民用建筑火灾	3	3	10	13

2. 自然灾害事故

自然灾害事故占总事件量的 5.8%，自然灾害事故造成的伤亡人数占总伤亡人数的 8.5%。从灾害频次来看，洪水、泥石流、崩塌等事故多发。从危害程度来看，自然灾害平均单起事故造成 2.8 人死亡，高于全部事件 1.95 人死亡的平均值，其中，洪水、暴雨的平均单起事故人员死亡数达到 4 人（见图 7）。

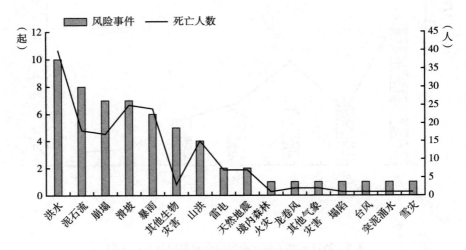

图 7　2021~2022 年自然灾害事故与死亡人数

从高发地域来看，自然灾害类事故呈现西部集中、山村集中、欠发达地区集中的特点。其中，西部地区自然灾害事件量占自然灾害总事件量的 55.2%，西部地区地势复杂，山地、村落分布广泛，且经济发展相对滞后，应急保障能力不足，是自然灾害事故发生的重要原因（见表 18）。

表 18　2021~2022 年自然灾害事故与区域分布

单位：起

风险类别	西部	中部	东部
暴雨	2	2	2
崩塌	6	1	

风险类别	西部	中部	东部
洪水	4	5	1
滑坡	3	4	
境内森林火灾		1	
雷电	2		
龙卷风			1
泥石流	7	1	
其他气象灾害	1		
山洪	1	2	1
塌陷		1	
台风			1
天然地震	2		
突泥涌水	1		
雪灾	1		
其他生物灾害	2	1	2

3. 建筑施工事故

建筑施工事故占总事件量的 3.6%，建筑施工事故造成的伤亡人数占总伤亡人数的 8.0%。从灾害频次来看，施工坍塌事故、施工高处坠落事故明显高发。从危害程度来看，建筑施工事故平均单起事故造成 4.3 人死亡，高于全部事件 1.95 人死亡的平均值，建筑施工坍塌事故伤亡惨重，平均单起事故致 7.8 人死亡（见图 8）。

从区域分布来看，一线城市、五线城市建筑施工类事故相对较少，新一线城市和二线城市近年来各项基础设施加快建设，涉企业工厂、城市设施、住宅建设、商业设施等建筑施工事故较为频繁，三、四线城市涉企业工厂建筑施工事故占比高（见表 19）。

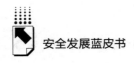

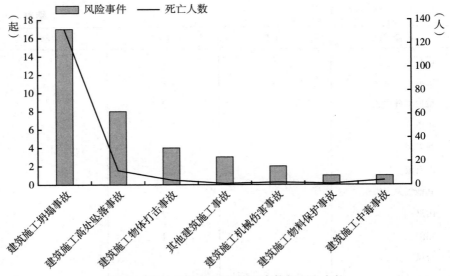

图8　2021~2022年建筑施工事故与死亡人数

表19　2021~2022年建筑施工事故与区域分布

单位：起

场所	一线城市	新一线城市	二线城市	三线城市	四线城市	五线城市
企业工厂	1	3	2	7	5	1
城市设施		2	5			1
小区		2		1	2	1
餐饮酒店商铺		1				
山村					1	
水域		1				

4. 基础设施和公用设施事故

基础设施和公用设施事故占总事件量的3.8%，基础设施和公用设施事故造成的伤亡人数占总伤亡人数的6.1%。从灾害频次来看，建筑垮塌事故发生频繁，位列第一；电力基础设施和石油天然气基础设施引发的事故量列第二、三位。从危害程度来看，平均单起事故造成3.16人死亡，高于全部事件1.95人死亡的平均值，其中石油天然气、水利、城市桥梁隧道等设施事故平均单起事故死亡人数分别为8人、4.5人、4人。

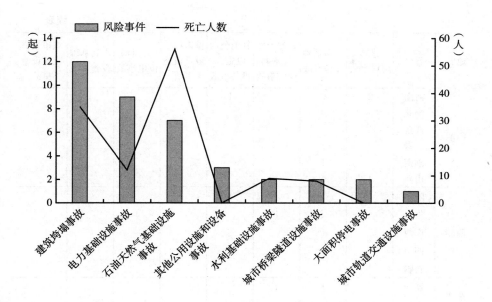

图 9　2021～2022 年基础设施和公用设施事故与死亡人数

从区域分布来看，基础设施和公用设施类风险事故集中在东部、中部地区，西部、东北地区事故发生频次相对较低（见表 20）。

表 20　2021～2022 年基础设施和公用设施事故与区域分布

单位：起

地区	省份	建筑垮塌事故	电力基础设施事故	石油天然气基础设施事故	其他公用设施和设备事故	城市桥梁隧道设施事故	大面积停电事故	水利基础设施事故	城市轨道交通设施事故
东部	广东	1	1			1			1
	北京	1		1					
	福建	2							
	河北			2					
	江苏	1	1						
	山东	1		1					
	上海				1				

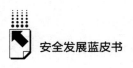

地区	省份	建筑垮塌事故	电力基础设施事故	石油天然气基础设施事故	其他公用设施和设备事故	城市桥梁隧道设施事故	大面积停电事故	水利基础设施事故	城市轨道交通设施事故
中部	河南	2	2		1			1	
	湖北			1		1			
	江西	2							
	安徽		1						
	湖南		1						
	山西	1							
西部	陕西		1		1				
	重庆			1			1		
	广西		1						
	四川							1	
	新疆	1							
东北	辽宁		1	1					
	吉林						1		

5. 公共卫生事件

本研究中的公共卫生事件包含传染病事件、食品药品安全事件、医疗卫生事件。公共卫生事件占总事件量的4.7%，公共卫生事件造成的伤亡人数占总伤亡人数的1.0%。食品药品安全事件占比达到2.2%，涉险地点以企业、工厂为主。研究期内，受疫情影响，传染病事件、医疗事故、急救事故明显增多（见表21）。

表21 2021~2022年公共卫生事件与风险分布

单位：起，人

风险类型	细分风险	风险事件	死亡人数
传染病事件	疫情流行传播事件	8	0
	新传染病或我国未发现的传染病传入事件	1	0
食品药品安全事件	食品安全事件	19	9
	药品安全事件	1	0
	农作物种子质量安全事件	1	0
	其他食品药品安全事件	1	0

风险类型	细分风险	风险事件	死亡人数
医疗卫生 事件	医德医风问题	4	0
	医疗事故	8	5
	急救事故	4	4

三 省份安全发展问题评价

本部分聚焦 2021 年 7 月~2022 年 6 月 200 起生产安全事故，应用省份安全风险感知和安全发展综合评价体系，综合评价省份安全发展过程中暴露的共性问题（见图 10）。

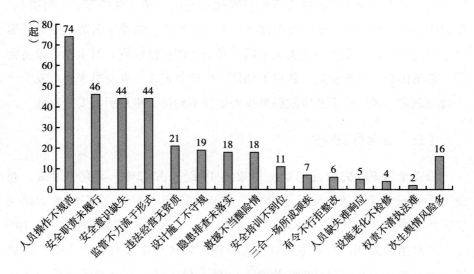

图 10 可明确原因事故暴露问题占比

（一）人员操作不规范

因人员操作不规范引发的安全事故共 74 起，占 200 起生产安全事故的 37%。不规范作业成为事故发生的一个重要原因，既与员工自身风险意识淡

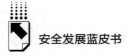

薄、存在侥幸心理有关，也与员工安全知识匮乏、不具备必要安全技能、事故应急处置能力差有关。在南昌"12·14"较大火灾事故中，施工人员电焊作业时未采取有效安全防护措施，引发火灾，造成5人死亡。在内蒙古"10·22"较大安全事故中，遇到管道发生堵塞时，工作人员临时采用软管短接而未履行工艺变更手续，随意摘除氧气蒸发釜温度与蒸汽调节阀联锁导致事故发生。

（二）安全职责未履行

因安全职责未履行引发的安全事故共46起，占23%。企业安全制度不健全、安全责任未落实、安全保证措施缺失、安全检查不到位等是事故发生的重要原因。现实中不少企业要么未制定安全生产责任制度，关联责任人权责不清，要么安全生产管理人员监督管理不到位，导致责任落实大打折扣。如2021年6月19日，苏州昆山发生一起触电事故，造成1名员工死亡。事故原因之一便是企业主要负责人未履行安全生产管理职责，对本单位设备管理、隐患排查等工作检查、督促不到位。生产负责人、安全员未履行安全生产管理职责，风险辨识及事故隐患排查工作不到位，极易引发安全事故。

（三）安全意识缺失

因安全意识缺失引发的安全事故共44起，占22%。研究中发现，企业工厂是安全意识缺失导致事故多发的高危场所。在44起安全意识缺失引发的生产安全事故中，22起涉及企业工厂。以临汾市襄汾县"4·10"较大窒息事故为例，企业主要负责人在该矿停产3个多月、未采取机械通风、未采取任何防护措施的情况下，安排人员入井，充分暴露出该企业主要负责人安全意识淡薄的问题。此外，社区住宅也是安全事故多发场所，建筑安全、消防安全、用火用电安全等方面均暴露出居民安全意识缺失的问题。2021年7月27日辽宁阜新一居民小区漏电事故中，地下停车场电缆线杂乱无章、小区临时电使用频繁、物业不作为等风险叠加，最终事故造成4人死亡。

（四）监管不力流于形式

因监管不力流于形式引发的安全事故共 44 起，占 22%。不少生产安全事故暴露出地方政府对生产安全重视不足、摆位不够，对安全生产领导责任落实不力、抓得不实，基层职能部门未能有效发挥安全监督管理职责，日常监督检查流于形式，风险排查不到位，致使安全隐患常存。以浙江金华"11·23"坍塌事故为例，公布的调查报告中明确指出，当地未认真贯彻落实"党政同责、一岗双责、齐抓共管"要求，对建筑施工领域安全生产工作不够重视，存在重发展轻安全倾向，未督促落实国有开发主体建设项目质量安全首要责任。贵阳市"3·2"煤与瓦斯突出事故中，主管部门对煤矿日常监管检查流于形式，对复工复产验收和"回头看"把关不严，对煤矿存在入井人员数量多及违规出煤等重大违法违规行为失察，成为事故发生的重要原因。

（五）违法经营无资质

在未取得经营许可或相关资质的情况下，违规经营、无资质引发的安全事故共 21 起，占 10.5%，覆盖 14 个省份。如在成都"9·10"坍塌事故中，存在多个违法转包、超资质承揽工程行为。

（六）设计施工不守规

因违规设计、违规改建、违规施工等引发的安全事故共 19 起，占 9.5%。苏州市吴江区"7·12"酒店辅房坍塌事故中，涉事单位在无任何加固及安全措施情况下，盲目拆除了底层六开间的全部承重横墙和绝大部分内纵墙，致使上部结构传力路径中断，导致该辅房自下而上连续坍塌。在一家医院"1·8"较大火灾事故中，医院三楼空气开关无漏电保护功能，电气线路直接敷设于可燃物上，因电气线路故障引燃可燃物，造成火灾发生。

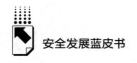

（七）隐患排查未落实

因特种设备隐患排查未落实引发的安全事故共 18 起，占 9%。按照规定，负责特种设备安全监督管理的部门对特种设备生产、经营、使用单位和检验、检测机构实施监督检查。2021 年以来，相关单位未落实特种设备隐患排查，因设备老旧、损坏等问题，引发多起安全事故。如在湖北省十堰市一集贸市场"6·13"重大燃气爆炸事故中，天然气管道受腐蚀严重，管道企业未及时巡检维护，未整改事故隐患，导致天然气泄漏，进而遇火星发生爆炸。研究显示，电梯、压力容器、压力管道、游乐设施等特种设备的隐患排查成为薄弱环节。

（八）救援不当酿险情

因应急救援不当引发的安全事故共 18 起，占 9%。事故发生后，盲目组织救援、对险情评估不足、救援办法不当等，往往造成不必要伤亡，导致二次事故。2022 年 4 月 17 日上午，宁波余姚一公司发生一起废气处理环节中毒事故，造成 3 人死亡、3 人受伤，原因为工人误操作致人中毒，厂内员工盲目施救，导致事故扩大。应急救援处置对指挥员队伍专业性有较高要求，对突发环境判断不足、风险辨识评估不充分、措施实施不合理、专家技术指导发挥不充分等问题易造成二次事故伤害。以湘西高新区"8·5"一般坍塌事故为例，事故调查报告显示，项目协调领导小组组长对突发事件的应急管理不到位、处置不力，未能防范现场二次坍塌事故。

（九）安全培训不到位

因安全培训不到位引发的安全事故共 11 起，占 5.5%。生产经营企业应对员工进行安全生产教育和培训，保证员工掌握应该具备的安全生产知识及基本的应急措施，掌握岗位的安全操作技能。但企业在安全培训教育中存在培训效率低、缺乏针对性、形式大于内容等问题，致使职工对安全风险辨识能力不足，安全常识不达标，成为引发生产安全事故的重要原因。如 2021 年 10 月 19 日，江苏一公司项目工地发生一起高处坠落事故，致 1 人死亡。调查结果显示，事故直接原因是死者对高处作业安全风险认识不足，无高处作业资格，在安全带上的安全扣未固定的情况下，冒险进行高处作业。

（十）"三合一"场所成顽疾

统计显示，"三合一"场所引发的安全事故共 7 起，占 3.5%。"三合一"场所是指住宿与生产、仓储、经营一种或一种以上使用功能违章混合设置在同一空间内的建筑。"三合一"场所普遍存在安全隐患问题，商户为节约成本、方便做生意，吃住在商铺，住宿与经营场所未设置防火分隔设施，市场监管部门管理难度大。2021 年以来，广东、广西、河南、河北、江苏、山西均发生同类事故，如河南柘城县"6·25"重大火灾事故造成 18 人死亡、河北保定市"7·28"火灾事故造成 6 人死亡、广西横州市"1·17"火灾事故造成 2 人死亡等。研究认为，"三合一"场所的安全问题存在三个典型特点：一是事故地点集中，多发于门店、工厂和工地；二是时间节点突出，冬春季节频发，多与取暖需求关联；三是事故类型单一，火灾为主，因涉事主体不当使用电取暖器、电路老化、不当用火等引燃可燃物蔓延成灾。

（十一）有令不行拒整改

统计显示，监管部门发布整改要求后涉事企业有令不行顶风作案，此类问题引发的安全事故共 6 起，占 3%。监管是防范安全风险的重要手段，但多起生产安全事故均暴露出企业对监管整改工作敷衍了事、有令不行、有禁不止，对安全隐患长期整改不到位，甚至非法组织生产活动，从而引发重大事故。2021 年 8 月 14 日，青海省海北州一煤矿发生溃砂溃泥事故。事故发生前，该煤矿已被下达停产整顿监察指令，但其在有关证照被暂扣的情况下仍违法违规组织采掘作业，最终发生事故，造成 20 人死亡。在山西交城县"5·18"导热油炉爆炸事故中，涉事企业在未经正规设计，被责令停产停

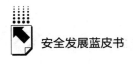

业整顿并予以查封的情况下，罔顾生产安全，私自拆除封条，非法组织硝酸钙镁生产。

（十二）人员缺失难响应

因生产或监管力量薄弱、人力或资源配备不足等问题间接引发的安全事故共 5 起，占 2.5%。监管方面，我国部分地区基层监管力量薄弱，与经济社会发展水平不匹配，监管执法装备、监管人员保障等配置不足，无法有效发挥监管职能，直接影响监管执法效果，是造成事故发生的间接原因。嘉陵江"1·20"甘陕川交界断面铊浓度异常事件中，甘肃、陕西、四川三省缺少重金属应急监测设备和人员，相关市县级环境监测部门缺乏重金属监测分析人员，应急监测机动能力弱，难以有效支撑跨省突发环境事件的应急监测工作需要。企业方面，部分企业未实行专人专岗专责或岗位人员未完全到位问题较为普遍。在内蒙古一煤矿"9·24"较大窒息事故中，涉事企业对项目部长期存在的组织机构不健全、安全管理人员配备不足等问题置若罔闻，未及时予以从严管理和纠正。

（十三）设施老化不检修

因设施老化、建筑物年久失修等引发的安全事故共 4 起，占 2%。各大城市存在众多老旧小区，建设年代久远，各种线路或设施老化，缺乏现代化物业管理，房屋问题检修不及时，风险隐患长期存在，威胁民众生命安全。2021 年 11 月，江西某地一职工宿舍楼发生局部坍塌，半个单元整体垮掉，共造成 4 人死亡。该宿舍楼修建于 20 世纪 90 年代，大都是预制板，且小区没有物业负责房屋检修工作。

（十四）权责不清执法难

因监管部门权责不清间接导致的生产安全事故共 2 起，占 1%。职能部门职责不明造成"谁都管、谁都不管"和"谁都干、谁都不干"的问题，致使市场主体缺乏有效监管，未能防范安全风险。研究中发现，部分地区存在监管部门之间权责不明、专项行动中监管主体未明确的问题。

（十五）次生舆情风险多

多起安全事故发生后，相关部门应对不当、处置不及时引发大量次生舆情，网民参与社会监督，舆论问责政府部门，成为各级政府面临的新挑战新难题。安全事故发生后，救援是否高效、通报是否及时、政府是否重视等是舆论关注焦点，易产生舆情风险。如在吉林长春"7·24"重大火灾事故中，社会各界高度关注事件进展，部分舆论对当地消防救援不及时、政府信息发布迟缓、监管部门隐患排查不彻底等提出质疑，导致政府公信力下滑，城市形象遭受冲击。安全事故不仅会造成人身伤害和财产损失，还会引发公众对公共安全的不信任，导致城市治理压力加大。新形势下，媒体格局、舆论生态、受众对象、传播技术都在发生深刻变化，省份公共安全体系同样面对网上网下同心圆的双重拷问。既要对已发安全风险进行感知，又要动态评估新发风险；既要做好线下事故救援处置，又要重视线上社情民意回应；既要对事前、事中安全信息跟踪、监控、审查、处置、调整，又要对事后安全信息再监测、再跟踪、再调整、再评估、再控制，形成动态循环的"全阶段全要素支撑系统"[1]。

四 风险治理与对策建议

"安全风险感知和安全发展综合评价"具有安全风险治理、社会评价提升和改革创新支持三种功能。[2] 这三种功能是推动城市高质量发展的必要支持和保障（见图11）。

---

[1] 《千龙智库联合人民大学开展"安全风险评估实战"和"模拟应急新闻发布"演练》，千龙网，https://thinktank.qianlong.com/2023/0223/7978094.shtml。

[2] 《服务高质量发展，安全风险感知和安全发展综合评价体系发布》，新京报客户端网，https://m.bjnews.com.cn/detail/1681201037168126.html。

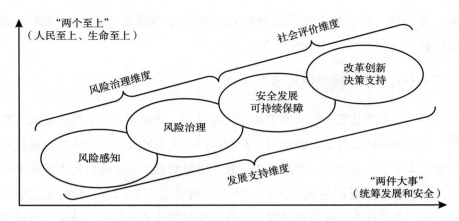

图 11 安全风险感知和安全发展评价模型

资料来源：唐钧《安全风险感知和安全发展综合评价》，2023 新京智库春季峰会，2023 年 4 月 11 日。

（一）构建城市安全风险感知体系

城市是人们居住、生产和活动的重要场所，随着城市化进程的不断加快，城市面临的安全风险不断增加，构建一套完整的城市安全风险感知体系，是城市安全风险防范的基础。安全风险治理应以"安全第一、预防为主"为目标，推动公共安全治理模式向事前预防转型。构建城市安全风险感知体系，应从三方面完善感知内容：一是全面扫描城市的各个领域，如城市基础设施、交通运输、环境污染等，对存在的风险隐患进行分类排查。二是建立"监测—响应"的感知预警标准，对核心区域重点人群、重点设施、重点事件等进行动态监控和评估，建立预警阈值，及时警示潜在的安全风险。三是制定和落实应急预案，做好预案编制、培训、演练等各个方面的准备工作，为突发事件做好充分的预案准备。①

（二）提升城市安全发展社会评价

社会评价提升应以"人民群众满不满意、答不答应、高不高兴"为目

---

① 唐钧：《安全风险感知和安全发展综合评价》，2023 新京智库春节峰会，2023 年 4 月 11 日。

标，增强政务美誉度，巩固群众基础。全面提升城市安全发展社会评价，应重视风险因素、社情民意、政府管理的有机融合，从四方面完善规划。一是重视社情民意。近年来，网络技术快速发展，社交平台、短视频平台迅速崛起，为公众参与社会监督提供了平台载体，网民参与社会问题讨论意愿度明显提升，尊重社情民意是管理者的必修课。二是重视管理评价。网民言论往往带有主观化、情绪化特征，特定情景下可能激化社会矛盾，加深公众误解。作为城市管理者，及时发现城市运营管理中存在的风险点和薄弱环节，妥善处置各类城市舆情，防范化解重大风险，针对性引导舆论，将大大增强城市安全保障能力。三是重视动态评估。加强大数据分析和数据挖掘，加强城市安全风险动态评估，关注舆情走势，研判风险点、敏感点，避免舆情反转、舆论搭车、舆论失焦，是把控风险的重要手段。四是重视全周期管理。城市安全发展要树立全周期管理理念，对城市发展、建设和管理等进行全流程规划，注重整体性和协调性，统筹做好城市发展与安全的工作。[①]

（三）推动高质量安全发展改革创新

发展改革增效，全方位支持高质量安全发展的改革创新，应有效优化生产关系，服务于解决人民日益增长的美好生活需要和不平衡不充分的发展之间的矛盾，切实提高人民群众的安全感和获得感。近年来，互联网、大数据、云计算、人工智能等诸多先进技术得到不断发展和应用，我国许多城市在运用前沿技术推动城市治理能力提升方面进行积极探索，科技赋能成效明显。唐钧指出，安全风险治理和安全发展作为有机体，必须"两手抓、两手都要硬"，其靶向是高质量安全发展。高质量安全发展，可从三方面推动改革创新。一是统筹好危态治理—常态发展—未态创新、政府治理与人民满意等多对关系。二是依据《关于推进城市安全发展的意见》《国家安全发展示范城市评价与管理办法》等政策制定标准，通过绩效评估、调查追责等

---

① 唐钧：《安全风险感知和安全发展综合评价》，2023 新京智库春节峰会，2023 年 4 月 11 日。

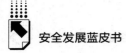
方式开展内部评价。三是以群众满意度、获得感、安全感为评价标准，通过公民评议政府、政务信息公开等方式开展外部评价，从而形成统筹发展和安全的评价思路。①

参考文献

唐钧：《社会稳定风险评估与管理》，北京大学出版社，2015。

唐钧主编《形象危机应对研究报告（2013~2014）》，社会科学文献出版社，2014。

---

① 唐钧：《安全风险感知和安全发展综合评价》，2023 新京智库春节峰会，2023 年 4 月 11 日。

B.9
社会应急力量的风险治理
和安全发展报告（2024版）

冯　宇*

摘　要： 社会应急力量作为我国应急救援力量的重要组成部分，在"十四五"期间被正式纳入国家应急救援力量建设规划之中，并对社会应急力量的能力建设进行了部署。相关部委出台了一系列政策、规范和指导意见等，推动和促进社会应急力量的有序发展。但与此同时，新的发展阶段也对社会应急力量提出了新任务和新要求，既有新机遇，更有新挑战，社会应急力量的发展还存在一些短板和不足。从统筹安全与发展的角度，社会应急力量在能力建设过程中，应立足于社会基层，尤其在城乡街道和社区。着重探索和增强自身平战转换、平战结合的运营能力，聚焦于具有国家安全压舱石意义的基层安全治理工作，把工作重点放在更能发挥自身优势的基层安全风险防控、防灾减灾、安全文化建设和维护社会稳定等专业领域，进而更充分地体现社会应急力量的社会价值。

关键词： 社会应急力量　基层安全治理　风险防控　防灾减灾

一　中国社会应急力量发展现状

（一）"社会应急力量"的定义和功能

明确社会应急力量的概念、功能和社会属性，有助于对社会应急力量的

---

* 冯宇，中国灾害防御协会应急产业发展中心副主任。

发展进行统筹规划。在应急管理部制定的《"十四五"应急救援力量建设规划》中提出了组成我国应急救援体系的"专业应急救援力量"、"社会应急力量"和"基层应急救援力量"三种应急力量概念划分。其中社会应急力量是指"从事防灾减灾救灾工作的社会组织和应急志愿者，以及相关群团组织和企事业单位指导管理的、从事防灾减灾救灾等活动的组织"。根据2022年由应急管理部、中央文明办、民政部和共青团中央联合下发的《关于进一步推进社会应急力量健康发展的意见》中的阐述，从事防灾减灾救灾工作的社会组织、城乡社区应急志愿者统称为社会应急力量。① 此外，在应急管理部颁布的应急管理行业标准 YJ/T 1.1—2022《社会应急力量基础建设规范　第1部分：总体要求》中也将社会应急力量定义为"从事防灾减灾救灾工作的社会组织和应急志愿者，以及相关群团组织和企事业单位指导管理的、从事防灾减灾救灾等活动的组织"。从上述提到的官方文件和标准的发布单位和适用领域来看，社会应急力量特指参与自然灾害和事故灾难两大类突发事件的防灾减灾救灾活动的社会组织。综上，社会应急力量的基本属性标签是自愿发起与自愿参与、非政府隶属，以及从事应急救援活动。

（二）社会应急力量的数量与分类

1. 统计数字

依据《"十四五"应急救援力量建设规划》数据，在规划出台前，在民政等部门注册登记的社会应急力量约1700支，计4万多人。截至2023年10月，据官方不完全统计，社会应急力量已增长到2300多支，4.9万多人，应急志愿者60多万人。2018~2023年，全国社会应急力量累计参与救灾救援约50万人次，参与应急志愿服务约200万人次（主要应急救援活动在自然灾害与事故灾难领域，以上统计数字不包括新冠疫情期间的公共卫生防疫抗疫志愿人员和社会安全志愿服务人员）。

---

① 《应急管理部　中央文明办　民政部　共青团中央关于进一步推进社会应急力量健康发展的意见》，应急管理部网站，https://www.mem.gov.cn/gk/zfxxgkpt/fdzdgknr/202211/t20221116_426880.shtml。

2. 社会应急力量分类

在自然灾害和事故灾难两大类突发事件救援抢险领域，社会应急力量通常会依据自身优势专长、属地灾难特点以及资源条件，对其自身专业建设和业务发展方向进行定位和分类，大体为城市搜救、山地搜救、水域救援、航空救援、应急医疗、应急通信、机械救援、道路救援等。如在东南沿海地区、长江中下游流域地区、南方水网发达地区有很多以水域搜救打捞为主的水上救援队，陕西秦岭地区、西南三省和福建两广地区均有以山地搜救为主要专长的山岳救援队，诸多民营通航企业自发设立了航空救援队，等等。抢险救援现场处置只是突发事件应急工作中的一个环节，社会应急力量在参与防灾减灾救灾全链条工作过程中，尤其应注重平战结合，全方位发挥自身优势，体现社会价值，应注重对各环节工作进行专业划分，如隐患排查、风险防控、应急准备、应急文化建设、灾情信息报送、应急物资投送、抢险救援处置、灾后救助恢复等。

（三）社会应急力量的发展优势

总体来说，社会应急力量在防灾减灾救灾工作中具有覆盖面广、组织灵活、社会动员力强等优势。

1. 覆盖面广，资源丰富

社会应急力量的成员一般来自所在地区的各个区域，所属不同行业，所以在人员分布、资源分布等方面具备覆盖面广的特点，能够迅速在全领域应急动作中广泛集结力量，调动资源。

2. 组织灵活，反应迅速

相比于政府主导的专业应急救援力量，社会应急力量队伍组织架构上下级大多不超过三级，扁平化的结构使队伍的行动信息上传下达流程短，速度快，且管理程序简单，因此在启动救援相应预案后，社会应急力量能够迅速地制订行动方案并开展应急救援。

3. 社会动员力强，渗透深入

社会应急力量能够依托所在区域的生产生活社交群，利用社交网络、自

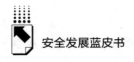

媒体等工具，迅速汇集并处理各类灾情信息，高效地发动群众和整合资源，使群众由被动地参与"社会动员"自发转向为主动地去"动员社会"。

二 社会应急力量纳入国家应急体系建设规划

（一）国家"十四五"规划引领作用得到强化

根据《中华人民共和国国民经济和社会发展第十四个五年规划和 2035 年远景目标纲要》制定的国家级重点专项规划《"十四五"国家应急体系规划》和国家级专项规划《"十四五"国家综合防灾减灾规划》提出"引导社会应急力量有序发展"，要求制定出台加强社会应急力量建设的意见。推动将社会应急力量参与防灾减灾救灾、应急处置等纳入政府购买服务和保险范围，在道路通行、后勤保障等方面提供必要支持。

2022 年应急管理部联合其他各部门相继发布了一系列社会应急力量建设领域的配套意见、政策。应急管理部颁布的《"十四五"应急救援力量建设规划》明确了社会应急力量建设的主要目标、主要任务和重点工程。主要目标包括社会应急力量和基层应急救援力量体系逐步完善，实现与国家综合性消防救援队伍有效协同、有力支撑。如重点地区社会应急力量现场协调机制覆盖率≥95%，基层应急救援力量到达灾害事故现场时间≤20 分钟。主要任务包括制定出台加强社会应急力量建设的意见，对登记注册、应急响应、服务保障、奖惩评价、救援补偿等作出制度性安排，对社会应急力量参与应急救援行动进行规范引导。开展社会应急力量应急理论和救援技能培训，加强与国家综合性消防救援队伍等联合演练，定期举办全国性和区域性社会应急力量技能竞赛，组织实施分级分类测评。鼓励社会应急力量深入基层社区排查风险隐患、普及应急知识、就近就便参与应急处置等。完善社会应急力量现场协调机制，完善统筹指导、任务调派和服务保障等措施，支持地方应急管理部门与本地社会应急力量建立协调联动机制。定期组织专业应急救援力量、社会应急力量、基层应急救援力量与国家综合性消防救援队伍联战联训，推进技术交流、能力融合与战法协同。《"十四五"应急救援力量建设规划》把"社会应急力量和基层应急救援力量建设工程"列为重点工程之一。要求建立社会应急力量参与重特大灾害抢险救援行动现场协调机制。结合国家和地方应急救援中心建设工程、专业应急救援队伍建设项目，储备一批救援装备物资，完善一批实训演练共享共用基地，为社会应急力量开展救援和实战训练提供保障。

（二）国家层面的社会应急力量政策制度体系初步形成

由应急管理部联合其他国家部委共同建设的国家层面"一部指导意见+七项支撑配套措施"的社会应急力量政策制度体系已经初步形成。

1. 一部指导意见

2022 年，应急管理部、中央文明办、民政部、共青团中央联合印发《关于进一步推进社会应急力量健康发展的意见》，明确了社会应急力量发展的指导思想、基本原则、发展目标和主要任务等。该意见坚持鼓励、引导、服务的政策导向，提出统筹规划发展、加强政策扶持、强化能力建设、做好应急动员、规范救援行动、坚持正向激励、加强日常管理、开展诚信评价等 8 项主要任务，以及加强思想政治建设、加大工作指导力度、培养应急工作作风等 3 项组织领导措施，力求搭建起科学系统的社会应急力量制度体系、管理体系和组织保障体系。该意见的出台，为提升社会应急力量整体建设质量和发展水平提供了科学指导。同时，该意见中首次明确了把社会应急力量纳入本地区应急力量体系建设规划统筹安排，应急管理部门履行业务主管单位或者行业管理部门的职责，对社会应急力量发展的顶层设计已基本完善。

2. 一部行业标准

2022 年 9 月，应急管理部发布了《社会应急力量建设基础规范　第 1 部分：总体要求》（YJ/T 1.1—2022）、《社会应急力量建设基础规范　第 2 部分：建筑物倒塌搜救》（YJ/T 1.2—2022）、《社会应急力量建设基础规范　第 3 部分：山地搜救》（YJ/T 1.3—2022）、《社会应急力量建设基础规范　第 4 部分：水上搜救》（YJ/T 1.4—2022）、《社会应急力量建设基础规范　第 5 部分：潜水救援》（YJ/T 1.5—2022）、《社会应急力量建设基础规范 第6部分：应急医疗救护》（YJ/T 1.6—2022）等6项标准，并于2022年12月起实施。其中，"总体要求"部分系统规范了社会应急力量建设的基本原则、分类分级、能力测评等内容；其余5个标准分别针对不同专业类别，界定了相关术语含义，提出了队伍级别划分的具体要求，对队伍建设中的人员数量、专业技术资格、日常管理以及救援过程中的行动管理等内容作出明确要求，提出了装备建设、培训演练和能力测评的具体指标。标准的出台，为社会应急力量开展队伍建设提供了有益参考，进而推动构建比较完整的社会应急力量能力评价体系。

3. 一套社会应急力量培训教材

2022年9月，应急管理部救援协调和预案管理局组织中国地震应急搜救中心等10多家单位，20多位破拆、绳索、水域、医疗等方面的专家编写了一套包括建筑物倒塌搜救、山地搜救、水上搜救等救援技术的针对社会应急力量建设的系列培训教材，由应急管理出版社出版发行。教材借鉴国内外先进救援理念，系统阐述了应急救援基础知识和实用技法，可为完善应急准备、规范救援行动、科学组织救援提供有益借鉴。

4. 建立社会应急力量参与重特大灾害抢险救援通行服务保障机制

以往社会应急力量在驰援灾区的过程中，救援车辆的高速通行费给救援队伍增加了一定的额外负担，而拥堵问题又严重影响救援工作的时效性，社会应急力量的特种救援车辆更是无法上路通行。应急救援公路免费通行和相关服务保障制度的缺失成为困扰社会应急力量的政策性问题。为此，应急管理部和交通运输部联合发布了《交通运输部 应急管理部关于做好社会力量车辆跨省抢险救灾公路通行服务保障工作的通知》。该通知明确了社会力量车辆跨省开展抢险救援工作公路通行的相关问题，从网上登记备案、部门协同落实、现场统一管理和健全省级协调机制等四个方面提出了具体要求。同时，该通知要求"各省级应急管理部门、交通运输部门要在省级人民政府的领导下，建立抢险救灾免费通行保障机制，进一步提高协同工作效率。通知的印发和申报系统的上线运行，为社会应急力量免费公路通行提供政策依据，简化了工作流程，提高了通行效率，为社会应急力量参与应急救援工作提供有力服务保障；同时，有利于规范引导社会应急力量有序参与应急救援工作，统筹指挥调度各类应急救援资源，构建'政府主导、社会协同'的大应急格局"①。

5. 建立社会应急力量参与重特大灾害现场协调机制

2022年，应急管理部启动了社会应急力量参与重特大灾害抢险救援行动现场协调机制。该机制的建设要求注重本地灾害风险特点和救援实际要求，"以实现有协调组织、有工作场所、有支撑系统、有保障条件为基本任务目标"②。该机制要求根据应急预案的响应等级，明确现场协调机制的启动条件，做好随时应对重特大灾害的准备。2022年底，江苏、浙江、河南、湖北等16个省份作为试点率先开展了社会应急力量现场协调机制的建设。各试点省份根据自身灾害特点和条件制订了本省的试点建设方案。如浙江省为了确保社会应急力量现场协调机制建设试点工作的成功，牢牢把握"三个方面"发力，一是在"实效"上发力，提升协调机制建设实战能力。二是在"对接"上发力，发挥救援协调系统功能作用。三是在"融合"上发力，形成应急救援整体作战能力。具体内容上着力聚焦"九个一"重点，即聚焦"实现一个工作目标、对接一个系统平台、建立一个组织架构、清晰一个运行流程、健全一批制度机制、明确一项任务职责、开展一系列培训演练、强化一个有力保障、形成一股推进合力"，进而推动试点工作又好又快开展和有效运行。江苏省结合本省实际，在社会应急力量现场协调机制建设试点工作中，规定了社会应急力量参与抢险救援要按照"自愿参与、安全第一、服从指挥、规范有序"的原则，在当地人民政府与事故和灾害应急指挥机构的统一组织、协调和指挥下有序开展事故灾害抢险救援。

2022年底，应急管理部召开会议向北京等15个省份部署了社会应急力

---

① 《社会应急力量参与抢险救灾公路通行　服务保障政策及网上申报系统解读》，应急管理部网站，https：//www.mem.gov.cn/gk/zcjd/201903/t20190327_244819.shtml。

② 《应急管理部召开社会应急力量现场协调机制建设试点工作部署会》，应急管理部网站，https：//www.mem.gov.cn/xw/bndt/202112/t20211229_405881.shtml。

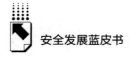

量现场协调机制建设任务，并于次年一季度实现全国覆盖。如天津市从2023年4月底，天津市应急管理局和16个区均已完成社会应急力量现场协调机制的建立，共有9支社会应急力量纳入机制管理，实现了天津市"1+16+9"模式的社会应急力量参与重特大灾害抢险救援行动现场协调机制。

6. 建立社会应急力量救援协调信息平台

为配套社会应急力量参与重特大灾害现场协调机制的运行，应急管理部在其官网开通了社会应急力量救援协调系统，并开发了灾害应急救援救助平台和移动终端小程序上线运行。重特大事故或灾害发生后，各省份应急管理厅根据应急管理部或各省份人民政府指令和抢险救援工作需要启动现场协调机制，启用社会应急力量救援协调系统，公布现场救援协调联系方式。一旦现场协调机制启动，各成员单位和各省份应急管理厅相关处室按现场协调机制赋予的职责和规定的运行流程立即展开工作。

7. 推出首款社会应急力量专属保险

为提高社会应急力量救援队员人身安全保障水平，应急管理部救援协调和预案管理局指导有关保险机构，充分考虑社会应急力量的实际需求，开发了社会应急力量专属保险产品。该保险险种涉及社会应急力量最为关注的意外伤害、医疗、住院生活津贴以及第三者责任保险，保险责任覆盖防灾减灾、培训演练、应急救援和竞赛活动。专属保险产品实行全国统保统赔，投保方式和投保期限灵活，伤亡赔付保额最高可达100万元，可以满足社会应急力量救援队员基本风险保障需求。

8. 将社会应急力量纳入应急管理系统表彰奖励范畴

应急管理部与人力资源和社会保障部联合出台的《应急管理系统奖励暂行规定》，明确将参加应急抢险救援救灾任务的社会应急力量的集体和个人奖励纳入应急管理系统表彰范围，这一举措，既是对社会应急力量参与应急抢险救援救灾活动的鼓励，也是从政府行政管理角度对社会应急力量成为国家应急救援体系中的重要组成部分表示认可。在此后的国家应急救援体系建设中，对社会应急力量的表彰奖励将和对社会应急力量的考核测评配套实施。

三　社会应急力量建设存在的问题与不足

虽然社会应急力量建设在国家"十四五"期间被正式纳入国家应急体系规划，但由于我国应急管理体系建设和社会应急力量的管理起步较晚，尤其受到应急产业和应急技术发展水平有限、社会应急力量和公益组织运营环境及政府管理机制不完善、社会安全文化意识薄弱等因素的制约，我国社会应急力量的发展仍处在起步阶段，总体来看，还存在一些短板与挑战。

（一）基层组织对社会应急力量的管理能力有待加强，技术标准有待完善

尽管国家在《"十四五"国家应急体系规划》中提出"引导社会应急力量有序发展"，《"十四五"应急救援力量建设规划》也明确了社会应急力量建设的主要目标、主要任务和重点工程，但并没有对社会应急力量发展做出专项规划，工作部署也不够完善。此外，在顶层设计方面虽然兼顾了突发事件发生时参与抢险救援救灾和平时深入基层社区开展风险治理等两个基础工作面，但近两年出台的政策制度主要考虑在政府层面支持社会应急力量参与抢险救援，如现场协调机制和道路通行机制的建立，社会应急力量建设基础规范系列标准的颁布，系列培训教材的发行，都主要适用于抢险救援活动，尤其适用于重特大灾害和事故灾难的抢险救援。《关于进一步推进社会应急力量健康发展的意见》提出了深入基层社区，筑牢防灾减灾救灾的人民防线的根本目标，把统筹规划发展社会应急力量使之成为地区应急力量体系组成部分作为主要任务，但街道乡镇和社区（村）等基层群众自治组织机构中还缺乏相应的管理能力对社会应急力量参与基层防减灾、安全宣传、风险防控等日常工作行使监督、指导、协调、考核、奖励等职能，无法有效形成多元化全链条基层风险治理和安全管理，社会应急力量的优势难以有效发挥。社会应急力量参与基层防灾减灾救灾工作的技术标准不够完善，对社会

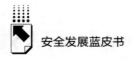

应急力量的基层应急能力没有提供明确的技术指导。所以完成上述任务尚需时日，在风险治理和安全管理领域的基层自治和协同共治机制还需加强创新、完善。

（二）社会应急力量能力建设短板问题突出

第一，社会应急力量主要为社会组织，公益属性明显，组织结构相对松散，成员多为志愿者，所属领域来自社会各方面，而组织架构中专职人员比例极低。虽然具有覆盖面广、技术资源丰富等优势，但松散的组织结构给日常管理带来很大的挑战。尤其在人员招募、专业技术培训、考核等方面难以有效组织，难以形成稳定的、有战斗力的且可持续发展的队伍。

第二，由于目前的政策导向、技术规范、测评标准指引等偏向救灾抢险活动，近年来大多数社会应急力量在组织发展、队伍建设、装备设施投入等方面多指向各类突发事件的抢险救援救灾功能，尤其是重特大灾害灾难的抢险救援，而疏于在参与常态化基层风险治理等方向上加强建设。队伍的成就感和存在感主要来自救灾现场的表现。日常能力建设多重技术、轻管理，技能培养与素质提升不能兼顾，进而导致了当前大多数社会应急力量的平战结合、平战转换能力不足。

第三，队伍建设中统筹发展理念薄弱，造血功能不足，产出与收益比例失衡，机构运营难以实现良性循环。目前大部分社会应急力量和志愿者团体的日常经费来源单一且不稳定，严重依赖政府资助和社会赞助，日常管理、人才培养、装备更新维护等队伍建设需要难以满足。

四 社会应急力量发展的建议与展望

习近平总书记指出，"坚持统筹发展和安全，坚持发展和安全并重，实现高质量发展和高水平安全的良性互动，既通过发展提升国家安全实力，又深入推进国家安全思路、体制、手段创新，营造有利于经济社会发展的安全环境，在发展中更多考虑安全因素，努力实现发展和安全的动态平衡，全面提高国家安全工作能力和水平"①。《关于推进城市安全发展的意见》和《中共中央 国务院关于加强基层治理体系和治理能力现代化建设的意见》都提出了社会应急力量参与基层安全风险治理工作的重要性。因此，我国社会应急力量的发展，同样要与时俱进，本着统筹发展和安全的科学思想，响应国家安全发展的总体规划，根据社会与人民安全的切实需要，发挥社会应急力量的自身优势，取长补短，且要扬长避短。从基层政策体制建设和社会组织自身建设两方面不断探索，持续完善组织形式和实施方法，创造社会应急力量发展的条件，共同建设基层治理体系和治理能力现代化。

（一）基层政府加强党建引领下的多元共建模式创新

地方政府应积极探索基层安全的居民自治模式和多元化协同治理模式，坚持党建引领下的社区治理模式构建与创新，② 打造党建引领、多方参与的自治、法治、德治相结合的城乡基层治理体系。如广州市越秀区东湖社区通过建设"网格党支部"和"功能党支部"，协同开展社区安全风险治理活动，推动基层党建和社区安全治理的有机融合。黑龙江省佳木斯市创建了"5+N+V"社区治理模式，打造主体多元、责任明晰、协同互助的社区安全治理格局。

（二）完善社会应急力量参与基层安全风险治理工作建设规范和技术标准

在现有的社会应急力量建设规范与标准基础上，结合我国当前社会应急力量的自身条件和实际需求，补充完善社会应急力量在参与基层安全风险治理工作中的组织行为规范和技术标准。使之能够成为队伍日常运营管理、能力建设、基层政府购买服务、业绩考核等的参考依据。

---

① 《习近平谈治国理政》第四卷，外文出版社，2022，第390页。
② 龚琬岚：《社区安全》，应急管理出版社，2021。

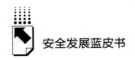

（三）加强党建引领社会应急力量能力建设，提升凝聚力，打造战斗力

素质建设是队伍建设的基础，是打造队伍凝聚力、战斗力的保障，能够弥补社会应急力量作为社会公益组织在组织管理能力不足方面的短板。《关于进一步推进社会应急力量健康发展的意见》指出，"坚持不懈用习近平新时代中国特色社会主义思想凝心铸魂，以党建引领社会应急力量发展，不断增强党组织政治功能和组织功能，保证发展的正确方向。突出社会应急力量骨干人员培训，不断强化为党工作、为国家服务、为人民奉献的责任意识"。在提升组织管理能力和队伍凝聚力的同时，应发挥社会应急力量的特有优势，体现"第一响应人"这一特有时效力和基层社区应急"最后一公里"渗透力。如海南省三亚市红十字应急救援中心在党建引领下，创建"红心守护、救在身边"党建品牌，队伍设有党支部、团支部、工会、妇女委员会等，组织机构完善。该中心的队伍骨干力量在日常工作中坚持党建工作和队伍应急能力建设两手抓，成为海南省内素质过硬、技术过硬的标杆队伍。该中心曾多次参加过省内外水灾救援，国内外地震、台风等重特大灾难公益救援，日常受当地政府委托在海南省基层组织开展应急救援培训、演练工作。2022年该中心在三亚市和海南省部分市县为学校、机关、社区、企业等单位开展应急救护培训。同时该中心为社区开展"应急救援第一响应人"培训，组建社区应急响应队，为基层应急能力建设夯实基础。该中心在运行模式上实行志愿服务和政府购买服务相结合，用政府购买服务的收益开展队伍建设，配置救援装备、开展队伍训练和人才培养，来支撑志愿服务的良性健康发展。

（四）网格化管理、队伍建制化整为零

为更好参与基层安全风险治理工作，发挥社会应急力量组织灵活、覆盖面广、反应迅速的突出优势，队伍建制可配套本地基层网格化管理规划，化整为零，将社会应急力量和基层应急救援力量融合共建，组建和本地城乡社

区一对一的"第一响应人"队伍（社区应急响应队），作为基层应急救援的主要资源和骨干力量。

（五）开展"专业+技术"能力建设，提升运营能力

各地社会应急力量的发展要根据自身条件和本地实际需求统筹规划，技术能力要向专而精发展，不应求大求全。基于当前城市，尤其是大型特大型城市体量大面积广、安全隐患复杂多样、官方专业力量队伍严重不足等问题，有待引入社会面第三方"专业+技术"服务[①]，引入信息化监测、风险预警、人工巡检、安全咨询、隐患整改、培训宣教、文化建设等专业服务，形成政府机构（部门+属地）、社会专业力量、技术辅助手段等多元参与和多力并举的基层安全风险治理模式。如贵州起点鹰极救援队建队机制明确，以聚焦基层应急宣教培训为目标，下沉基层社区学校企业，专注开发安全应急课程和研发应急培训设备专利，成立应急安全教育研究院，以专业适用的应急课程培训获取市场和本地政府的认同。同时稳定的资金为队伍设置专业救援专职岗位、组建专职救援队提供了保障。同时又可反哺社会，立足本地，平时开展应急安全培训和安全文化建设，突发灾害时，专职救援队可迅速集结，不用向政府申请资金支持就可快速开展救援工作，实现了平战结合且并行发展。

[①] 唐钧编著《公共安全风险治理》，中国人民大学出版社，2022。

B.10
中国安全应急产业现状及发展研究

董炳艳*

摘　要： 当前，安全应急产业发展迎来了产业融合、高质量发展、数字化转型、绿色低碳发展的重要机遇，在国家应急体系建设和产业发展层面都受到了重视。当前，对安全应急产业的认识经历了一个逐步发展、不断深化的过程，我国安全应急产业概念也从多种概念并行逐渐发展为整合统一，并确立了重点发展领域。当前，我国安全应急产业的规模不断壮大，涌现出一批骨干企业和产业组织，安全应急产业出现了集群化的发展，科技创新条件日益完善，应急物资装备体系不断成熟。安全应急产业在风险治理中发挥着物资装备保障、人才培养、文化培育的作用。未来，安全应急产业要朝着技术装备智能化、物资保障专业化、产业发展协同化、区域统筹化的方向发展。促进安全应急产业发展，需要加强先进适用应急物资装备研发，打造国家级科技创新平台，推进安全应急产业标准化体系建设，构建和完善产业链条，优化安全应急产业发展环境。

关键词： 安全应急产业　风险治理　技术装备智能化

近年来，我国安全应急产业迅速发展，成为重要的战略新兴产业，也是一个很有发展潜力的朝阳产业。安全应急产业是国家应急体系建设的重要方

---

* 董炳艳，新兴际华集团应急研究总院副主任研究员，主要研究方向为安全应急产业、中央企业应急能力、企业灾害韧性、应急装备成果评价、应急物资保障等。

面。总体来看，中国安全应急产业还处于发展初期，对产业的深入研究，有助于理解产业内涵，摸清产业资源，梳理产业资源，明晰产业脉络，提出产业发展建议，不断提升我国安全应急产业的发展质量，更好地服务于公共安全与应急管理工作。

一　产业发展背景

（一）产业发展的意义

发展安全应急产业，为公共安全和应急体系建设提供重要保障。公共安全是国家安全和社会稳定的基础，是国家治理能力现代化的重要保障。安全应急产业的发展，要服务于总体国家安全观，国家安全利益高于一切，安全应急产业要发挥保障公共安全的重要支撑作用。2015 年 5 月 29 日，在十八届中央政治局第二十三次集体学习时，习近平总书记强调，"牢记公共安全是最基本的民生的道理……，努力为人民安居乐业、社会安定有序、国家长治久安编织全方位、立体化的公共安全网"[1]。党的十九大报告指出，"坚持总体国家安全观"[2]。随着我国经济增长水平的提升，对安全的需求正成为经济社会发展的必然要求。应急管理工作的开展、应急体系的建设，带来应急救援需求的增长，客观上也对应急物资、应急装备、应急队伍和救援力量等提出了需求，为应急产业发展提出了方向和要求。党的二十大报告将"推进国家安全体系和能力现代化，坚决维护国家安全和社会稳定"作为重要部分，提出健全国家安全体系，增强维护国家安全能力，提高公共安全治理水平，完善社会治理体系。[3] 安全应急产业的发展为防范和应对突发事件

---

[1] 《习近平关于总体国家安全观论述摘编》，中央文献出版社，2018，第 138 页。

[2] 习近平：《决胜全面建成小康社会　夺取新时代中国特色社会主义伟大胜利——在中国共产党第十九次全国代表大会上的报告》，人民出版社，2017，第 24 页。

[3] 习近平：《高举中国特色社会主义伟大旗帜　为全面建设社会主义现代化国家而团结奋斗——在中国共产党第二十次全国代表大会上的报告》，人民出版社，2022，第 52、53、54 页。

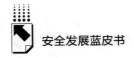
提供了物质保障、技术支撑和专业服务，有助于提升全社会抵御风险能力，保障人民群众生命财产安全。

发展安全应急产业，不断适应人民生活水平提升的内在要求。随着人民生活水平的提高，安全也越来越受到重视。2021 年，我国人均国民收入80237 元，人均国内生产总值 80976 元。① 按照马斯洛的需求层次理论，人在满足了生理需求之后，面临安全的需求，这为安全应急产业的发展提供了现实的需求和发展的土壤。我国现阶段已进入对安全具有极强需求的阶段，安全应急产品和服务将进入民众自觉关注和消费的社会发展阶段。② 践行以人民为中心的理念，发展安全应急产业要以满足社会和人民需求为根本使命，满足人民群众对安全不断增长的现实需求。

发展安全应急产业，有效应对各类突发事件的客观需要。我国是世界上自然灾害最严重的几个国家之一。2021 年，全国自然灾害造成的损失中，农作物受灾面积达到 1173.92 万公顷，绝收 163.28 万公顷，受灾人口 10731万人次，死亡人口（含失踪）867 人，直接经济损失 3340.2 亿元；全国共发生地质灾害数量 4761 次，人员伤亡 129 人，直接经济损失 320025 万元；全国共发生森林火灾 616 次，火场总面积 14124 公顷，受害森林面积 4457公顷；全国共发生突发环境事件 199 次，其中重大环境事件 2 次，较大环境事件 9 次，一般环境事件 188 次。③ 2021 年 7 月，河南省遭遇历史罕见特大暴雨，发生严重洪涝灾害，郑州市遭受重大人员伤亡和财产损失，灾害共造成河南省 150 个县（市、区）1478.6 万人受灾，因灾死亡失踪 398 人，其中郑州市 380 人，占全省因灾死亡失踪人数的 95.5%；直接经济损失1200.6 亿元，其中郑州市 409 亿元，占全省直接经济损失的 34.1%。④

---

① 《中国统计年鉴 2022》，国家统计局网，http：//www.stats.gov.cn/sj/ndsj/2022/indexch.htm。
② 赵富森：《我国发展安全应急产业的必要性研究》，《消防界（电子版）》2022 年第 5 期。
③ 《中国统计年鉴 2022》，国家统计局网，http：//www.stats.gov.cn/sj/ndsj/2022/indexch.htm。
④ 《河南郑州"7·20"特大暴雨灾害调查报告公布》，新华网，http：//www.news.cn/local/2022-01/21/c_1128287291.htm。

　　发展安全应急产业，是带动经济发展的重要举措。安全应急产业对经济发展有较强的带动作用。一方面，发展安全应急产业为应对各类突发事件、应急管理和应急能力建设提供物资、装备、产品和服务的支撑和保障。各类突发事件的发生，带动了政府、企业、公众对安全应急产品和服务的需求。例如，疫情的发生，对相关应急物资、疫苗、医药产生了一定的带动作用。疫情催生了公众对安全和健康的需求。澎湃研究所、北京大学、中央财经大学的相关学者联合进行了全国范围的消费行为调研。研究结果显示，疫情防控期间，公众对身体安全与健康需求的重视程度大幅度提升，80%以上的消费者都增加了防护用品的消费，防护消费和提高免疫力的健康消费成为最凸显的刚性消费。① 安全应急产业服务于国家防灾减灾和公共安全的同时，也在促进基层产业结构优化，拓展企业的市场，打造安全社会环境。另一方面，安全应急产业作为战略性新兴产业，对产业链上下游也能起到有效的带动作用。安全应急产业链条长，跨产业、跨领域，与其他经济部门相互交叉、渗透的特征较为明显。据对有关部门发布的《安全应急产业分类指导目录（2021年版）》进行梳理，其中涉及4大类、21中类、119小类的产品和服务。由于一些安全应急产品的应用环境复杂，安全性要求高，发展安全应急产业有助于提升应急技术装备核心竞争力，形成新的产业增长点。2023年5月，习近平总书记主持召开深入推进京津冀协同发展座谈会时提出，"要巩固壮大实体经济根基，把集成电路、网络安全、生物医药、电力装备、安全应急装备等战略性新兴产业发展作为重中之重，着力打造世界级先进制造业集群"②。

（二）产业发展的新机遇

　　产业融合的机遇。安全应急产业的发展，离不开产业的融合发展。安全应急产业脱胎于传统产业，但又不同于传统产业。安全应急产品属于一种特

---

① 赵富森：《我国发展安全应急产业的必要性研究》，《消防界（电子版）》2022年第5期。
② 《习近平在河北考察并主持召开深入推进京津冀协同发展座谈会》，中国政府网，https：//www. gov. cn/yaowen/liebiao/202305/content_6857496. htm。

殊的产品类型，安全应急需求带有独特的功能属性，需要结合安全应急的独特场景进行设定，安全应急环境复杂，对相关产品的可靠性、安全性、功能性也有专门要求，相关产品功能的满足，需要不同技术、工艺的融合。此外，安全应急产业要满足安全应急需求，也会提出新的产品和服务需求，带来安全应急产业的新融合。

高质量发展的机遇。安全应急产业对落实安全发展理念、完善应急管理体系、提升本质安全能力、推动经济高质量发展具有重要意义。安全应急产业发展能够带来更加健康、安全、可靠的社会发展环境，为经济和社会的发展打造适宜的产业发展环境。同时，安全应急文化的建设、教育的普及，有利于人的安全素养的提升，能够带动产业环境的变化。此外，安全应急产业自身的发展，也对质量有较高的要求。我国安全应急产业发展处于发展初期，安全应急产业整体技术水平不高，不同产品发展差异较大，产业发展中仍面临"散、乱、小、低"、同质化等现实问题，需要提升安全应急产业的发展质量。

数字化转型的机遇。新的安全和应急需求，往往也能够带来安全应急产业的新需求，结合现代的数字化、智能化、信息化技术，融合大数据、人工智能、物联网等技术，能够带动产业实现快速发展。突发事件应急救援具有紧迫性、危险性和环境复杂性等特点，对智能应急救援装备的发展提出了更多需求。特别是针对一些急难险重的任务，应急救援的无人化、智能化装备需求旺盛，如应急无人机监测灭火装备、危化品处置成套装备、城市安全特种机器人、医疗机器人等。在工业和信息化部印发的《应急产业培育与发展行动计划（2017—2019 年）》中将智能无人应急救援装备列为十三类标志性应急产品和服务之一。在科技部国家重点研发计划中，也对智能应急装备等进行了支持。国内外智能应急装备研究不断兴起，一些大型企业在快速布局智能化、无人化技术方面走在了前列，也为我国的安全应急产业发展带来了机遇。

绿色低碳发展的机遇。2021 年 3 月，习近平总书记在中央财经委员会第九次会议上提出："实现碳达峰、碳中和是一场广泛而深刻的经济社会系统性变革，要把碳达峰、碳中和纳入生态文明建设整体布局，拿出抓铁有痕的劲头，如期实现 2030 年前碳达峰、2060 年前碳中和的目标。"① 碳中和将是未来社会经济发展中具有深远影响的重要内容之一。安全应急产业作为起步阶段的产业形态，也需要适应绿色、低碳的发展趋势，践行绿色发展的理念。从技术发展方向来看，氢能技术、新能源技术等绿色技术、节能环保技术也在安全应急产业发展中占有一席之地，一些企业利用氢能技术进行应急供电保障成为一种新的方向，据有关报道，广东研制出"大黄蜂"氢燃料应急电源车装备，在台风"山竹"肆虐期间进行了应急供电保障。②

（三）国家产业发展政策

1. 国家应急体系建设政策

"应急管理是国家治理体系和治理能力的重要组成部分……积极推进我国应急管理体系和能力现代化"③ 是新时代我国应急管理工作的总目标。"一案三制"是我国应急管理体系的基本框架。④

围绕我国应急体系建设，习近平总书记提出"两个坚持""三个转变"作为新时期应急管理工作的核心指导思想。其中，"两个坚持"是指坚持以防为主，防抗救相结合；坚持常态减灾和非常态救灾相统一。"三个转变"是指从注重灾后救助向注重灾前预防转变；从应对单一灾种向综合减灾转变；从减少灾害损失向减轻灾害风险转变。⑤

2018 年 3 月，根据第十三届全国人民代表大会第一次会议批准的国务院机构改革方案，整合原国家安全生产监督管理总局、国务院办公厅等 13

---

① 习近平：《论坚持人与自然和谐共生》，中央文献出版社，2022，第 254~255 页。
② 区云波：《全国首辆氢燃料应急电源车首次亮相电力系统 "大黄蜂" 首战告捷　性能优点出色》，https：//static. nfapp. southcn. com/content/201809/18/c1504188. html。
③ 《习近平在中央政治局第十九次集体学习时强调　充分发挥我国应急管理体系特色和优势　积极推进我国应急管理体系和能力现代化》，司法部网，http：//www. moj. gov. cn/pub/sfbgw/gwxw/ttxg/201911/t20191130_168421. html。
④ 钟开斌：《"一案三制"：中国应急管理体系建设的基本框架》，《南京社会科学》2009 年第 11 期。
⑤ 付瑞平、刘俊民、朱伟：《恪守 "两个坚持"　推进 "三个转变" ——贯彻落实习近平总书记关于应急管理重要论述精神报道之二》，《中国应急管理》2022 年第 5 期。

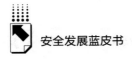

个部门的相关职责，组建应急管理部，① 标志着我国应急管理从条块分割向综合性、专业化发展，开启了中国特色应急体系建设的新时代。

2018年10月，习近平总书记主持召开中央财经委员会第三次会议，研究提高我国自然灾害防治能力，会议提出要实施地震易发区房屋设施加固工程、防汛抗旱水利提升工程、自然灾害监测预警信息化工程、自然灾害防治技术装备现代化工程等九大工程。②

2019年11月，习近平总书记在主持中央政治局第十九次集体学习时强调，"应急管理是国家治理体系和治理能力的重要组成部分，承担防范化解重大安全风险、及时应对处置各类灾害事故的重要职责，担负保护人民群众生命财产安全和维护社会稳定的重要使命"③。

2022年2月，国务院印发《"十四五"国家应急体系规划》，规划提出，"到2035年，建立与基本实现现代化相适应的中国特色大国应急体系，全面实现依法应急、科学应急、智慧应急，形成共建共治共享的应急管理新格局"，此外，规划还部署了管理创新能力提升、风险防控能力提升、巨灾应对能力提升、综合支撑能力提升、社会应急能力提升等五大方面能力提升的17项重点工程。

2. 国家安全应急产业发展政策

发展安全应急产业是夯实应急管理和提升应急能力的有力支撑，随着国家一系列政策措施的出台，安全应急产业发展环境持续利好。

2012年，工业和信息化部与国家安全监管总局联合印发《关于促进安全产业发展的指导意见》，提出发展安全产业是促进安全发展的重要支撑，安全产业

---

① 《关于国务院机构改革方案的说明——二〇一八年三月十三日在第十三届全国人民代表大会第一次会议上》，《人民日报》2018年3月14日。

② 《习近平主持召开中央财经委员会第三次会议强调 大力提高我国自然灾害防治能力 全面启动川藏铁路规划建设 李克强王沪宁韩正出席》，应急管理部网，https://www.mem.gov.cn/xw/ztzl/2018/srxxgcxjpsx/zl/fzjz_o1/201810/t20181010_231854.shtml。

③ 《习近平在中央政治局第十九次集体学习时强调 充分发挥我国应急管理体系特色和优势 积极推进我国应急管理体系和能力现代化》，司法部网，http://www.moj.gov.cn/pub/sfbgw/gwxw/ttxg/201911/t20191130_168421.html。

是国家重点支持的战略产业，要增强培育发展安全产业的责任感和紧迫感，并提出了发展目标、主要发展方向和重点任务。2014 年 12 月，国务院办公厅印发《关于加快应急产业发展的意见》（国办发〔2014〕63 号），[①] 首次对我国应急产业发展作出全面部署。此后，工业和信息化部印发《应急产业培育与发展行动计划（2017—2019 年）》。工业和信息化部、应急管理部、财政部、科技部联合印发《关于加快安全产业发展的指导意见》，进一步明确产业发展重点，推动应急产业持续快速健康发展。同时，工业和信息化部、国家发改委等部委发布《应急产业重点产品和服务指导目录》《应急保障重点物资分类目录》《应急保障重点物资分类及供应企业参考名录》等，引导社会资源投向应急产业领域，为落实应急产业扶持政策提供依据和指导。2021 年 4 月，工业和信息化部、国家发展改革委、科技部在总结国家应急产业示范基地管理、国家安全产业示范园区创建等工作经验的基础上，印发《国家安全应急产业示范基地管理办法（试行）》，引导企业集聚发展，优化产品生产能力区域布局，支撑应急物资保障体系建设。[②] 在《"十四五"国家应急体系规划》《"十四五"国家综合防灾减灾规划》《"十四五"国家安全生产规划》及其他专项规划中引导应急产业健康发展；设立国家重点研发计划重点专项，通过科技牵引强化应急领域科技创新。《"十四五"国家应急体系规划》提出要壮大安全应急产业，包括优化产业结构、推动产业集聚、支持企业发展等相关内容（见表1）。

表 1　部分安全应急产业政策文件

序号	文件名称	部门	发文时间
1	《关于促进安全产业发展的指导意见》	工业和信息化部	2012 年
2	《国家公共安全科技发展"十二五"专项规划》	科技部	2012 年
3	《国务院办公厅关于加快应急产业发展的意见》	国务院办公厅	2014 年

① 《国务院办公厅关于加快应急产业发展的意见》，中国政府网，https://www.gov.cn/zhengce/content/2014-12/24/content_9337.htm，最后访问日期：2023 年 7 月 12 日。

② 《工业和信息化部　发展改革委　科技部关于印发〈国家安全应急产业示范基地管理办法（试行）〉的通知》，中国政府网，https://www.gov.cn/gongbao/content/2021/content_5623055.htm，最后访问日期：2023 年 7 月 12 日。

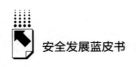

续表

序号	文件名称	部门	发文时间
4	《关于开展首批国家应急产业示范基地申报工作的通知》	工业和信息化部办公厅 国家发展改革委办公厅 科技部办公厅	2015 年
5	《应急产业重点产品和服务指导目录(2015 年)》	工业和信息化部 国家发展改革委	2015 年
6	《国家应急产业示范基地管理办法(试行)》	工业和信息化部 国家发展改革委 科技部	2015 年
7	《应急保障重点物资分类目录(2015 年)》	国家发展改革委	2015 年
8	《工业和信息化部办公厅关于建立应急产业重点企业联系制度的通知》	工业和信息化部	2016 年
9	《关于开展第二批国家应急产业示范基地申报工作的通知》	工业和信息化部办公厅 国家发展改革委办公厅 科技部办公厅	2016 年
10	《应急产业培育与发展行动计划(2017—2019 年)》	工业和信息化部	2017 年
11	《国家突发事件应急体系建设"十三五"规划》	国务院办公厅	2017 年
12	《安全生产"十三五"规划》	国务院办公厅	2017 年
13	《"十三五"公共安全科技创新专项规划》	科技部	2017 年
14	《工业和信息化部 应急管理部 财政部 科技部关于加快安全产业发展的指导意见》	工业和信息化部 应急管理部 财政部 科技部	2018 年
15	《国家安全产业示范园区创建指南(试行)》	工业和信息化部 应急管理部	2018 年
16	《关于组织开展第三批国家应急产业示范基地申报工作的通知》	工业和信息化部办公厅 国家发展改革委办公厅 科技部办公厅	2019 年
17	《国家安全应急产业示范基地管理办法(试行)》	工业和信息化部 国家发展改革委 科技部	2021 年
18	《"十四五"国家应急体系规划》	国务院	2022 年

资料来源:笔者根据近年安全应急产业政策整理。

总体来看，国家围绕应急和安全领域出台了数十项相关政策，其中与安全应急产业直接相关的政策有 10 多项，建立了应急产业协调机制，推进了安全与应急产业示范基地建设，有效促进了安全应急产业发展。

二　安全应急产业概念及研究综述

安全应急产业是随着行业、社会需求的发展不断演变而来的，对安全应急产业的认识也经历了一个逐步发展、不断深化的过程，安全应急产业的概念也从多种概念并行逐渐发展为整合统一。

（一）安全应急产业的概念

1. 国外研究

国外没有应急产业或安全应急产业的提法，与安全应急产业相近的英文关键词主要包括应急响应技术产业（Emergency Response Technology Industry）、应急管理市场（the Incident and Emergency Management Market）、国土安全和公共安全市场（Homeland Security and Public Safety Market），其中，第一个侧重点为"技术产业"，第二个侧重点为"管理市场"，第三个侧重点为"国土公共安全市场"。[①] 通过万方网、知网等数据库进行检索，提到这三个类似概念的国外文献并不多，其中，与国土安全和公共安全市场相关的文献相对较多，与应急管理市场、应急响应技术产业相关的文献相对较少。

Kharbanda 等认为应急产业是从保险业延伸出来的，以应急救援为核心业务的经济活动集合，主张应急产业是保险业的附属。[②] Marcella 表示紧急救援产业是政府主导之下的完整产业链系统，在该系统中能够实现应急救援

---

① 杨彬主编《应急产业研究》，中国工人出版社，2020，第 17 页。
② 转引自丁鹏玉《中国应急产业竞争力及发展演化研究》，博士学位论文，北京交通大学，2020，第 11 页。

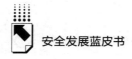

产品制造、装备生产和应急咨询服务的规模化和专业化。①

各国对安全应急相关产业内容的界定，往往与本国的基本情况、经济发展、人民生活水平、地缘政治等有关。② 从全球看，安全应急产业规模呈现持续增长态势，2020 年为 9500 亿美元，2025 年预计达到 1.5 万亿美元。其中，美国的安全应急产业偏重于国土安全，日本的安全应急产业偏重于防范灾害。③

2. 国内研究

安全和应急相关专业、职业、行业随着社会、经济的发展而逐渐发展，人类的安全需求、法律法规标准要求等是促进其发展的主要内部和外部驱动力量。④ 在国内，曾有安全产业、应急产业、智慧安全产业等多个概念和提法，其中较为人们熟知的是安全产业、应急产业、安全应急产业等概念，随着安全应急需求的变化、有关政策的调整、产业结构的调整，相关产业的概念也不断得到整合，逐步统一为安全应急产业，并在相关政策文件中予以确认。

（1）"安全产业"和"应急产业"两个概念同时存在

通过对我国有关政策文件的梳理，可以看出，在一段时间内，安全产业、应急产业两个概念是同时存在的。

2007 年 11 月，时任国务院秘书长华建敏在全国贯彻实施突发事件应对法电视电话会议上的讲话中，正式提出要进一步加快发展应急产业。

2010 年 7 月，国务院发布《关于进一步加强企业安全生产工作的通知》，首次在政府文件中提出"安全产业"的概念。

2012 年，工业和信息化部与国家安全监管总局联合印发《关于促进安全产业发展的指导意见》，首次明确提出安全产业的定义：为安全生产、防

---

① 转引自丁鹏玉《中国应急产业竞争力及发展演化研究》，博士学位论文，北京交通大学，2020，第 11 页。

② 杨柳、伏伦：《安全产业的概念、特质与分类》，《中国安全生产》2015 年第 6 期。

③ 金永花、权威：《安全应急产业发展新特点、新问题及建议》，《科技中国》2022 年第 4 期。

④ 李湖生：《安全与应急产业相关概念的形成与发展探讨》，《安全》2018 年第 12 期。

灾减灾、应急救援等安全保障活动提供专用技术、产品和服务的产业。

2011 年 3 月，《产业结构调整指导目录（2011 年本）》发布，第一次将"公共安全与应急产品"列入了鼓励类目录，并具体细分出 43 个子类。《产业结构调整指导目录（2019 年本）》中"公共安全与应急产品"涉及 69 个子类。

2014 年，《国务院办公厅关于加快应急产业发展的意见》对应急产业进行了界定：为突发事件预防与应急准备、监测与预警、处置与救援提供专用产品和服务的产业。

2018 年，工业和信息化部、应急管理部、财政部、科技部联合发布《关于加快安全产业发展的指导意见》，提出安全产业是国家重点支持的战略产业。

（2）"安全产业""应急产业"概念逐步融合

安全产业与应急产业紧密相关。安全产业是为安全生产、防灾减灾、应急救援等安全保障活动提供专用技术、产品和服务的产业。应急产业是为突发事件预防与应急准备、监测与预警、处置与救援提供专用产品和服务的产业。从具体技术、产品和服务类别、应用方面，安全产业、应急产业具有一定差异。从产业范围看，二者又高度交叉重叠。两个产业的发展方向——监测预警、预防防护（安全防护防控）、处置救援（应急处置救援）、应急服务（安全服务）等几乎是完全重叠的。安全产业和应急产业实现融合是目前的发展方向。2020 年，工业和信息化部在产业管理上，将安全产业与应急产业合并在一起，称为"安全应急产业"，即为各类安全保障及应急处置活动提供专用技术、产品和服务的。2021 年，工业和信息化部、国家发展改革委、科技部联合印发《国家安全应急产业示范基地管理办法（试行）》，① 将原有国家安全产业示范园区创建与国家应急产业示范基地管理的内容进行了合并、融合。

---

① 《工业和信息化部　发展改革委　科技部关于印发〈国家安全应急产业示范基地管理办法（试行）〉的通知》，中华人民共和国中央人民政府网，https://www.gov.cn/gongbao/content/2021/content_ 5623055. htm。

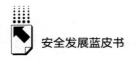

（二）安全应急产业研究综述

近年来，学术界对安全应急产业的研究日益深入。相关研究涉及安全应急产业发展的理论、实践、产业、创新、政策等不同方面，包括国家与地方、企业与产品等宏观、微观层面，对安全应急产业的发展起到了积极的推动作用，丰富了产业研究基础，营造出良好的产业发展环境。

李湖生分析了安全与应急相关职业、行业与产业的概念，探讨了我国安全产业和应急产业概念的形成与发展过程，对国家相关部门制定发布安全和应急产业政策的目的、意义、范围和相互关系进行了探讨。[①] 左越等从产业角度对智慧安全产业进行了研究，提出了包含需求与应用两个层面的智慧安全分析框架，以及包含基础设施、平台服务、应用场景、技术支撑及安全保障五大方面的智慧安全产业分析框架。[②] 不同的概念的侧重点往往有所区别，相对来说，安全产业更偏重于传统的安防、消防、劳动保护等行业；应急产业更偏重于突发事件的监测预警、应急救援、工程抢险等应急链条；而智慧安全领域往往涉及智慧城市、信息技术、计算机技术应用等领域。

对安全应急产业发展的政策、方向的研究得到了各方的关注。金永花分析了我国安全应急产业的现状、市场潜力与前景、问题与对策，提出我国安全应急产业仍处于发展初期，需要加强生态链、创新链、产业链、应用链的建设，建立部门与行业间的协调机制，提升全民安全应急意识，培育安全应急产业发展。[③] 中国电子信息产业发展研究院开展了中国安全应急产业发展蓝皮书的研究，涉及综合、行业、区域、园区、企

---

① 李湖生：《安全与应急产业相关概念的形成与发展探讨》，《安全》2018 年第 12 期。
② 左越、孙玉龙、胡雪莹、杨若阳：《智慧安全产业发展研究》，《现代工业经济和信息化》2022 年第 4 期。
③ 金永花：《我国安全应急产业的现状、前景、问题与对策》，《中国应急管理科学》2021 年第 12 期。

业、政策、热点、展望等内容。① 杨彬主编的《应急产业研究》一书，也从全球视野、时代眼光、历史经验、国家战略、实践探索等方面，回顾了我国应急产业的过去，分析现在，展望未来，为应急产业的发展提供了很好的参考。②

在实践方面，各地方围绕安全应急产业开展了一系列前瞻性的探索。北京市应急管理局、北京市经信局联合应急救援装备产业技术创新战略联盟，共同编写和发布了《北京市安全与应急产业发展报告》（2021 年版），作为政府引导性文件。此报告与《北京市重点安全与应急企业及产品目录》（2021 年版）共同组成"北京市安全与应急产业白皮书"。京津冀三地经信部门共同编制和发布了《2021 年京津冀安全应急企业及产品推荐名录》。河北省应急产业联盟发布了《2021 年河北省重点安全应急企业及产品推荐目录》。③ 此外，沈桂珍围绕安徽省安全应急产业发展，提出强化组织领导、优化发展环境、推进产业集聚、建立运行监测体系、完善保障体系等方面建议。④

（三）安全应急产业重点领域

2021 年，工业和信息化部与国家发展改革委、科技部联合发文明确了安全应急产业的边界及外延，发布了《安全应急产业分类指导目录（2021 年版）》，将产业分为 4 个大类、21 个中类、119 个小类产品和服务（见表2）。按照安全防护、监测预警、应急救援处置、安全应急服务四大类进行统计，⑤ 涉及的中类、小类和产品事例情况如下。

---

① 中国电子信息产业发展研究院编著、乔标主编《2020—2021 年中国安全应急产业发展蓝皮书》，电子工业出版社，2021。
② 杨彬主编《应急产业研究》，中国工人出版社，2020。
③ 赵兴锋：《专家指方向　合作推目录——京津冀应急产业对接会观察》，《中国应急管理》2021 年第 12 期。
④ 沈桂珍：《安徽省安全应急产业发展建议》，《安徽科技》2022 年第 5 期。
⑤ 工业和信息化部、国家发展改革委、科技部：《安全应急产业分类指导目录（2021 年版）》，2021。

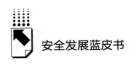

表 2 安全应急产品分类统计

大类	中类	小类
安全防护	4 个中类	37 个小类
监测预警	6 个中类	33 个小类
应急救援处置	5 个中类	22 个小类
安全应急服务	6 个中类	27 个小类

资料来源：笔者根据工业和信息化部、国家发展改革委、科技部发布的《安全应急产业分类指导目录（2021 年版）》整理而成。

在安全防护领域，主要涉及个体防护、安全材料、专用安全生产和其他安全防护 4 个中类。经过多年的发展，我国防护服装产业已呈现蓬勃发展的态势。现在的防护服，已不仅仅是保障劳动者的作业安全，还根据行业特点赋予了服装更多新功能。如，高温环境作业防护服，除了具备阻燃隔热性能外，还应具备穿着舒适性；油田企业除阻燃服、焊接防护服外，还需要防静电抗油拒水服等，炼化企业需要防酸碱服、绝缘服、隔热服、防放射性服等，石化销售企业需要低温防护服；工程建设企业需要具有防风、防雨、防寒等功能的服装等。

在监测预警领域，设置了自然灾害监测预警、事故灾难监测预警、公共卫生事件监测预警、社会安全事件监测预警、通用监测预警、其他监测预警 6 个中类。例如，针对地震、地质、气象等不同自然灾害有地震监测预警、地质灾害监测预警、水旱灾害监测预警、气象灾害监测预警等相关设备、产品；针对不同事故灾难监测预警，涉及矿山安全监测预警、建筑安全监测预警、危险化学品安全监测预警、放射性物质监测预警、重大危险源安全监测预警等设备、产品。[①]

在应急救援处置领域，设置了现场保障、生命救护、环境处置、抢险救援、其他应急救援处置 5 个中类。其中，针对现场保障，有现场信息快速采集、应急通信与指挥、应急动力能源、应急后勤保障等产品；针对生命救护，有探测检

---

① 工业和信息化部、国家发展改革委、科技部：《安全应急产业分类指导目录（2021 年版）》，2021。

测、紧急医疗救护、安防救生等产品；针对环境处置，有洗消、污染物清理、环境检测、堵漏等产品、设备；针对抢险救援，有工程抢险救援、专业抢修、排水排烟、消防、救援交通、特种设备及事故应急救援等产品、器材、设备。[①]

在安全应急服务领域，包括评估咨询、检测认证、应急救援、教育培训、金融服务、其他安全应急服务6个中类。为了保障安全应急需要，围绕市场需求，一批企业创新服务业态和模式，针对评估咨询、检测认证、应急救援、教育培训等提供安全应急社会化服务。

三 安全应急产业发展情况

安全应急产业日益受到各级政府部门的重视，产业发展势头良好，产业规模不断发展壮大，一批重点企业、行业组织、产业集群不断涌现，应急科技创新条件和应急物资装备体系日益完善和成熟。

（一）安全应急产业规模不断壮大

安全应急产业是伴随经济社会发展、人民群众需求的不断提升而逐步发展起来的产业类型。随着突发事件应对法、安全生产法等法律、法规的实施，安全日益受到重视，政府、企业、个人在安全和应急上的投入不断增加。中国电子信息产业发展研究院（赛迪研究院）安全产业研究所数据显示，2020年，我国安全应急产业发展迅速，安全应急产业总产值为15231亿元，较2019年增长约15%；我国从事安全应急产品生产的企业已超过5000家，其中制造业生产企业占比约为60%，服务类企业占比约为40%。[②]据不完全统计，2020年我国安全应急产业市场规模较2011年增长了近2.2倍，年均增速达到13%。[③]

---

① 工业和信息化部、国家发展改革委、科技部：《安全应急产业分类指导目录（2021年版）》，2021。
② 赛迪研究院安全产业研究所：《中国安全应急产业发展白皮书（2021年度）》，2021，第7页。
③ 金永花、权威：《安全应急产业发展新特点、新问题及建议》，《科技中国》2022年第4期。

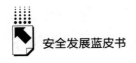

（二）涌现出一批骨干企业和产业组织

我国安全应急产业发展力量不断壮大，涌现出一批技术水平高、服务能力强、拥有自主知识产权和品牌优势的大型企业集团。新兴际华集团、中国航天科工集团、中国安能集团、中国煤炭科工集团等一批实力雄厚的综合性中央企业集团，在全国处于行业领先地位，在产业发展中发挥了引领作用。部分大型龙头企业具备应急产业技术和装备研发、生产的天然优势，带动了安全应急产业发展。我国安全应急产业覆盖领域较为全面，不同行业均有典型企业存在。在安全防护、监测预警、应急救援处置等领域，我国也涌现出了一批专项特色突出、市场占有率高的企业，如辰安科技、中船应急、詹阳动力等。

2018 年 6 月，工信部公布了首批 30 家国家应急产业重点联系企业名单，这些企业分布在北京市（8 家）、河北省（2 家）、山西省（1 家）、江苏省（4 家）、浙江省（2 家）、安徽省（1 家）、福建省（2 家）、山东省（2 家）、湖北省（2 家）、湖南省（2 家）、重庆市（2 家）、四川省（1 家）、贵州省（1 家）。从领域分布来看，监测预警、应对处置领域的企业和产品较多，预防防护、应急服务领域的企业和产品相对较少（见表 3）。产品类型涉及装备、软件和系统平台、物资、器材、服务等不同类型。

表 3　国家应急产业重点联系企业领域分布情况

领域	企业数量	应急产品和服务具体领域
监测预警	13 家	核生化爆探测产品、核生化事故监测产品、侦测检测仪器、食品安全检测产品、应急平台与监测产品、应急指挥平台与软件、应急通信设备、火灾监测产品、生命探测仪、公共安全监测监控产品、地震预警产品
预防防护	2 家	活性炭、防护器材、防护材料
应对处置	13 家	应急装备、洗消产品、现场生活保障产品、消防装备、消防产品、应急车辆、卫生与后勤应急保障产品、应急发电设备、潜水打捞设备、应急指挥产品、应急交通装备、全地形救援装备
应急服务	2 家	应急产品推广、安全培训

资料来源：笔者根据工信部发布的国家应急产业重点联系企业名单整理而成。

行业骨干企业、科研机构、事业单位纷纷自发组建协会、学会、联盟等行业组织，主要有中国灾害防御协会、中国应急管理学会、公共安全科学技术学会、中国安全产业协会、中国消防协会、应急救援装备产业技术创新战略联盟等，在推进产业不断规范化发展方面发挥了积极的作用（见表4）。此外，在各地也涌现出了一批区域行业组织，如广东省应急产业协会、河北应急产业联盟等，在推动区域安全应急产业发展中发挥了积极作用。

表4　安全应急领域部分全国性行业组织

序号	名称	基本情况
1	中国灾害防御协会	1987年成立，由应急管理部作为业务指导单位，成员为全国从事灾害预防、救助、管理、宣传、教育等单位、团体及科学技术和灾害管理人员，主要从事减灾领域交流、研究、宣传、教育、培训等活动
2	中国应急管理学会	2014年成立，由中央党校（国家行政学院）主管，主要围绕应急管理，提升全社会预防与应对各类突发事件的能力开展工作
3	公共安全科学技术学会	2012年成立，由清华大学（公共安全研究院）发起，我国从事公共安全相关科学技术研究、学科建设、人才培养、管理服务的科技工作者和单位组成。主要涉及公共安全理论与方法体系建立、共性问题研究，交流、调研、考察，科技知识文化普及，学术交流，等等
4	中国安全产业协会	2014年成立，先后组建了14个分支机构，与美国、韩国、捷克、意大利等国家开展国际交流合作，形成了涉及安全应急产业主要行业和领域的社会组织体系
5	中国消防协会	1984年经公安部和中国科协批准，经民政部登记成立的社会组织。主要业务范围和职能包括消防学术交流、科普宣传教育、科技服务、会展、团体标准制定、行业自律管理、国际交流与合作等
6	应急救援装备产业技术创新战略联盟	2011年由新兴际华集团联合政产学研单位在北京发起成立，是科技部在应急领域唯一的国家级联盟，围绕应急联合创新和产业服务、行业智库开展工作，搭建政府和企业沟通交流桥梁，未来将重点打造研发创新、应急储备、产业服务三大平台

资料来源：笔者根据相关行业组织网络信息梳理。

（三）安全应急产业的聚集发展

我国安全应急产业主要集中在京津冀地区、长三角地区、珠三角地区、西

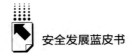

南地区、西北地区，呈现以环首都经济圈、长江三角洲、珠江三角洲等为中心，由沿海到内陆、从东向西，由多到少、由强到弱、呈扇形分布的规律。

总体来看，我国安全应急产业在两类地区发展比较快，第一类是经济发达地区，如京津冀、长三角、珠三角等地区，这些地方经济发达、研发力量集中、人口密集，具有现代化智库、现代化工业、现代化交通运输业、高度农业商品化等特点，发展安全应急产业主要是从看好这一市场出发。第二类是灾害严重地区，典型代表是西南地区，这一地区自然灾害多发，包括重庆、四川、云南、贵州、西藏等地区，这些地区发展安全应急产业主要是从解决自身应急需求出发。

安全应急产业示范基地建设成果初显。2021 年，为引导企业集聚发展安全应急产业，优化安全应急产品生产能力区域布局，支撑应急物资保障体系建设，指导各地科学有序开展国家安全应急产业示范基地，工业和信息化部、国家发展改革委及科技部发布了《国家安全应急产业示范基地管理办法（试行）》，开展相关基地的评审评估。2022 年公布的国家安全应急产业示范基地（含创建单位）名单，共涉及 26 家国家安全应急产业示范基地（含创建单位），其中包括 8 家基地和 18 家创建单位（见表5）。

表5　国家安全应急产业示范基地（含创建单位）名单（2022 年）

序号	申报单位	所属省份
国家安全应急产业示范基地		
1	徐州高新技术开发区	江苏
2	广东佛山南海工业园区	广东
3	合肥高新技术产业开发区	安徽
4	营口高新技术产业开发区	辽宁
5	济宁高新技术产业开发区	山东
6	湖北省随州市曾都经济开发区	湖北
7	长沙高新技术产业开发区	湖南
8	德阳经济技术开发区联合德阳高新技术产业开发区	四川
国家安全应急产业示范基地创建单位		
1	江门高新技术产业开发区	广东
2	合肥经济技术开发区	安徽

序号	申报单位	所属省份
3	日照高新技术产业开发区	山东
4	江苏省丹阳经济开发区	江苏
5	保定国家高新技术产业开发区	河北
6	株洲高新技术产业开发区	湖南
7	鹤壁经济技术开发区	河南
8	乌鲁木齐经济技术开发区	新疆
9	江苏省姜堰经济开发区	江苏
10	浙江温州海洋经济发展示范区	浙江
11	长春经济技术开发区	吉林
12	河北鹿泉经济开发区	河北
13	十堰经济技术开发区	湖北
14	长垣高新技术产业开发区	河南
15	江苏省如东经济开发区	江苏
16	仙桃高新技术产业开发区	湖北
17	高密经济开发区	山东
18	东莞塘厦安全应急产业发展聚集区	广东

资料来源：工信部网站。

（四）安全应急科技创新条件日益完善

近年来，我国在安全应急领域科研投入持续加大，科研条件、平台建设、团队建设等方面得到快速发展，自主研发能力取得了一定突破，专业化国家级研发平台建设不断推进，政产学研用一体的协同创新应急联盟不断兴起，同时也发展起一批应急产业领域龙头企业和专业特色企业，应急领域新技术新产品不断涌现，部分技术和产品在突发事件的处置和救援中发挥了重要作用。[①] 据不完全统计，我国有 10 多家国家重点实验室涉及安全相关内容（见表6）。2021 年，应急管理部公布了重点实验室候选名单，拟挂牌组建 9 家重点实验室，拟首批创建 13 家重点实验室，拟重点培育 9 家重点实

---

① 徐兰军、董炳艳、张婷婷：《我国应急科技发展的思考与实践》，《劳动保护》2019 年第 6 期。

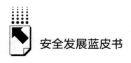

验室（见表 7）。2023 年，应急管理部批准"油气生产安全与应急技术"等 13 个首批创建实验室正式纳入重点实验室运行序列，批准创建"医学救援关键技术装备"等 9 个重点培育实验室。

表 6　部分安全应急相关国家重点实验室

国家重点实验室（依托单位）	行政主管部门	管理部门
轨道交通控制与安全国家重点实验室（北京交通大学）	教育部	科技部
汽车安全与节能国家重点实验室（清华大学）	教育部	科技部
电力系统及大型发电设备安全控制和仿真国家重点实验室（清华大学）	教育部	科技部
传染病诊治国家重点实验室（浙江大学）	教育部	科技部
煤矿灾害动力学与控制国家重点实验室（重庆大学）	教育部	科技部
爆炸科学与技术国家重点实验室（北京理工大学）	工信部	科技部
地质灾害防治与地质环境保护国家重点实验室（成都理工大学）	四川省政府	科技部
建筑安全与环境国家重点实验室（中国建筑科学研究院）	国资委	科技部
汽车 NVH 及安全控制国家重点实验室（中国汽车工程研究院有限公司、重庆长安汽车股份有限公司）	国资委	科技部
电网安全与节能国家重点实验室（中国电力科学研究院）	国资委	科技部
煤矿安全技术国家重点实验室（煤炭科学研究总院沈阳研究院）	国资委	科技部
化学品安全控制国家重点实验室（中国石油化工股份有限公司青岛安全工程研究院）	国资委	科技部
传染病预防控制国家重点实验室（中国疾病预防控制中心）	国家卫健委	科技部
灾害天气国家重点实验室（中国气象科学研究院）	中国气象局	科技部
地震动力学国家重点实验室（中国地震局地质研究所）	中国地震局	科技部

注：根据网络资料整理。

表 7　应急管理部重点实验室

序号	重点实验室名称	依托单位
1	煤矿灾害预防与处置	应急管理部国家安全科学与工程研究院、重庆大学、山东科技大学
2	矿山边坡安全风险预警与灾害防控	中国科学院武汉岩土力学研究所、中国安全生产科学研究院
3	危险化学品安全风险预警与智能管控技术	应急管理部化学品登记中心、中国石油化工股份有限公司青岛安全工程研究院、沈阳化工研究院有限公司
4	冶金工业安全风险防控	北京科技大学、中国安全生产科学研究院

续表

序号	重点实验室名称	依托单位
5	森林火灾监测预警	中国科学技术大学、应急管理部四川消防研究所
6	洪涝灾害风险预警与防控	河海大学、应急管理部国家自然灾害防治研究院、国家气象中心
7	滑坡灾害风险预警与防控	成都理工大学、应急管理部国家自然灾害防治研究院
8	山区灾害风险预警与防控	四川大学、应急管理部国家自然灾害防治研究院
9	电力大数据灾害监测预警	国网湖南省电力有限公司
10	油气生产安全与应急技术	中国石油大学(北京)、应急管理部国家安全科学与工程研究院
11	城市安全风险监测预警	深圳市城市公共安全技术研究院有限公司、同济大学、应急管理部通信信息中心
12	应急卫星工程与应用	应急管理部国家减灾中心、应急管理部国家自然灾害防治研究院、中国科学院空天信息创新研究院、中国空间技术研究院
13	应急指挥通信技术应用创新	应急管理部大数据中心、北京邮电大学、西安电子科技大学
14	重大危险源与化工园区系统安全	中国安全生产科学研究院、中国石油大学(华东)
15	地震灾害防治	中国地震局工程力学研究所、哈尔滨工业大学
16	森林草原火灾风险防控	中国消防救援学院、应急管理部国家自然灾害防治研究院、北京林业大学
17	灭火救援技术与装备	应急管理部上海消防研究所、江苏大学
18	工业互联网+危化品安全生产	南京工业大学、中国安全生产科学研究院、中国工业互联网研究院
19	复合链生自然灾害动力学	应急管理部国家自然灾害防治研究院、中国科学院地理科学与资源研究所
20	工业与公共建筑火灾防控技术	应急管理部天津消防研究所、中国安全生产科学研究院、中国消防救援学院
21	地质灾害风险防控与应急减灾	中国科学院水利部成都山地灾害与环境研究所、应急管理部国家自然灾害防治研究院、昆明理工大学
22	煤矿智能化与机器人创新应用	应急管理部国家安全科学与工程研究院、中国矿业大学(北京)、中国科学院自动化研究所

注：根据网络资料整理。

在国家工程技术研究中心建设方面，我国有 10 多家公共安全与应急领域相关中心（见表 8）。

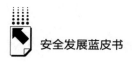

表 8 国家工程技术研究中心

序号	国家工程技术研究中心	依托单位
1	国家信息安全工程技术研究中心	上海信息安全工程技术研究中心
2	国家压力容器与管道安全工程技术研究中心	合肥通用机械研究院
3	国家大坝安全工程技术研究中心	长江勘测规划设计研究院、长江水利委员会长江科学院
4	国家金融安全及系统装备工程技术研究中心	辽宁聚龙金融设备股份有限公司
5	国家核电厂安全及可靠性工程技术研究中心	苏州热工研究院有限公司
6	国家车辆驾驶安全工程技术研究中心	安徽三联交通应用技术股份有限公司
7	国家水运安全工程技术研究中心	武汉理工大学
8	国家网络安全应急工程技术研究中心	国家计算机网络与信息安全管理中心
9	国家救灾应急装备工程技术研究中心	中国人民解放军陆军勤务学院
10	国家应急交通运输装备工程技术研究中心	中国人民解放军陆军军事交通学院
11	国家应急防控药物工程技术研究中心	军事医学科学院
12	国家消防工程技术研究中心	应急管理部天津消防研究所
13	国家遥感应用工程技术研究中心	中国科学院遥感应用研究所
14	国家卫星定位系统工程技术研究中心	武汉大学、中国地震局地震研究所、中国科学院测量与地球物理研究所、武汉市工程科学技术研究院

注：根据网络资料整理。

在国家工程研究中心方面，与安全应急相关的国家工程研究中心有 4 家（见表 9）。

表 9 国家工程研究中心

序号	实验室名称	依托单位
1	煤矿瓦斯治理国家工程研究中心	中国矿业大学、淮南矿业集团
2	煤矿安全技术国家工程研究中心	煤炭科学研究总院重庆研究院
3	信息安全共性技术国家工程研究中心	中科信息安全共性技术国家工程研究中心有限公司
4	水资源高效利用与工程安全国家工程研究中心	南京河海科技有限公司

注：根据网络资料整理。

大批专业领军企业、研究院所、高校在应急领域开展规模化研究。新兴际华、中煤科工、徐工集团、中船应急、辰安科技、詹阳动力、清华大学、安科院等在应急救援和处置装备、消防救援装备、应急交通装备、城市生命线监测、矿山边坡雷达监测等方面取得了科技成果，一批专业化应急救援装备、物资在四川芦山地震、云南鲁甸地震、王家岭煤矿透水事故、漳州 PX 项目爆炸事故、天津港"8·21"爆炸、九寨沟地震、疫情防控、河南郑州水灾等典型突发事件中得到广泛应用，为保障人民生命财产安全提供了有力保障。

我国公共安全领域国家科技计划项目数量和经费呈增加趋势。丁鹏玉认为，应急产业的发展需要通过科技创新实现生产工艺、产品质量和实际功能的提升。应急产业产值对科学技术支出敏感，公共财政支出中科学技术支出的增加能够显著促进应急产业的发展。[1] 2011~2018 年国家科技计划项目数量和经费呈增加趋势，数量由 2011 年的 17 项增长到 2018 年的 55 项；经费由 2011 年的 4.63 亿元增长到 2018 年的 12.87 亿元。[2]

（五）应急物资装备体系日渐成熟

为满足安全应急需求、推动产业发展，有关部门曾发布应急保障物资、应急产业重点产品和服务、安全应急产业分类等多种目录，这些目录具有涉及物资品类繁多，为方便使用将装备纳入物资的范畴里，物资种类和产品名称随时间变化而不断调整、扩展等特点。[3] 在应急管理部主办的应急装备之家网站中，可以查询到上万种装备，主要涉及工程抢险与处置装备、专业装备、科技装备、通用装备、安全生产装备、其他装备等类别。[4] 其中，工程抢险与处置装备涉及工程抢险、其他工程抢险与处置装备、工程处置装备；专业装备涉及隧道应急救援、航空救援、冰雪灾害救援、干旱灾害救援、防

---

① 丁鹏玉：《中国应急产业竞争力及发展演化研究》，博士学位论文，北京交通大学，2020。
② 杨玲、范川川：《我国公共安全领域科技发展现状及趋势研究》，《创新科技》2018 年第 10 期。
③ 董炳艳、陈彤、张晓昊：《应急物资保障影响因素研究》，《劳动保护》2023 年第 6 期。
④ 应急装备之家网站，https：//eeh.emerinfo.cn/#/inquire-page。

汛、防洪、台风救援、消防、森林消防救援、地震救援、危化品救援、矿山
应急救援、油气田应急救援、水域应急救援、其他救援装备；科技装备涉及
监测预警、分析检测仪器仪表、其他科技装备等；通用装备涉及医疗、洗
消、通信、能源动力、信息技术、应急照明、应急运输与专业作业交通、广
播电视、后勤支援、其他通用设备、信号标识器材、非动力手工工具、培训
演练、搜索救援、个人防护装备；安全生产装备涉及轻工、纺织、烟草、商
贸行业、机械行业、冶金、有色、建材行业、医药行业、煤矿行业、烟花爆
竹行业、石油、危险化学品、化工行业、非煤矿山（含地质勘探）行业、
其他安全生产装备。①

四 安全应急产业在风险治理中的作用

安全应急产业在应急管理和应急能力建设中发挥着重要作用，同样也为
风险治理提供了有力的保障，主要体现在安全应急产业为突发事件的应对提
供技术物资装备保障，为社会发展和产业发展提供安全应急人才，为安全应
急文化建设提供产业依托和塑造良好环境等方面。

（一）安全应急产业为突发事件处置提供保障

在突发事件救援中，安全应急产业发挥了重要的保障和支撑作用。这种
保障和支撑作用，首先体现在应急物资的保障上。应急物资是在发生突发事
件时需要紧急使用的物资、装备、产品等特殊资源的统称，具有满足应急救
援特殊功能、涉及面广、品种繁多等特点，是应急救援工作的重要物质基
础。汪鑫文认为，应急物资保障具有时效性强，数量大、品种多、针对性
强，不确定性强，经济性弱等特点。② 应急物资保障是对应急物资进行生
产、筹措、储备、调拨、运输、配送、分发的过程。《中华人民共和国突发

---

① 应急装备之家网站，https：//eeh. emerinfo. cn/#/inquire-page。
② 汪鑫文：《大型冰雪灾害给区域应急物资采购带来的思考》，《中国政府采购》2009 年第 1 期。

事件应对法》第三十二条指出，国家建立健全应急物资储备保障制度，完善重要应急物资的监管、生产、储备、调拨和紧急配送体系。

应急装备是开展公共安全、防灾减灾、应急救援工作的有力手段与重要物质保障。突发事件应对还离不开应急装备的保障，需要充分发挥装备在突发事件监测、应对处置、救援等方面的作用。发达国家拥有一批应急装备制造企业，并建立了相关装备体系。在美国，由联邦政府主导的自愿性组织跨机构委员会从 1999 年开始每年发布标准化装备目录（Standardized Equipment List，SEL），美国联邦应急管理署从 2007 年开始颁布授权装备目录（Authorized Equipments List，AEL），从联邦政府层面对应急救援装备物资进行总体分类。中国从"十一五"时期开始，加强对公共安全领域的支持，将应急技术装备作为支持的重要内容。在历次突发事件的应对过程中，各类应急装备也起到了积极的支撑和保障作用。

（二）发挥人才培养的积极作用

安全应急产业在风险治理中的人才培养作用首先体现在专业人才的培养方面。安全应急产业作为一种学科跨度大、应用场景复杂、技术融合的综合性产业，要求人才具备源头创新能力、解决关键技术难题能力、行业融合应用能力，人才需求由原先少数专业向各学科交叉融合转变。

我国学科建设方面，与应急比较密切的学科为"安全科学与工程"（学科代码：0837）一级学科。"安全科学与工程"学科的属性为综合学科，本学科与所有涉及安全问题的其他分支学科都相关，学科范围重点针对生产安全和公共安全领域。此外，还有系统科学、环境科学与工程、公安技术、矿业工程、土木工程、化学工程与技术、交通运输工程、食品科学与工程、公共卫生与预防医学等学科与之交叉，对相关问题进行研究。通过多年的发展，应急科技研究队伍不断壮大，为各项应急科技活动开展和大批科技成果的涌现提供了坚实基础。我国"安全科学与工程"学科是从劳动保护学科逐渐发展起来的。1984 年建立了"安全工程"本科专业，1986 年实现了"安全技术及工程"专业本、硕、博三级学位教育。"十一五"期间，"公共安全"首次独立作为科技发展重点领域

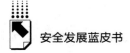

进行规划和部署，有力促进了公共安全学科的发展。2011年，经过安全科技界、教育界和管理界长期不懈努力，"安全科学与工程"一级学科获国务院学位委员会批准为博士、硕士学位授予权一级学科。截至2023年底，全国设置安全工程本科专业的高校近160所，其中有博士授予权的20多所，有硕士授予权的70多所，为安全科技人才的培养奠定了坚实基础。

近年，我国设立了应急管理相关专业，在人才培养上发挥了更加积极的作用。2019年教育部新增本科"应急管理"专业，2020年国务院学位办发布通知决定推进部分学位授予单位自主设置应急管理二级学科。2021年，全国20所高校成功申报"应急管理"专业，专业代码是120111TT，学位授予门类为管理学，修业年限为4年；全国16所高校成功申报"应急技术与管理"专业，专业代码是082902T，学位授予门类为工学，修业年限为4年。相关政策使应急管理教育和人才培养迎来新的发展机遇。其中，成功申报"应急管理"专业的20所高校分别是河海大学、中国地质大学（武汉）、暨南大学、华北科技学院、防灾科技学院、河北科技大学、山西财经大学、沈阳化工大学、沈阳建筑大学、盐城工学院、南京师范大学、江西理工大学、济南大学、潍坊医学院、齐鲁师范学院、广西警察学院、云南经济管理学院、西北大学、青海师范大学、石河子大学；成功申报"应急技术与管理"专业的16所高校分别是中国矿业大学（北京）、中国地质大学（武汉）、中国劳动关系学院、石家庄铁道大学、太原科技大学、长春工程学院、黑龙江科技大学、盐城工学院、安徽理工大学、滁州学院、湖南科技大学、重庆科技学院、西南科技大学、西华大学、贵州师范大学、新疆工程学院。①

安全应急产业在风险治理中的人才培养作用还体现在各类志愿者的培养上。各类突发事件的发生对应急救援提出迫切要求，在重大灾害发生时，普通民众承担自救互救任务，但专业知识的匮乏，往往影响救援效果。应急救援工作的开展需要社会应急力量广泛参与，应急志愿者是其中的重要参与力

---

① 《全国36所高校成功申报应急管理专业　教育部公布名单（2021年）》，https：//mp.weixin.qq.com/s/Cd_0eFPCfn3Z9XOe6LdRtA。

量之一。德国已有完备的技术救援志愿者体系，美国的社区应急响应队伍也得到迅猛发展。我国虽有志愿者体系，但缺乏应急救援方面的专业技能，部分省份虽成立了应急志愿者队伍，但探索中也存在一些不足和问题。建立具有专业能力的应急志愿者队伍，对于弥补我国应急救援力量的不足将发挥积极作用。而以企业为代表的安全应急产业界是可以有效发挥志愿者作用的生力军。据不完全统计，我国民间正式注册的应急救援队伍共有1200多支，加上尚未注册的应急救援队伍和各级政府应急部门组建的支援服务队，共计3700多支（民政部统计）。其中，也有一些具备一定规模、管理较规范、装备较齐全的队伍，例如蓝天救援队、深圳公益救援队、公羊队、四川省红十字山地救援队等。

（三）有助于安全应急文化的培育

党和政府历来重视应急管理工作，推动安全文化建设，是加强应急管理的重要组成部分。当前，全社会安全和防灾减灾的宣传教育不断深入普及。2017年5月，科技部、中宣部印发《"十三五"国家科普和创新文化建设规划》，其中有加强重点领域科普工作，及时开展应急科普等内容。我国在防灾减灾日、全国消防日和安全生产月也开展了一系列的公共安全宣传活动，通过图书、报纸、杂志、电影、电视、图书馆、文化馆、展览馆等多种形式，向公众进行科学普及、宣传和培训。通过组织开展防灾减灾宣传主题活动，提高了公众防灾减灾意识。积极培育先进的安全文化理念，将安全生产监督管理纳入各级党政领导干部培训内容；将安全知识普及纳入国民教育，在校学生防灾减灾教育全面普及的目标基本实现；把安全生产纳入农民工技能培训内容；严格落实企业安全教育培训。推进国家应急广播体系建设，完善应急信息采集与发布机制，健全国家应急广播体系运行制度和相关标准规范，提升面向公众的突发事件应急信息传播能力，建立国家应急广播网站、手机网站、微信公众号、官方微博、手机客户端五大新媒体信息平台。网络媒体、移动媒体等新媒介成为大众传播的重要工具，利用移动互联网平台开展科普宣教培训，是安全文化建设的新形式。规范"安全社区""综合减灾

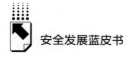
示范社区"等创建工作,完善相关创建标准规范,提高社区应急规范化水平。

然而在应对突发事件的过程中,我国公民的危机风险意识、防灾减灾意识以及应对灾害的应急能力还较为薄弱,与我国灾害频发易发的国情和防灾减灾、安全生产的形势还不相称,安全文化建设还有待进一步加强。一是防灾减灾宣传教育不够普及,防灾减灾长效机制建设存在诸多困难。一些地方的防灾减灾宣传教育活动只集中在全国"防灾减灾日""国际减灾日"等特定时段,形式单一,不接地气,群众参与度不高,效果有限。① 防灾减灾宣传教育工作在农村推动难度较大。二是全社会安全素质还有待提升,特别是产业工人安全素质和自救互救技能,跟不上我国工业化的发展速度,加之人员流动频繁,提高了安全管控难度。三是安全文化产业发展还处于初期。公众应急意识和行为、应急文化传播,以及不同对象、不同阶段、不同突发事件类型都对应急文化有不同定位和要求,需要安全文化产业予以有效支撑,而当前我国安全文化产业发展仍无法有效满足需求。

安全素质教育是推动安全文化建设的重要方面。美国建立起以基础教育为重点的学校应急教育体系,覆盖幼儿园、小学、初中和高中等 K-12 教育的各个阶段。美国联邦应急管理署(FEMA)强制要求各级学校开展地震防灾课程,每年至少开展两次地震逃生演习。我国安全素质教育还刚刚起步,在《中共中央 国务院关于推进安全生产领域改革发展的意见》中,提出把安全知识普及纳入国民教育,建立完善中小学安全教育和高危行业职业安全教育体系等内容。通过将安全素质教育纳入国民教育体系,普及应急常识和自救逃生演练,将有利于我国安全素质教育的提升,有利于安全文化的发展。

安全文化事业和产业的发展,能够为应急产业健康、可持续发展创造良好的环境,为国家应急能力的建设提供强有力的支撑。安全文化产业是应急产业的重要组成部分。安全文化事业发展是安全文化产业得以发展的重要基

---

① 孔锋:《推动气候变化影响下的国家综合防灾减灾建设》,《防灾博览》2022 年第 4 期。

础，公众应急意识和行为、安全文化传播，以及不同对象、不同发展阶段、不同突发事件类型都对安全文化有不同定位和要求，安全文化建设也意味着社会需求和新市场领域的不断出现，通过社会资源的广泛参与，能够带来应急和安全领域的产品的有效供给，同时带来巨大的社会效益和经济效益。

加强安全应急宣传和舆论引导，主动回应社会各界对重特大突发事件、热点问题的关切，是推动安全文化建设的重要方面，也有助于安全文化的传播，能够不断提升全社会的风险防范意识和灾害应对能力。加强对应急救援中涌现出的英雄、楷模和其相关事迹进行宣传，既是对这些英雄人物的肯定和褒奖，又有助于弘扬社会正能量，弘扬不怕困难、勇于奉献的精神。

五 产业发展方向及对策建议

安全应急产业将朝着技术装备智能化、物资保障专业化、产业发展协同化、区域统筹化的方向发展。安全应急产业的发展离不开应急技术装备的研发、国家级科技创新平台的建设、产品和服务标准的制定、产业链条的完善、产业环境的优化。

（一）产业发展趋势

1. 应急技术装备的智能化

智能技术的创新和突破已对人类社会的生产和生活方式产生颠覆性的变革，正在创造万物智能的新时代。智能应急救援装备是应急装备发展的一个重要分支，旨在将智能装备技术与应急救援装备技术相结合，研发生产具有数字化、精准化、综合化和集成化特点的应急救援装备，满足应急救援状态下搜救、探测、破拆、切割、保障、灭火等实际功能的需要。用智能救援装备代替和补充目前的救援力量，势必将极大地增强和提高救援队伍的战斗力，快速、高效地处理各类事故灾害，特别是特大突发性灾害，大大减少受灾群众的伤亡和财产损失。突发事件应急救援具有紧迫性、危险性和环境复杂性等特点，对智能应急救援装备的发展提出了巨大需求。例如，针对危化品爆炸事故，需要配备侦检、洗消、泄漏处置等智能应急装备；针对地震、泥石流、滑坡等重特大自然灾害引发的堰塞湖、建筑物和隧道坍塌等情况，需要研制大型模块化、水陆两栖等智能救援装备；针对森林火灾，需要研发巡查、单兵、灭火等智能化应急救援装备等。在危险环境下，利用智能无人应急救援装备代替和补充救援力量，进行侦检、信息采集、救援，能保障应急救援人员安全，减少牺牲，极大增强和提高战斗力。

美国、加拿大、德国、日本等国家的智能救援装备研究基本覆盖工程机械、运输设备、消防装备、生命救助等领域，智慧消防、生命救援机器人、水下机器人等部分装备已实际应用。国内外一些大型企业在快速布局智能化、无人化技术。国内智能救援装备研究也具有了一定基础，初步掌握了智能救援装备的设计制造、控制系统软硬件、智能算法等技术。面向应急场景的智能装备研制与产业化，将成为未来应急装备发展的重要趋势。

2. 应急物资保障的专业化

应急物资保障是应急管理的重要内容，是快速、有效处置突发事件的重要基础，涉及应急物资的监管、生产、储备、调拨和紧急配送等多个环节，贯穿突发事件处置全过程。应急物资保障往往具有工作任务急、时效性强、物资涉及面广、品种多样等特点，突发事件发生的时间、地点、灾种、规模不确定，给应急物资的储备和保障体系建设带来极大挑战。2020 年 2 月，习近平总书记在中央全面深化改革委员会第十二次会议上强调，"要健全统一的应急物资保障体系，把应急物资保障作为国家应急管理体系建设的重要内容，按照集中管理、统一调拨、平时服务、灾时应急、采储结合、节约高效的原则，尽快健全相关工作机制和应急预案。"[①] 2022 年 10 月，应急管理部、国家发展改革委、财政部、国家粮食和物资储备局印发了《"十四五"应急物资保障规划》，提出到 2025 年，建成统一领导、分级管理、规模适

---

① 《习近平主持召开中央全面深化改革委员会第十二次会议强调：完善重大疫情防控体制机制 健全国家公共卫生应急管理体系》，中国政府网，https://www.gov.cn/xinwen/2020-02/14/content_5478896.htm。

度、种类齐全、布局合理、多元协同、反应迅速、智能高效的全过程多层次应急物资保障体系。目前，我国建立了分类别、分部门的应急物资保障管理体制，建立了中央应急物资储备库和地方应急物资储备库，中央和地方按照事权划分承担储备职责。

应急物资保障与突发事件特征、物资保障企业、应急物资保障机制等因素密切相关。在当前各种突发事件交织的背景下，如何进一步增强应急物资保障的专业化水平，将是未来的重点发展方向。鉴于应急物资需求的不确定性和紧迫性同时存在，因此需要加强应急物资保障的平战结合，不断提升突发事件的物资保障的专业化水平，加强应急物资供应、生产、流通等各个方面的专业化。推动重点企业的物资、装备纳入国家应急物资储备体系，有效应对各类突发事件，保障突发事件发生时的持续稳定的物资、装备供应。要实现"急时不急"，必须"防患于未然"，需要做好企业摸底、物资储备、产能储备等基础工作。在物资保障过程中，针对应急物资保障涉及的多个部门，加强职责分工和多部门协同。建立起与应急物资保障企业之间的紧密联系，保障应急物资的有效供应。

3. 安全应急产业发展的协同化

安全应急产业的蓬勃发展，离不开产业的协同发展。一方面，这种协同是产业链上下游的协同，需要发挥安全应急领域龙头和骨干企业的作用，带动产业链条上的其他企业实现共同发展，保障产业供应链的安全。目前，依托中央企业打造现代产业链"链长"，培育具有生态主导力的产业链"链主"企业等，都是提升我国产业基础能力，提升现代化水平的重要方面。在安全应急领域，也需要依托龙头企业形成完善的产业链条，带动产业实现高质量发展。另一方面，这种安全应急产业的协同还是产学研用单位之间的紧密协作与配合的结果，通过产学研用的紧密结合，打通从研发到生产、市场的相关环节，实现安全应急成果的有效转移、转化，形成安全应急产品和服务的有效供应，带动安全应急产业的高质量发展。目前，一些骨干企业牵头建立起了安全应急领域的产业技术创新战略联盟，就是带动产学研用紧密结合的一种有效方式。

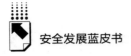

4. 安全应急产业区域的统筹化

我国提出了京津冀协同发展、长江经济带发展战略、粤港澳大湾区发展规划，不断推进区域协同发展。安全应急作为社会发展的重要需求，也离不开区域层面的协调与统筹，围绕安全应急产业进行区域统筹，能够为国家和区域的长治久安提供有力的支撑和保障。北京市人民政府办公厅发布的《关于加快应急产业发展的实施意见》，提出推动京津冀应急产业协同发展。在《澳门特别行政区防灾减灾十年规划（2019—2028年）》中，提出结合粤港澳大湾区建设，主动融入国家发展大局，对接国家发展战略，深化澳门与广东、香港的应急管理和防灾减灾合作，推动澳门与广东、香港建立健全三地应急管理合作机制，加强区域突发事件信息与资源共享、区域生命线工程协调保障、区域应急管理人员合作与交流。

按照区域统筹原则，推进安全应急产业发展，优化配置应急产业资源，加强应急物资、装备协调和调度，是促进区域安全应急产业发展的重要内容之一。一方面，通过区域安全应急产业协同，构建区域生态体系，促进产业链的协同，推进各要素的流通，打破"属地壁垒"。另一方面，围绕区域安全应急产业的发展需求，可结合区域安全应急体系建设和应急保障、典型应急场景进行分析，不断满足跨区域的安全应急保障要求，实现区域产业协同发展与创新协同。

（二）对策建议

1. 加强先进适用应急物资装备研发

围绕应急预警、应急救援、应急保障和应急服务等不同领域，自主研发先进、适用的应急装备、物资、产品、服务，形成安全应急技术规范。集聚优质创新资源，发展大型化、智能化、轻量化、高效能的应急核心装备，不断实现应急救援装备标准化、系列化、无人化、智能化、高端化、服务化融合发展。依托骨干企业，开展应急产业关键共性技术、装备研究，加快推进关键核心技术攻关和卡脖子产品研发，破解一批制约我国应急科技发展的关键瓶颈，鼓励和支持高端关键应急装备实现国产化，超前布局前沿技术，运用先进技术赋能传统产业。完善应急物资保障体系，提升物资要素配置能力。鼓励企业为政府提供应急保障整体解决方案，推动打造聚集应急物资、装备等资源的共享服务平台，建立区域化应急物资装备产业集群和保障基地，实现应急物资"找得到、产得出、调得来、用得好"。

2. 推动打造国家级科技创新平台

引导、支持一批符合国家和地方发展需要的工程技术中心、实验室上升为国家科技创新基地，建设国家级安全应急技术创新中心、重点实验室、工程技术研究中心、工程研究中心等科技创新平台，不断完善安全应急产业的科技创新体系。支持由行业龙头骨干企业牵头，建立应急装备相关创新联盟，支持企业与高校、院所联合，打造创新联合体，发挥相关平台作用，做好科技需求对接以及成果落地转化的工作。建立以企业为主体、以市场为导向的产学研相结合的紧密型技术创新合作机制，并在应用技术产品联合研发、科研基础条件共享等方面搭建良好平台。

3. 推进安全应急产业标准体系建设

围绕应急物资、装备产品的生产、配备，优先发展一批具有较强竞争力的应急产品、应急服务和应急物资配置等标准，强化多维度、多层级的标准研制，形成覆盖应急管理全流程、应急产业全链条、标准层级全维度的应急标准体系。鼓励企业积极参与国家公共安全和应急领域标准化工作，参与应急领域国家质量基础设施建设。鼓励和支持国内机构参与国际标准化工作，积极与国际标准或国外先进标准接轨，推动应急产业升级改造。鼓励应急产业相关协会、联盟开展团体标准建设，推进应急管理标准化技术委员会的建立，提升产业链管理能力。加强标准体系顶层设计，发布应急产业综合标准体系建设指南。探索将与公共安全密切相关的应急产品和服务标准纳入国家强制性标准体系，强化应急产品和服务推广应用。发展应急检测认证体系，推进检测认证服务进入安全应急产业，推行重要应急产品强制性检测与认证，加快信用体系建设，夯实应急产业发展质量基础。

4. 构建和完善安全应急产业链条

发挥行业龙头企业的作用，引导产业上下游有效整合，健全产业生态。

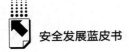

鼓励有实力的企业担任产业链"链长"，引导有关企业、高校和科研院所等搭建创新创业平台，实现应急服务、技术和产品与市场需求更好对接。加大产业链分布底数的梳理和整合，完善产业基础数据库，构建应急物资保障完备、应急装备先进适用可靠、应急服务专业化程度高的产业体系，打造强劲的产业链和供应链。形成有助于我国应急能力提升的高端要素产业集群，引导产业集聚化发展，在构建和完善国家应急产业现代化体系中发挥关键作用。依托社团组织，强化行业自律。推动政府、企业、高校、院所、社会组织多方发力，政策、市场综合发挥作用，带动产业链条的进一步整合，推进安全应急产业朝着产业链的中高端迈进。

5. 优化安全应急产业发展环境

围绕安全应急的应用场景，推动原创技术成果转化为高价值专利，加大应急领域关键核心技术成果专利布局力度，重点支持拥有自主知识产权的首台（套）重大装备及关键部件认定，引导产业链关键环节留在国内，完善知识产权保护体系，确保应急产业链供应链自主可控、安全高效。建立安全应急产业投入机制，鼓励金融资本、民间资本及创业投资资金投向安全应急产业。鼓励安全应急产业具有产业优势的大型企业强强联合，共同发起设立安全应急产业发展基金。建立多层次多类型的安全应急产业人才培养和服务体系。有效推进区域安全应急产业合作，推进区域市场的建设，有效整合区域产业和创新资源，形成有梯度的产业结构，实现区域产业的协同发展。

B.11
现代化消防救援指挥通信体系
建设与发展研究

滕　波*

摘　要： 现代化指挥通信体系是现代化消防救援的重要组成部分，是有效
应对突发事件的重要保证。构建新时代消防救援指挥通信体系，
是消防救援队伍适应艰巨繁重救援任务需要、推动消防救援事业
高质量发展、实现应急管理能力和体系现代化的迫切要求。文章
在总结近年来消防救援指挥通信体系建设成果的基础上，分析了
当前面对"全灾种、大应急"任务需要时，消防救援指挥通信
体系在监测预警、灾情速报、应急通信保障、应急空中投送、大
面积通信覆盖、辅助决策等六个方面存在的不足，提出了指挥通
信网建设、态势监测网建设、智能调派系统建设、智慧决策系统
建设、智能指挥系统建设、数字化队伍建设六个重点发展方向，
为加快推进消防救援指挥能力和救援体系现代化提供了思路。

关键词： 应急管理　消防救援　消防指挥　应急通信

　　消防救援队伍作为应急救援的主力军和国家队，承担着防范化解重大安
全风险、应对处置各类灾害事故的重要职责。[①] 现代化指挥通信体系，是新
时代应急管理和消防救援的重要组成部分，是防范和应对突发事件的重要保

---

*　滕波，国家消防救援局工作人员，高级专业技术职务，专业技术一级指挥长消防救援衔，
主要研究方向为消防信息化，应急通信系统规划、建设、管理与应用。

①　宋丙剑：《我国消防救援队伍应急救援行动现状研究》，《城市与减灾》2022 年第 4 期。

障。近年来，经济社会持续高速发展，新业态、新产业快速涌现，城市建设伴生风险不断累积，加之各类灾害事故频发多发，传统的灭火救援模式越来越多地表现出不适应性。对标习近平总书记提出的"从应对单一灾种向综合减灾转变，从减少灾害损失向减轻灾害风险转变"① 要求，消防救援队伍对指挥通信体系建设提出了更高标准，加强顶层谋划、明确建设方向、细化方法步骤，系统推进建设任务，初步探索形成较为完整的新型指挥通信体系，推动应急救援工作实现质量变革、效率变革、动力变革，有效提升消防救援核心战斗力。

一　建设现状

随着消防救援队伍改革转制和职能任务的拓展，以及物联网、大数据、人工智能、数字孪生等新兴信息技术的应用，消防救援指挥通信体系建设取得明显成效。

一是消防指挥通信网络初具规模。国家、省、市各级消防救援队伍按标准建成指挥中心和信息中心，开通了消防指挥调度网，建成了消防卫星专网、消防无线通信三级网，融合 4G/5G 移动通信和互联网，构建起空地协同、公专互补、有线+无线相结合的融合通信网络，消防救援队伍战斗到哪里，通信就覆盖到哪里，为指挥调度提供了可靠支撑。

二是消防指挥系统全域覆盖。近年来，部分地区在火灾防范、监测预警方面，将"智慧消防"融入"智慧城市"建设范畴，同步规划推进，取得了一定成效；在提升救援效能方面，统一规划建设了国家、省、市三级消防实战指挥平台，汇集各地重点单位和业务数据，初步实现"一张图"指挥调度、"一张图"展示分析和"一张图"辅助决策。

三是消防应急通信体系基本形成。各级消防救援队伍立足实战，结合语音+图像调度平台，构建起上下联动、前后协同、扁平可视的指挥通信体

----

① 《习近平关于总体国家安全观论述摘编》，中央文献出版社，2018，第 140 页。

系。特别是 2018 年以来，各地抓实建强应急通信队伍，强化全员轮训和专业培训，配齐卫星便携站、无人机、卫星电话、宽窄带自组网等关键装备，狠抓实地测试、实战实训和跨区域演练，磨合机制、优化模式、完善规程，在历次重大消防安保和灾害事故救援中发挥了重要作用，经受了实战检验。

二　突出问题

面对新形势、新任务、新要求，消防救援指挥通信体系支撑保障的能力滞后于职能任务需要，主要体现在以下六个方面。

一是监测预警信息不全。基于物联网的火灾风险动态监测、预测预警、智能分析水平较低，无法完全满足事前预测、事中辅助救援的需要。

二是灾情速报能力不强。灵敏真实、快速机动的灾害现场感知网络尚未形成，尤其是"断路、断电、断网"等极端条件下"10 分钟灾情速报"能力不强，采集汇聚灾情信息的准确性和时效性有待提高，与"救民于水火、助民于危难"的要求还有差距。

三是应急通信保障能力不高。应急通信装备建设发展不平衡，尤其是经济落后地区和灾害多发的中西部地区，消防通信装备配备不足，装备的实战性、适用性、针对性不能完全满足"全灾种、大应急"任务需要；各级通信指战员业务能力参差不齐，复杂恶劣环境下的"灾情侦察、通信覆盖、指挥部搭建、遂行领导"等实战能力亟待提升。

四是应急投送机制不健全。面对"全灾种、大应急"形势任务需要，应急通信需要建立"大联合"工作机制。目前，联勤、联训、联战机制尚不完善，尤其是针对大震巨灾导致的断电、断网、断路等"三断"难题，空中力量投送机制尚不健全。

五是大范围通信组网覆盖能力不足。空天地一体化应急通信网络不健全，尤其是针对大面积通信覆盖和"两山夹一沟"等复杂地形地貌现场，缺乏有效通信装备和技战法创新。

六是辅助决策能力不强。目前，现场态势信息来源多，渠道杂，各级指

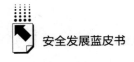

挥员得到的信息片面、杂乱,大多凭经验决策。基于知识库、规则库、案例库、场景库,以及大数据挖掘、人工智能分析的智能化决策支撑不够。

三　下一步发展重点

构建现代化指挥通信体系,提升监测预警、科学决策和精准施救能力,对于推动消防救援指挥能力和救援体系现代化具有重大现实和深远的意义。

一是建设畅通的应急指挥通信网。当前,在应对大震巨灾特别是高原高寒、戈壁深山等面临"三断"极端环境条件考验时,应急通信保障难题仍未有效攻克。要组建专业可靠的应急通信重型队,搭建"前突攻坚、战区通信、指挥保障、遂行领导"四位一体的应急指挥通信体系。推进建设稳定可靠的指挥信息网、天地联动的卫星通信网、高效灵活的宽窄带自组网,形成"全面融合、空天地一体、全程贯通、韧性抗毁、随遇接入、按需服务"的应急指挥通信网络,全面提升"全天候、全地域、全灾种"应急通信保障能力。

二是建设全域感知的实时态势监测网。现代化指挥要求指挥中心不仅要有"顺风耳",还要有"千里眼",救援中,要能够直观监测灾害事故具体点位和态势、道路交通、力量资源分布调配、一线行动进展等情况,还要具备时间、空间、属性等多维关联和数据、图片、视频等可视化展示能力。要充分应用自组网、无人机中继、浮空平台等技术建立全域覆盖网络,确保可视化设备"整合上图"作用的发挥。通过各类感知终端,实现各类灾害事故监测预警和救援现场应急处置动态数据实时采集汇聚,为开展大数据智慧分析和实战应用提供支撑。

三是构建精准高效的智能调派系统。时间就是生命,"时效性"是实现初战打赢的关键。要通过机器学习、数据挖掘等技术的融合应用,增强对实时态势数据的自动分析和灾前灾后数据的自动比对,提高信息的准确性、指向性和预见性。根据历史案例和灾害事故等级,分级分类设置所需的力量规模、行动措施、处置要点等,提升辅助指挥决策的实战效果。同时,加强高山峡谷等极端条件下的力量投送、携行能力建设，探索与通用航空联勤建立"空中轻骑兵"等快速投送机制。

四是建设智慧化的辅助决策系统。利用多源数据融合、大数据关联分析、机器学习、案例推演、知识图谱、灾情组合运算等技术①，整合标准规范、作战预案、处置要点、实战案例、资源需求、专业知识、社会单位等信息，建立典型灾害事故演化模型，结合实时动态感知数据，实现灾害发展趋势分析、次生灾害分析、灾情损失评估等功能，以及风险防护、救援处置、紧急避险等决策建议的展示，推动作战指挥模式由"传统经验型"向"科学智能型"转变，确保"科学、精准、高效、安全"救援。

五是建设智能化的作战指挥系统。面向"全天候、全地域、全灾种"综合应急救援需要，依托网络及共享相关部门有关信息，整合各类指挥视频资源，为各级指战员和各领域专家提供远程会商等决策信息支持，提高协同联动效率。同时，深度应用大数据、人工智能、物联感知、融合通信等技术，准确感知、掌握救援各个环节，汇聚系统积累的重点单位、消防设施、建筑图纸、重点部位等"强信息"，以及灾害现场音视频、定位数据、生命体征等感知网"活信息"，在海量数据资源中搜索、分析、挖掘可用数据，提炼关键要素和作战要点，为一线指战员推送简洁准确的作战信息、指令，实现作战信息"一张图"动态展示分析、作战指令准确传达、现场情况实时反馈，以及社会应急力量、救灾资源有效融合，实现数据共享、业务协同。

六是推进数字化队伍建设。采用新型物联感知、图像感知等技术，研发灾害现场数字化单兵及各类物联传感、机器人、布控球等无人装备应用模式；整合接警调度、作战指挥及日常管理中产生的数据信息，利用人工智能、大数据、数字孪生等技术开展分析应用，满足各级指挥中心、现场指挥部和一线指挥员作战指挥需要，打造数字化队伍"侦察+通信+情报"三大

---

① 李钰:《面向自然灾害应急的知识图谱构建与应用——以洪涝灾害为例》，硕士学位论文，武汉大学，2021。

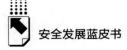

职能，构建"单兵数字化、战场网络化、作战可视化、指挥智能化"的新型指挥体系，推动构建透明化数字战场和新型作战指挥模式。

党的十九届五中全会明确提出，"统筹传统安全和非传统安全。把安全发展贯穿国家发展各领域和全过程，防范和化解影响我国现代化进程的各种风险。"① 构建现代化指挥体系是防范化解重大安全风险的客观要求。消防救援队伍通过构建现代化指挥通信体系，推动消防救援工作跨越式发展，对全面提高消防安全治理水平、完善应急管理体系具有重大的现实和深远的意义。

---

① 《十九大以来重要文献选编》（中），中央文献出版社，2021，第 812 页。

B.12
青少年游学研学安全风险治理和安全发展

唐 钧 黄伟俊 龚琬岚 李昊城*

摘 要： 青少年游学研学行业正蓬勃发展，其安全风险治理有待同步完善与加强。本报告分析发现，青少年游学研学具有环境风险复杂性和交融性、管理风险累积性和传递性、人的风险个体差异性共三大风险特征。对此，需要重点加强青少年游学研学风险识别、青少年游学研学责任落实和青少年游学研学管理机制，以全方位的、立体化、全流程的风险治理工作支撑青少年游学研学行业高质量发展。

关键词： 游学研学 青少年安全 风险治理 安全发展

一 青少年游学研学的风险现状概述

青少年游学研学是指以提升学生素质为教学的目的，以青少年学生集体为参与主体，由学校策划组织，或委托旅行社、非营利团体等中介机构提供服务，赴外地进行语言学习、文化交流、技能训练、生活体验、户外课堂或观光活动等体验式教育和研究性学习的教育旅游活动。近年来，青少年游学研学作为一种寓教于乐的教学方式被写入《"十四五"文化发展

---

* 唐钧，中国人民大学公共治理研究院副院长、危机管理研究中心主任，公共管理学院教授、博士研究生导师；黄伟俊，中国人民大学公共管理学院博士生，中国安全风险治理和安全发展课题组成员；龚琬岚，中国人民大学公共治理研究院危机管理研究中心研究员，公共管理学院博士生；李昊城，中民体育有限公司董事长。

规划》①《"十四五"旅游业发展规划》②《文化和旅游部办公厅 教育部办公厅 国家文物局办公室关于利用文化和旅游资源、文物资源提升青少年精神素养的通知》③ 等国家级政策中，得到大力发展。根据携程《2021暑期旅游大数据报告》，2021年暑期研学类产品搜索量较2020年暑期增长2倍以上。④

同时要看到，随着游学研学人数的不断增加，安全风险的基数也水涨船高。数据显示，全国游学研学人数在2019年增长至480万人次，2021年达494万人次，2022年更是突破600万人次（见图1），达到历史新高。⑤ 庞大

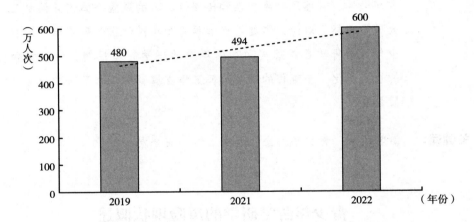

图1 2019~2022年全国游学研学市场主体发展情况

① 《中共中央办公厅 国务院办公厅印发〈"十四五"文化发展规划〉》，https://www.gov.cn/zhengce/2022-08/16/content_5705612.htm。
② 《国务院关于印发"十四五"旅游业发展规划的通知》，https://www.gov.cn/zhengce/zhengceku/2022-01/20/content_5669468.htm。
③ 《文化和旅游部办公厅 教育部办公厅 国家文物局办公室关于利用文化和旅游资源、文物资源提升青少年精神素养的通知》，http://www.moe.gov.cn/jyb_xxgk/moe_1777/moe_1779/202204/t20220415_618092.html。
④ 李杭、司若：《2021年国内旅游预约数据报告》，载司若、钟沈军主编《中国文旅产业发展报告（2022）》，社会科学文献出版社，2022。
⑤ 《数据洞察丨研学旅行人数突破600万人次，如何保持良好发展势头？》，https://baijiahao.baidu.com/s?id=1760881654422357751&wfr=spider&for=pc。

的群体快速涌入了相对年轻的游学研学行业，可能产生新兴风险和规模风险，安全问题不容小觑。

我国对青少年游学研学的安全风险治理总体落实到位且持续向好，但由于行业参与主体数量多、活动时空跨度较大等原因，仍存在极个别的意外事件，这对我国青少年游学研学的风险治理工作提出了更高的要求。对青少年游学研学的安全风险进行全方位评估、全流程防控，对促进本行业健康、可持续发展具有重要意义。

二　青少年游学研学的风险特征

报告结合"管理主体—管理对象—管理情景"的一般性分析框架和风险识别"瑞士奶酪模型"，构建青少年游学研学的风险特征分析框架。青少年游学研学领域的风险特征主要反映在环境风险、管理风险和人的风险三大方面（见图2）。

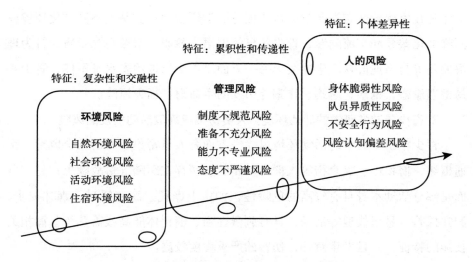

图 2　青少年游学研学的风险特征分析框架示意

注：箭头表示致灾因子穿过层层漏洞，最终成为事故。

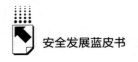

（一）环境风险具有复杂性和交融性特征

青少年游学研学的环境可分为自然环境、社会环境、活动环境和住宿环境四类，不同环境的风险类型、风险来源均存在差异，从而呈现复杂性特征。此外，不同环境之间的风险在特定场景中可能相互影响，导致风险的连锁反应，因此环境风险还具有交融性特征。

1.青少年游学研学的自然环境：目的地与沿途的自然灾害风险

青少年游学研学的目的地和沿途线路的客观地理环境特征会对游学研学队伍的安全产生影响，高温、严寒、暴雨、海浪、地震、台风、泥石流等自然灾害是常见的自然灾害类型。例如，对于具有夏季多暴雨、多山地的游学研学目的地，其气候和地形特征影响着涉水游学活动和水陆交通活动，可能使船艇交通事故、山区车祸与沙滩溺亡事故高发。

2.青少年游学研学的社会环境：文化差异或治安不佳引发的风险

青少年游学研学的社会环境风险一方面是因为文化差异引发的风险，主要体现在民族地区游学研学项目或境外游学研学项目。基于不同文化环境或面临文化差异和交流问题，青少年可能因语言障碍、宗教观念矛盾、行为理解偏差等与当地群众产生冲突。另一方面是由于当地治安水平不佳，青少年易遭遇偷盗、抢劫、诱拐、诈骗等引发的生命财产损失风险。

3.青少年游学研学的活动环境：人员密集或高危活动引发的风险

青少年游学研学的活动环境风险一方面是人员密集场所的安全风险，交通枢纽、博物馆、美食街等人群密度高的场所存在踩踏等事故隐患；另一方面是部分活动本身具有较高的危险性，如水上摩托、海底浮潜、森林徒步、洞穴探险、悬崖栈道等活动，具有刺激性强、消耗体能高或需熟练掌握相关技能的特征，一旦发生意外，伤害的严重程度较高。

4.青少年游学研学的住宿环境：卫生安全方面的风险

青少年游学研学的住宿环境风险主要表现为卫生安全方面的风险，包括且不限于：居住旅店的卫生不达标、食物中毒或食物过敏、接触流行疾病等风险。

（二）管理风险具有累积性和传递性特征

青少年游学研学的管理风险主要指由于活动主办机构（学校或学校委托的第三方组织）制度不规范、准备不充分，以及教管团队（随行教师、导游、安全员等）能力不专业、态度不严谨所导致的风险。管理风险既具有客观因素，又具有主观因素，某个管理环节发生问题，该环节的安全风险可能会累积、传递至下一个管理环节，产生风险的集聚效应，最后演变为事故。因此，管理风险呈现累积性和传递性的特征。

1.青少年游学研学主办机构制度不规范风险

青少年游学研学主办机构的制度不规范风险包括且不限于：规章制度缺失，未针对游学研学活动制定详细、完善的管理规章制度，规章制度缺乏可执行性的风险；主办机构与家长没有签订有关安全责任的书面协议；应急预案缺失或缺乏针对性与可操作性、没有定期更新等。

2.青少年游学研学主办机构准备不充分风险

青少年游学研学主办机构准备不充分的风险包括且不限于：未在活动开始前对游学研学目的地进行实地考察或背景调查；未对游学研学活动的风险开展识别或分析工作；未与当地做好对接工作；未向青少年监护人履行风险告知、风险沟通义务；未随行携带急救药物等。

3.青少年游学研学教管团队能力不专业风险

教管团队能力不专业的风险包括且不限于：未持有导游证、教师证、外语证、驾驶证等资格证上岗，无法胜任岗位要求；不具备游学研学目的地或活动项目所要求的专业能力；未掌握心肺复苏、海姆立克急救法、危机心理干预等特殊应急技能等。

4.青少年游学研学教管团队态度不严谨风险

教管团队态度不严谨的风险包括且不限于：风险意识淡薄、松懈、麻痹大意，忽略或轻视潜在的安全风险；在采取安全措施的过程中处置随意；不重视青少年提出的安全诉求等。

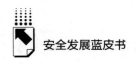

（三）人的风险具有个体差异性特征

人的风险指青少年群体在游学研学过程中潜在的风险，主要有身体脆弱性风险、队员异质性风险、不安全行为风险和风险认知偏差风险四种风险。青少年的风险承受力相对比较低，同时在游学研学过程中情绪处于兴奋、激动的状态，可能对风险认知产生偏差，做出不正确的判断和不安全的行为。由于不同青少年的身体状况、性格、认知能力等各有不同，每个青少年面对的风险存在一定差异，呈现个体差异性特征。

1.青少年身体脆弱性风险

青少年身体发育未成熟，风险承受力较低，具有身体脆弱性的风险；对于青少年数量较多、低龄少年数量较多或占据较高比例的游学研学团队，身体脆弱性风险的特征比较突出。

2.游学研学队员异质性风险

对于部分"拼团"的游学研学团队，青少年彼此熟悉程度偏低，或青少年来自不同的民族或国籍，队员间可能在磨合过程中有争吵和冲突等现象，存在若干安全隐患。

3.青少年不安全行为风险

青少年的不安全行为包括体育和户外活动中的意外事故，如因嬉戏打闹引发的磕碰、跌倒、扭伤等机械外伤；因触火、触电等导致的烧烫伤；在登山、爬坡过程中的不安全行为等。

4.青少年风险认知偏差风险

游学研学场地中存在"惯常非足迹环境"[1]，指人具备一定认知但尚未涉足的环境。对于这类环境，人们往往会低估它的安全风险，形成安全隐患。同时，由于青少年风险认知能力未成熟，他们可能忽略或低估了特定风险，引发事故。

---

[1] 刘逸、李源、纪捷韩：《地理学视角下旅游安全事故成因研究——以我国居民赴泰旅游为例》，《世界地理研究》2022年第2期。

三　青少年游学研学的风险治理和安全发展策略

近年来，我国青少年游学研学的政策法规不断完善，2014 年教育部出台《中小学学生赴境外研学旅行活动指南（试行）》①，对境外机构合法性、出行交通安全性、行程规划合理性、研学环境稳定性等内容做出了规定；2016 年《教育部等 11 部门关于推进中小学生研学旅行的意见》② 发布，强调研学旅行要坚持安全第一，建立安全保障机制，明确安全保障责任，落实安全保障措施，确保学生安全；2017 年实施行业标准《研学旅行服务规范》（LB/T 054-2016），对游学研学的安全管理制度体系、安全教育实施和人员配置都做出了规定；2023 年 7 月《教育部办公厅关于做好 2023 年中小学暑期安全工作的通知》发布，其中特别提到"要理性看待、慎重选择夏令营、研学、游学和校外培训，防止侵害学生合法权益、危害身心健康事件发生"③。在现有基础上，本报告建议应重点加强青少年游学研学风险识别、青少年游学研学责任落实和青少年游学研学管理机制，通过全方位的、立体化、全流程的风险治理，促进青少年游学研学行业安全、健康、有序发展。

（一）全方位的青少年游学研学风险识别

青少年游学研学的风险识别要坚持全面性、持续性、主次分明性和分层性等原则，通过业务历史数据、网络大数据等定量统计分析和重大突发公共事件、典型事故等定性案例分析，开展全面风险识别。在已发布的法规、标准，行业专家、科研人员的研究报告，事故报告，家长、学生投诉，伤害事件媒体报道等二手资料为基础上，笔者再通过实地调研与考察等一手资料识

---

① 《中小学学生赴境外研学旅行活动指南（试行）》，https://www.pkulaw.com/chl/7c174b194ed1517fbdfb.html。

② 《教育部等 11 部门关于推进中小学生研学旅行的意见》，中国政府网，https://www.gov.cn/xinwen/2016-12/19/content_ 5149947.htm。

③ 《教育部办公厅关于做好 2023 年中小学暑期安全工作的通知》，中国政府网，https://www.gov.cn/zhengce/zhengceku/202307/content_6890618.htm。

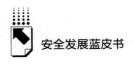

别青少年游学研学的潜在风险源，如组织管理、人员素质、交通条件、环境条件等方面的风险源（见表1）。

表 1　游学研学风险识别内容

风险源 （4项）	风险识别项 （12项）	风险说明
1. 组织管理风险	1.1 规章制度	规章制度缺失，未针对游学研学活动制定详细、完善的管理规章制度，规章制度缺乏可执行性或执行不到位导致的风险
	1.2 应急预案	应急预案缺失或缺乏针对性与可操作性、没有定期更新等导致的风险
	1.3 应急救援能力	应急救援培训、救援物质等准备不充分导致的风险
2. 人员素质风险	2.1 学生	学生意识、素养、行为、体质等问题产生的风险
	2.2 教管人员	教管人员的身体、心理健康状况，职业道德、安全意识、思想认识情况，应急事件处理能力等导致的风险
	2.3 社会面人员	游学研学目的地的人员结构组成、人员密集程度等导致的安全风险
3. 交通条件风险	3.1 交通工具	根据旅行距离合理选择交通工具，交通工具选择不合理会增加交通安全风险
	3.2 交通路线	路线选择不当，遭遇道路维修、封路、路面崎岖不平等导致的交通安全风险
	3.3 驾驶员素质	驾驶员身体、心理的健康状况，以及行驶过程中的违规操作导致的风险
4. 环境条件风险	4.1 生活环境	住宿、用餐等方面卫生不达标，或目的地正在流行某种传染性疾病等产生的风险
	4.2 人文环境	语言、地方风俗习惯、目的地城市治安等导致的冲突所产生的风险
	4.3 自然环境	游览水域、沙漠、山地、高原等特殊环境，或未提前了解天气状况产生的风险

（二）立体化的青少年游学研学责任落实

安全风险治理工作需要抓住安全责任这个"牛鼻子"。青少年游学研学的安全责任落实应突出主办机构主体责任和政府监管责任，积极凝聚社会其他主体力量，共同提升青少年游学研学的风险防控工作。

1. 落实主办机构主体责任，以规范化提升活动安全水平

青少年游学研学的责任落实首先应规范主办机构（学校或第三方组织）业务，强化主办机构的安全主体责任。目前仍存在部分游学研学机构缺乏安全预案，研学导师、安全员、医生等专业人员配比普遍不足等现象，亟须建立具有更高强制力、更强实践性的安全标准，层层落实安全责任，确保"活动有方案，行前有备案，应急有预案"。例如，提前拟定活动计划并按管理权限报教育行政部门备案，通过家长委员会、致家长的一封信或召开家长会等形式告知家长活动意义、时间安排、出行线路、费用收支、注意事项等信息。同时，加强对监管人员的管理培训和应急能力培训，建立健全"持证上岗"机制，进一步规范领队、导游、安全员等游学研学管理者的素养和能力。

2. 落实政府监管责任，形成联动监管合力

青少年游学研学业务监管职责涉及教育、文旅、市场监管、交通运输、公安等多个部门，监管部门应落实"三管三必须"，依法开展监管执法和联动执法工作。教育部门落实青少年安全教育责任，做好游学研学内容科普、风险提示、应急技能培训等宣传教育工作，提升学生和家长的风险认知水平和风险防范意识；旅游部门落实准入审批责任，开展游学研学企业或机构的准入条件和服务标准审查；交通部门落实运输监管责任，督促有关运输企业检查学生出行的车、船等交通工具；公安、市场监管等部门加强对游学研学涉及的住宿、餐饮等公共经营场所的安全监督；保险监督管理机构负责指导保险行业提供并优化校方责任险、旅行社责任险等相关产品；属地政府做好游学研学目的地安全管理"最后一公里"的工作，加强基地、器械、设备的安全检查，在游学研学的活动场所布置好相关的安全宣传牌和日常安全常识标语等。

3. 凝聚社会其他主体力量，共同保障青少年安全游学研学

引导家长加强安全教育，培育孩子正确的安全观念，并提升他们基本的自我防护知识和自救本领；在出发前落实安全教育，为青少年提供适当的安

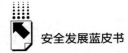
全教育和行为准则，主动遵守当地法律和安全管理规定；在活动过程中做好风险提醒工作，及时劝阻学生的冒险行为，主动远离危险场所，不断增强青少年的避险自觉意识。此外，发挥行业协会的优势，树立一批风险管理规范性较强的企业或机构作为典型代表，引导行业良性发展。

（三）全流程的青少年游学研学风险管理机制

应在项目活动的全流程嵌入风险管理活动，在全方位风险识别的基础上，完善全流程的风险管理机制，强化风险分析评估、风险应对和风险监督记录，切实推进行业安全发展（见图3）。

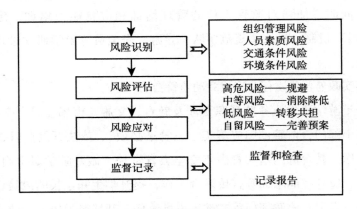

图3 青少年游学研学的全流程风险治理

1. 开展动静态相结合的青少年游学研学风险评估

应遵循分类分级、精准施策的管理逻辑，根据伤害发生的严重程度、伤害发生的可能性、可预防性等维度，对所识别的安全风险进行综合评价。对风险的评级既要在静态层面考虑风险源、受灾对象、承灾环境等因素，又要从动态的角度考虑风险的点状暴发、线状传递、面状扩散等特征规律，从而更加系统地评估风险等级，做好风险防范基础工作。例如，对风险发生可能性的高低和风险发生严重程度的强弱综合分析，将风险等级由高到低评为高危风险、中等风险、低风险和自留风险4类（见表2）。

表 2　风险等级划分表

风险发生的概率	风险发生的严重程度			
	非常严重	严重	一般	微弱
总是	高危风险			中等风险
非常高				低风险
很高				低风险
较高			中等风险	
较低		中等风险	低风险	
很低	中等风险	低风险		
非常低	低风险		自留风险	
几乎无				

2. 开展有针对性的青少年游学研学风险应对

在安全风险应对方面，根据风险等级的高低，采取不同的应对策略进行处理。对被评为"高危风险"的事项，应不开始或退出即将进行或正在进行的游学研学活动以规避风险；对被评为"中等风险"的事项，应消除风险源或通过采取措施降低风险后，开展游学研学活动；对被评为"低风险"的事项，建议通过签订合同、购买保险等方式，实现风险转移或共担；对被评为"自留风险"的事项，在完善相关应急预案的情况下，可正常开展游学、研学活动。

3. 持续开展青少年游学研学的监督检查和风险防范

青少年游学研学的全流程应落实监督和检查，确保风险管理过程设计、实施和结果的质量和成效不"变形走样"。把监督和检查贯穿于风险管理过程的所有阶段，包括计划、收集和分析信息、记录结果和提供反馈。同时，应通过适当的工作机制，记录和报告风险管理过程及其结果。通过记录和报告风险内容、伤害类别、原因分析等，帮助主办机构掌握风险管理本领，通过风险学习持续提升风险防范工作，实现主办机构乃至整个青少年游学研学行业的安全发展。

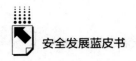

参考文献

唐钧编著《公共安全风险治理》，中国人民大学出版社，2022。

李杭、司若：《2021 年国内旅游预约数据报告》，载司若、钟沈军主编《中国文旅产业发展报告（2022）》，社会科学文献出版社，2022。

刘逸、李源、纪捷韩：《地理学视角下旅游安全事故成因研究——以我国居民赴泰旅游为例》，《世界地理研究》2022 年第 2 期。

地 方 篇
Regional Reports

B.13

江阴市公共安全体系的现代化探索

龚琬岚*

摘　要： 构建公共安全体系是党中央国务院着眼于高质量安全发展、人民安居乐业、社会安定有序、国家长治久安作出的重大战略决策，江苏省江阴市率先探索县域公共安全体系的创新实践，直面公共安全体系的"拦路虎"，积极回应安全这一高质量发展的"必答题"。江阴市创新开展 2019～2025 年的公共安全体系规划与建设，在"四梁""八柱""地基"的总体规划和 26 个专项规划的指引下，立足践行使命、完善功能、优化结构、提升能力的"四位一体"愿景设计，开展公共安全体系建设 12 个方面的先行先试。以此为基础，县域公共安全体系的优化，应围绕高效能、全周期、保障型的目标，改革完善应急管理体系、防范化解重大安全风险、优化公共安全基层治理。

关键词： 江阴市　公共安全体系　应急管理　安全发展

---

* 龚琬岚，中国人民大学公共治理研究院危机管理研究中心研究员，公共管理学院博士生，主要研究方向为应急管理、风险管理、公共安全，著有《学校安全》《社区安全》等。

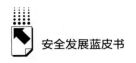

一 背景使命：安全是高质量发展的"必答题"

公共安全连着千家万户，关系着人民幸福、社会安定、国家安全。党的二十大报告提出："完善公共安全体系……提高防灾减灾救灾和重大突发公共事件处置保障能力。"① 江苏省江阴市是国家县域治理典范的县级市。2019 年 4 月，江阴市委提出，江阴市的高质量发展要"加快构建全域覆盖的公共安全体系"，完善成型"1+5"县域治理总架构。之后江阴市开始公共安全体系建设的一系列探索。近年来，江阴市积极探索公共安全体系的现代化，为推动县域应急管理体系和能力现代化探新路、做示范。

第一，公共安全体系建设构成新时代高质量发展的必要前提。习近平总书记强调，"确保公共安全事关人民群众生命财产安全，事关改革发展稳定大局"②。加快构建全域覆盖的公共安全体系，不仅是高质量发展的重要前提，更是高质量发展的题中应有之义。

第二，国家治理体系和治理能力现代化应以公共安全为基础。公共安全体系建设是党中央着眼于人民安居乐业、社会安定有序、国家长治久安作出的重大战略决策，是国家治理体系和治理能力现代化的重要基础工作。党的二十大报告提出："提高公共安全治理水平。坚持安全第一、预防为主，建立大安全大应急框架，完善公共安全体系，推动公共安全治理模式向事前预防转型。"③

第三，风险社会中的县域公共安全体系建设面临转型期挑战。在县域层面的公共安全体系建设面临诸多的转型期严峻挑战，以县级行政区划（包括区、县、县级市等）为地理空间，以县级政权为调控主体，尚无公共安

---

① 习近平：《高举中国特色社会主义伟大旗帜 为全面建设社会主义现代化国家而团结奋斗——在中国共产党第二十次全国代表大会上的报告》，人民出版社，2022，第 54 页。

② 《习近平在中共中央政治局第二十三次集体学习时强调：牢固树立切实落实安全发展理念，确保广大人民群众生命财产安全》，江西省应急管理厅网站，http://yjglt.jiangxi.gov.cn/art/2015/7/6/art_37538_1813179.html。

③ 习近平：《高举中国特色社会主义伟大旗帜 为全面建设社会主义现代化国家而团结奋斗——在中国共产党第二十次全国代表大会上的报告》，人民出版社，2022，第 54 页。

全的上层法律法规和标准规范的直接设计，也受制于经济社会等多方面条件的制约，更直面基层社会综合治理的复杂局面。

二 直面挑战：扫除公共安全体系的"拦路虎"

实力雄厚的县域经济、门类齐全的工业企业、蓬勃发展的社会事业，既给江阴带来了安全发展的活力和动力，也给公共安全体系建设带来了诸多挑战。

（一）直面风险点多量大面广、复合交织叠加的问题

与周边城市相比，江阴市人口密度大、风险源复杂，各类风险日益累积、日趋复杂、日益凸显。江阴市是全国53个危化品安全生产重点县之一，涉危企业多、涉危品种全、高危工艺多、高危作业多、设备设施服务时间长、自动化程度低、仓储容量大，安全风险高度集聚。电力、通信、燃气、热力、给排水等各类地下管网纵横交错、隐蔽性强，突发风险难预防。江阴市地处平原地区，自然灾害总体相对少，但台风、洪涝、地质灾害等仍时有发生。传统工贸行业发生死亡事故在生产安全事故中的比重高，集中于产业层次不高、本质安全水平低的传统工业领域。消防接处警、火灾总量仍处高位运行，各类火灾致灾因素复杂多变，潜在火灾隐患和风险增多，小微企业以及城中村、群租房、"九小"场所①等消防基础薄弱。企业、小区不同程度存在消防通道堵塞、消防水源不足等现象。此外，江阴市社会安全方面的新型诈骗案件、金融安全风险、信息网络安全风险等新生风险呈增长趋势。

（二）应对风险防范"条块分割、各自为战"的问题

传统的公共安全工作，是一种"各人自扫门前雪"的管理模式。当前，

① "九小"场所是指小学校或幼儿园、小医院、小商场、小餐饮场所、小旅馆、小歌舞娱乐场所、小网吧、小美容洗浴场所、小生产加工企业等。

党政同责、一岗双责、齐抓共管、失职追责的职责体系已经初步形成，但是不同主体之间的责任明晰划分、落实有效执行仍不到位，标准化、规范化的管理要求仍相对不足，公共安全责任链条未能做到全流程压紧压实。少数行业领域安全监管不到位，部门壁垒和平台流转不畅制约责任落实全面联动，安全数据碎片化、孤岛化，预知预判和防范化解重大风险的能力还不强，信息孤岛、职能交叉的现象依然存在，各类安全管理信息化平台整合度不高，导致"条块分割、各自为战"。

（三）解决风险化解"旧账未清、又欠新账"的问题

安全风险并非一成不变，也不可能一"治"永逸，风险会随着经济社会的快速发展而变换形式、层出不穷。随着产业转型升级提速，新能源、新工艺、新材料、新设备的广泛运用，新的不确定性安全因素和潜在风险交织叠加在一起。例如：企业在面临产业转型、技术迭代、业态更新的过程中，均可能产生新的安全风险点；"放管服"改革深入推进，一批法规、政策调整，则可能出现新的事故增长点。

（四）根治风险整改"头痛医头、脚痛医脚"的问题

公共安全是一个持续管理过程，无法毕其功于一役。近年来，江阴市各行业领域针对重点难点问题持续开展一系列有针对性的专项治理，防范化解了一批重大风险隐患，但其中存在部分突击式、运动式、救火式的被动治理，尚未形成集成高效、常态长效的体制机制，风险整改"头痛医头、脚痛医脚"，同类事故反复发生。

三　框架建构：县域公共安全体系的率先破题

2019年4月，江阴市以提升群众安全感，切实解决社会安全发展过程中的痛点难点堵点为抓手，将集成改革县域治理体系总架构由原来的"1+4"升级为"1+5"，增加的"1"就是"构建全域覆盖的公共安全体系"。

这就意味着公共安全体系建设正式纳入江阴市集成改革试点范围之中，纳入整个县域治理体系框架之中，率先开展公共安全体系中长期建设规划，出台《江阴市公共安全体系"1+26"规划（2019—2025年）》（见图1），在"四梁""八柱""地基"的总体规划和26个专项规划的指引下，以党建统领为根本保障，为着力破解安全风险防控之难提供体系支撑，通过聚共识、强组织、优方案、立机制、集民智等多路径多渠道，为经济社会的高质量和可持续发展"保驾护航"，加快实现县域治理体系和治理能力现代化，切实提升人民群众的获得感、幸福感、安全感。

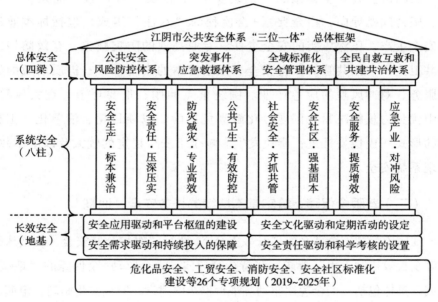

图1　江阴市公共安全体系的规划与实施框架（2019—2025年）

资料来源：《江阴市公共安全体系"1+26"规划（2019—2025年）》。

（一）立足全流程，搭建防救集成的总体安全"四梁"

江阴市公共安全体系的"总体安全"，贯彻"大安全、大应急"要求，坚持"目标导向"，由全覆盖+全方位的"四梁"组成，包括：一是"防"，

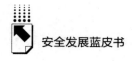

即公共安全风险防控体系，二是"救"，即突发事件应急救援体系；三是"全域"，即全域标准化安全管理体系；四是"全民"，即全民自救互救和共建共治体系。江阴市规划于2025年初步建成对标发达国家水平的公共安全体系，全民防灾避险意识和自救互救能力显著提高，公共安全事故事件显著下降，争取实现风险承受力最大化、风险对冲最大化和责任隐患最小化、压降风险至最小化、应急救援的人财损失最小化。

（二）布局全要素，构建精准有效的系统安全"八柱"

江阴市公共安全体系的"系统安全"，落实"补短板、优系统"要求，坚持问题导向，由全要素+全流程的"八柱"组成，包括标本兼治的安全生产、压深压实的安全责任、专业高效的防灾减灾、有效防控的公共卫生、齐抓共管的社会安全、强基固本的安全社区、提质增效的安全服务、对冲风险的应急产业。围绕重点问题、重要环节、重大风险，集中优势力量解决紧急问题、化解高危风险，以项目化、清单化、工程化的形式积极稳妥推进；避免发生影响全市安全稳定的较大及以上事故，实现系统安全。

（三）着眼全保障，筑牢常态持续的长效安全"地基"

江阴市公共安全体系的"长效安全"，践行"维护公共安全，必须从建立健全长效机制入手"要求，坚持持续导向，由全驱动+全保障的"地基"组成，具体包括：安全应用驱动和平台枢纽的建设、安全文化驱动和定期活动的设定、安全需求驱动和持续投入的保障、安全责任驱动和科学考核的设置。这一长效安全规划实现常态化安全运行、持续化运维保障，以形成"人人参与、人人担责、人人共享"的建设格局和工作合力，达成江阴市公共安全的可持续和良性发展。

（四）覆盖全领域，精准部署26个公共安全专项规划

基于"多规合一、专规合总"的基本原则，在总体规划架构之下，江

阴市精准部署涉及重点行业、高危领域、关键部位、敏感人群、核心环节的26个公共安全专项规划，具体包括危险化学品安全、工贸安全、油气输送管道安全、交通运输安全、消防安全、长江水上交通安全、特种设备安全、建筑施工安全、城市地下管网安全、城镇燃气安全、电力安全、公共场所和大型活动安全、自然灾害防治、公共卫生事件防治、食品药品安全、经济金融安全、农业农村安全、校园安全、医疗机构安全、养老机构安全、旅游安全、生态安全、安全社区标准化建设、公共安全信息化建设、全民安全宣传教育培训和应急产业发展。

四　初步实践：立足"四位一体"建设的先行先试

近年来，江阴市在公共安全体系建设上，紧密围绕践行使命、完善功能、优化结构、提升能力的愿景设计（见图2），力争实现发扬既有长处、补齐安全短板、规避系统风险的12维目标，做了系统优化的诸多探索和努力，也取得了精细完善公共安全体系建设的阶段性成效。

（一）践行公共安全的三大使命，做好顶层部署、战略规划

践行公共安全的改革完善应急管理体系、从根本上消除事故隐患、营造群众安居乐业环境的三大使命，做好公共安全体系建设的顶层部署、战略规划。

1. 践行改革完善应急管理体系的使命，促进监管责任无缝化、全链条落实

改革完善应急管理体系，是促进高质量发展、优化社会治理、落实全面深化改革的重要举措。基于此，公共安全的首要使命是改革完善应急管理体系，坚持党对应急管理工作的领导，构建统一领导、权责一致、权威高效的应急能力体系，形成统一指挥、专常兼备、反应灵敏、上下联动、平战结合的应急管理体制，推动应急管理实现从安全生产监管向安全生产、自然灾害、应急救援一体化综合协调转变，从应对单一灾种和简单情形向大安全、全灾种、大应急的综合防灾减灾救灾模式转变，从应急资源和力量的多头、

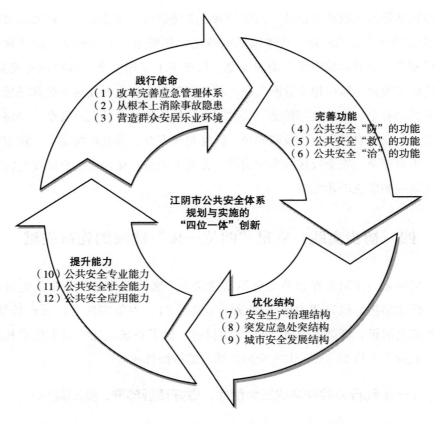

图2 江阴市公共安全体系"四位一体"实践经验拓扑

分散管理向统一指挥调度和高效联合响应模型转变。

结合网格化管理与机构集成化改革等工作,江阴市建立了包括条(市应急管理局、市安全生产监察大队)、块(各镇街人民政府、各镇街综合执法局)和基层网格在内的纵向到底、横向到边的全方位安全生产监管体系;实行党政主要负责人共同担任市安委会主任的"双主任制",出台《关于进一步落实安全生产职责加强机构编制保障的通知》,71个部门单位全部增设或加挂安全生产监管内设机构,实现安全生产内设机构全覆盖的同时,率先实现安委办实体化运作,有效发挥"谋、统、督"作用,动态调整全市18个安全生产专业委员会,制定出台《江阴市安全生产警示提示等四项制度》

《江阴市安全生产专业委员会工作规则》等规定，推动专委会工作标准化、规范化运行，推进落实全市安全生产分级分类监管。[①]

2. 践行从根本上消除事故隐患的使命，促进高危风险长效化、根本性整治

针对高危风险，要切实有效开展长效化、根本性的整治。基于此，公共安全体系的重要使命是如何从根本上消除事故隐患，以安全生产专项整治三年行动等为契机，源头治理、系统治理、综合治理相结合，建立健全风险评估、风险防控、监管执法、责任落实、应急指挥、专业救援、宣传教育等体系，完善和落实相关的责任链条、制度成果、管理办法、重点工程、工作机制，在整改期限内持续压降死亡人数和责任事故起数，有效遏制一般事故，坚决杜绝较大、重大、特大事故，有效化解可能导致群死群伤、重大经济损失、社会恶劣影响的安全风险隐患。

江阴市对危化品、城镇燃气、冶金、建设工程、消防等重点行业领域持续推进整治行动，累计排查整治各类隐患 19 万余项，对危化品、城镇燃气等重点行业领域 2.8 万余家企业（单位）实行分级分类清单化监管，全市 1.6 万余家工业企业纳入安全生产风险报告系统，[②] 实现安全生产死亡人数和事故起数的连年"双下降"。江阴市以新发展理念为引领，部署开展三年行动，启动实施工业园区升级改造工程，提升节约集约用地水平，推动产业转型升级发展，培育新能源、集成电路、生物医药等战略性新兴产业，实现机械化换人、自动化减人。江阴市创新开展违法违规"厂中厂"专项整治行动，对全市将国有资产、集体资产出租给单位或个人用于生产、经营、储存、堆放，以及企业或个人将厂房（场地）出租给单位或个人用于生产、经营、储存、堆放的情形，通过"关停取缔一批、规范达标一批、更新改造一批"的行动，进行彻底排查整治，坚决扫除隐患，全力为全市公共安全基层基础工作提供坚强保障。

3. 践行营造群众安居乐业环境的使命，促进生产本质化和生活常态化安全

为实现人民对美好生活的向往营造安全、稳定的生产场所和生活环境，切

---

① 《江阴市"十四五"安全生产与应急管理体系（含防灾减灾）规划》，https：//mp. weixin. qq. com/s/D8sHYk7RVLekIrXl_1PFGQ？_esid=1043989。

② 《江阴市获评省级安全发展城市创建工作先进地区》，无锡市应急管理局网，http：//yjglj. wuxi. gov. cn/doc/2023/02/20/3891332. shtml。

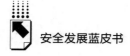

实提升人民群众的安全感、获得感、幸福感、满意度，是城市安全发展的最终目标。基于此，公共安全体系建设应以营造群众安居乐业环境为使命，以公共安全的现存问题为靶向，学习借鉴先进经验和可行做法，切实解决影响人民群众生产生活的安全顽疾痛点，促进生产的本质化安全和生活的常态化安全。

江阴市建立"基层吹哨、部门报到"工作机制，细化制定"企业主体责任重点事项100条"，配套出台企业现场安全管理十项基本措施，委外作业、高处作业、劳务派遣和灵活用工、小型建设工程和零星作业安全管理措施，以及工贸企业危化品中间仓库、用电安全等系列标准规范，推行危化品企业事故隐患月度自查自改工作制度和主要负责人安全生产记分制，危货运输、建筑施工等企业试行安全生产分级分类评分，推动企业构建"全员、全岗位、全过程"安全生产主体责任体系。江阴市还针对影响全市村（社区）安全的根本性、基础性问题和薄弱部位、顽疾镇街，创新推出江阴市安全村（社区）创建"16条"（试行），抓重点、抓关键、抓长效，促使安全村（社区）创建工作更加扎实有效。

（二）完善公共安全的三大功能，落实补短板、堵漏洞、强弱项

完善公共安全"防""救""治"的三大功能，强化公共安全体系的补短板、堵漏洞、强弱项。

1. 以个体防护与条线负责为主线，完善公共安全"防"的功能

公共安全"防"的功能重在事前的安全风险防控、管控、防范。一方面，以安全生活为主线，围绕每个个体的安全防范，以加强避险防灾意识、安全生产素质、自救互救技能为核心，全面加强安全宣传普及、安全教育警示、安全专项培训、安全人才培养等相关工作。另一方面，以安全生产为主线，围绕各条线负责的行业领域安全管控，尤其是加强高危行业和重点领域的风险评估管控、隐患排查、事故预防。

江阴市统筹推进安全村（社区）、安全示范企业和班组、平安校园等群众性创建活动，因地制宜创建安全学校；自2017年起启动全民自救互救工程，由市委、市政府领导带头示范参与自救互救培训，在全市学校、社区、

文体场馆等人员密集场所分步建设 46 个自救互救工程项目点,① 配备自救互救设备,加快培育"第一响应人",提升全民自救互助能力。

2. 以联动集成与专项打磨为主线,完善公共安全"救"的功能

公共安全"救"的功能重在事中的应急专业处置和联动响应救援。联动集成与专项打磨的优化,以应急处置救援的专项打磨突破和救援体制机制的联动集成为主线。一方面,救援体制机制的联动集成,在理顺防汛抗旱防台风、森林防灭火等重点应急工作机制的基础上,以信息化建设和一体化平台为抓手,健全信息共享、协同预警、联合响应、联动处置等机制。另一方面,应急处置救援的专项打磨突破,以组织架构、现场指挥、专业队伍、应急预案、物资装备、运输通信、疏散避难、舆情管控等单元为核心,由主管部门牵头、关联属地配合、社会力量助力,逐项稳步提升其专业化、规范化、科学化的能力水平。

江阴市遵照习近平总书记"坚持标本兼治、综合治理、系统建设,统筹推进安全生产领域改革发展"② 的重要指示,融入长三角一体化应急管理协同发展,投入 2.2 亿元高标准建设江苏省沿江(江阴市)危险化学品应急救援基地,购置近亿元国内外先进消防救援装备投入执勤工作,深入推进信息化智慧监管、数字化精准救援、实操化培训演训,以"防救训"集成打造安全发展城市新名片。

3. 以属地兜底与基层自治为主线,完善公共安全"治"的功能

公共安全"治"的功能重在事后学习改进和动态循环升级。一方面,属地政府发挥兜底作用,发挥各地安委会和安全生产内设机构全覆盖的体制优势,提升各级专委会协同运作效能,健全会商研判、定期协办通报、联合协同执法等机制,有效推动重点行业领域公共安全风险隐患的专项整治和长效治理。另一方面,发挥城乡基层单位的自治功能,探索多元主体参与治理模式,形成群防群治工作格局,切实推进"专兼结合、群防群治、一队多

---

① 《江阴市"十四五"安全生产与应急管理体系(含防灾减灾)》,https://mp.weixin. qq.com/s/D8sHYk7RVLekIrXl_1PFGQ?_esid=1043989。

② 《习近平关于社会主义社会建设论述摘编》,中央文献出版社,2017,第 162 页。

能、一员多职"的综合性应急队伍建设。

江阴市全力推动网格化、扁平化的安全监管,把安全监管职责纳入全市17个一级网格、271个二级网格、1558个三级网格体系,每个网格配备"一长五员",即网格长、网格员、督查员、巡查员、信息员、联络员,构建起横向连接117个机关部门、群团协会、企事业单位,纵向贯通17个镇街园区、271个乡村社区的联动管理网络,通过业务科室、执法中队、技术团队高效配合,实现对风险隐患的深查快处。①

(三)优化公共安全的三大结构,促进系统完善、全面发展

优化安全生产治理结构、突发应急处突结构、城市安全发展结构,促进公共安全体系的系统完善和全面发展。

1. 优化安全生产治理结构,实现根源治理和本质安全

安全生产是公共安全体系的"顶梁柱"。针对当前风险基数大、高危隐患多、系统连锁反应杂、基层力量弱等共性问题,优化安全生产治理结构应做到:以产业升级换代和区域功能转变为抓手,加速推进"机械化换人、自动化减人"和"智能工厂与数字化车间"建设,切实加强风险源头防范化解;以安全监管的内部体制机制集成优化和外部技术服务辅助模式等为抓手,有效提升安全生产综合监管能力;以安全生产双重预防机制为抓手,构建企业"内嵌式"安全管理机制;以"科技强安"和"智治创安"为抓手,加强物防技防技术创新和智能监测系统建设,有效防范安全生产的系统性、连锁性风险;以产业结构优化和产能转型升级为抓手,持续推进绿色低碳高质量安全发展。

江阴市在江苏省率先对深井铸造、涉爆粉尘等高危企业开发应用智能化信息管理系统,积极探索推进智慧工地、叉车智慧监管、路面动态称重检测系统、森林防火智能监测指挥系统、智慧技防校园、危旧房屋安全管理信息

---

① 《江阴市创新"全要素"网格化治理机制》,江阴市人民政府网,http://www.jiangyin.gov.cn/doc/2018/11/04/415405.shtml。

系统等建设。江阴市统筹安全生产和生态保护,以"共抓大保护,不搞大开发"为指引,在江苏省率先制定实施了《江阴市加强长江大保护三年行动计划(2018—2020)暨2018年度重点工作和项目安排》,围绕"生态进、生产退,治理进、污染退,高端进、低端退"的目标,通过精细规划、严控开发、园区整改、控源截污、生态修复、河岸整治等举措,协同推进高质量发展与高水平保护。

2. 优化突发应急处突结构,实现"防抗救"一体化转变

"防抗救"一体化转变,针对突发公共事件全生命周期应急管理的各环节短板盲区和全流程系统问题,优化突发应急处突结构应做到:以风险防控体系的集成建设为抓手,夯实事前防灾减灾和隐患治理的基础;以应急救援体系的重点突破为抓手,补齐专业应急处置和医疗生命救援的短板;以全域标准化安全管理为抓手,有效防范化解绝大多数公共安全风险隐患;以全民防灾避险意识和自救互救能力的稳步提升为抓手,拧紧公共安全的末端"螺丝帽";以各类应急队伍和各级行政力量从整合到融合为抓手,促进"防抗救"各项相关职能从"物理相加"到"化学反应"。

江阴市在森林火灾的防灾救灾减灾工作中,通过构建森林防火智能监测指挥系统,优化抗旱、防火、救灾的三重任务分工部署和联合实施,逐步实现"防抗救"一体化,项目监控报警所需的基本软件系统、红外双光探头等已建设完成,通过测试并开始启用,接下来将进一步建设森林防火救灾视频监控、智能预警、辅助决策及应急指挥系统,打造森林资源"天上看,地上管,网上查"的立体化监管新模式。

3. 优化城市安全发展结构,助力安全发展示范城市建设

城市安全发展是弘扬生命至上、安全第一的重要支撑,也是公共安全体系逐步走向成熟和完善的重要标志。城市安全发展的结构优化,应从科技、管理、文化三个维度,全面加强城市安全源头治理、安全风险防控、安全监督管理、安全保障能力、应急救援处置等工作,落实完善城市运行管理体制机制和责任体系,打造共谋、共建、共治、共享的城市安全格局,全面提升

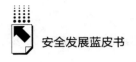

城市安全发展水平。

江阴市在《江阴市公共安全体系"1+26"规划（2019—2025 年）》的总体框架指导下，紧紧围绕"城市安全、美好生活"主题，深入践行新发展理念，高位统筹安全科技、管理和文化"三轮驱动"，积极探索城市安全的全周期管理新流程、全要素治理新策略、全主体参与新路径，构建与高质量发展相适应的城市安全格局，入选江苏省级安全发展示范城市先进地区。

（四）提升公共安全的三大能力，促进长效建设、持续进步

提升公共安全专业能力、社会能力、应用能力，促进公共安全体系的长效建设和持续进步。

1. 提升公共安全专业能力，加强消防救援、专项风控、专项应急的能力建设

专业化是公共安全体系建立健全的最重要方向之一，提升全域全员的专业能力，重点有三：一是消防综合救援能力，夯实消防基础设施建设和保障配备，推动消防救援队伍理念、职能、能力、装备、方式、机制等整体转化升级；二是行业领域风险管控能力，针对危化品、冶金、建设工程、消防、交通运输、特种设备、城市运行、旅游、自然灾害、医疗、金融、生态环保领域等重点行业与高危领域，切实加强风险防控和隐患治理的多维度能力建设；三是专项应急处突救援能力，以体制机制、制度规范、设施设备、队伍能力、物资保障等为抓手，切实提升应急体系和能力的现代化水平。

江阴市消防救援大队自改革转制以来，稳步推进改革转型，竭诚履行职责使命，时刻保持战备状态，先后被应急管理部消防救援局表彰为"改革转制教育整顿先进大队"，被江苏省消防总队评为"全省十佳基层大队""先进基层党委""全省消防监督管理工作先进单位"等，接下来江阴市消防救援大队将以能力提升适应职能转变，努力培育一专多能的复合型消防救援人才，推动实现"以防为主、防抗救一体化"的应急救援新模式。

2.提升公共安全社会能力，加大专家团队、志愿力量、社会机构的作用发挥

贯彻坚持和完善共建共治共享的社会治理制度，提升专群结合的社会能力，重点有三：一是专家团队，有效整合利用应急管理人才资源，形成充分发挥专家的专业咨询与辅助决策作用的长效管理机制；二是志愿力量，围绕鼓励、支持、引导、规范等方面工作，通过政策引导、业务指导、服务完善、资金支持、激励表彰、监督管理等方式，促进社会应急力量、志愿消防队、村（社区）安全志愿者等发挥其贴近群众、响应迅速、技术专长、志愿公益的优势；三是社会机构，培育多元化专业化的公共安全社会服务机构，建立并完善政府购买第三方服务制度，强化社会服务机构的行业自律。

为进一步加强对安全生产技术服务机构的监督指导、行为规范，建立公正、公平、有序的安全生产技术服务体系，江阴市应急管理局出台《江阴市工业企业安全生产技术服务工作管理办法（试行）》，以促进不同类型和特征的专业机构补齐发展短板、提升业务实力、加强人才储备及团队管理，促进以压降事故量为根本目标的第三方安全服务和监督检查，促进企业在安全托管的模式下形成自查自纠、持续进步的内生机制。

3.提升公共安全应用能力，加深科技支撑、产业对冲、文化引导的应用力度

践行维护公共安全，必须从建立健全长效机制入手要求，提升长效驱动的应用能力，重点有三：一是科技支撑，科学部署和有效实施信息化、智能化、智慧化的公共安全工程或项目，尤其是加强提升智能制造和智慧安全的长效投入保障；二是产业对冲，产、学、研、用一体化，形成与经济体量、产业结构相对等且相匹配的应急产业，对冲"经济转型、体制转轨、产业转态"连带产生的安全综合风险；三是文化引导，持续培育安全文化，做好全要素、针对性、全媒体的安全宣教工作，制作本土化、实用性强、传播度高的安全文化作品，开展形式多样、富有实效、创新亮点的安全文化品牌活动，激发全员参与的积极性、主动性、创造性。

　　江阴市重视发挥应急产业的风险对冲，将其定位为"立足本土、对标先进，联动融合、高端集成"，规划短期全面掌握应急产业发展的基础和底数，中长期培育形成具有较强竞争力的江阴市本土骨干企业和"江阴市制造"知名品牌，逐步建立健全相应的政策保障和产业支撑体系，形成与江阴市高质量发展相对等的应急产业。近年来，江阴市全面推进产业转型升级，构建"345"现代产业体系，大力培育安全应急产业，努力实现高质量发展和高水平安全的良性互动，2022年江阴市实现地区生产总值4754.18亿元，同比增长2.3%；亿元GDP生产安全事故死亡率为0.00063人/亿元。①

五　全新展望：公共安全体系发展的纵深探索

　　既有的改革探索有效改善了江阴市公共安全治理面貌，在此基础上，江阴市在县域公共安全体系建设上做了很多优化创新（见表1）。

表1　江阴市县域公共安全体系的纵深探索优化建议

路径	目标	具体要求
改革完善应急管理体系	高效能的公共安全体系	➢处理好"统"与"分"的关系 ➢处理好"防"与"救"的关系 ➢处理好"上"与"下"的关系 ➢处理好"破"与"立"的关系
防范化解重大安全风险	全周期的公共安全体系	➢加强源头防控机制 ➢完善决策风控机制 ➢强化过程把控机制 ➢建设应急风控机制
优化公共安全基层治理	保障型的公共安全体系	➢夯实纵横联动机制 ➢巩固政社互动机制 ➢创新专群齐动机制

---

① 《2022年江阴市国民经济和社会发展统计公报》，江阴市人民政府网，http://www.jiangyin.gov.cn/doc/2023/04/03/1128351.shtml。

（一）以改革完善应急管理体系为基础，构建高效能的公共安全体系

应急管理是传统视角下公共安全体系建设的内核，其速度和效果直接决定了公共安全体系的建设成效；基于此，进一步优化县域公共安全体系，应以应急管理体系的改革完善为基础，着力固优势、补短板、强能力、优结构、织底网、促升级、积量变、促质变，构建高效能的公共安全体系。

当前，以应急管理为核心的公共安全体系改革完善，应重点抓好"统—分""防—救""上—下""破—立"的四组关系处理：一是处理好"统"与"分"的关系，在"两委三部"①议事协调机构统筹下，发挥应急管理部门的综合性"统"的优势和条线部门的专业性"分"的优势，提升全要素、全过程协同联动合力；二是处理好"防"与"救"的关系，条线行业部门和属地政府分别负责做好职责范围内和辖区范围内相关灾种风险防治、突发事件监测预警等工作，应急管理部门负责指导、监督、统筹、协调相关部门和属地政府落实防治责任、织密监管网络、扫清监管盲区；三是处理好"上"与"下"的关系，夯实基层应急管理和安全监管的组织架构，规范上对下的指导和下对上的报告，形成信息联通、反应灵敏、责任到位、保障有力的衔接机制；四是处理好"破"与"立"的关系，先立后破、不立不破，"过渡期"应实现有序衔接，防止出现空档。

（二）以防范化解重大安全风险为抓手，构建全周期的公共安全体系

风险防控是适应新形势下公共安全体系建设的关键，尤其对重大安全风险的防范化解和全程管控是公共安全体系补足全周期的治理链条；基于此，县域公共安全体系的进一步优化，应以防范化解重大安全风险为抓手，形成环环相扣、系统有序、运转高效的有机治理闭环，构建全周期的公共安全体系。

---

① "三委三部"是指突发事件应对委员会、安全生产委员会、减灾委员会、森林防火指挥部、抗震救灾指挥部、防汛抗旱指挥部。

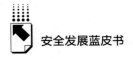

当前，重大安全风险的防范化解，应建立健全源头防控、决策风控、过程把控、应急风控的相关机制：一是加强源头防控机制，准确把握各类重大安全风险的生成机理和演变规律，强化对各类风险隐患的源头发现、早期控制、预警预测、防范化解能力；二是完善决策风控机制，有效实施重大行政决策的风险评估机制，规避因战略设计纰漏、发展规划失误、政策导向偏差、政策衔接疏忽等风险导致的安全隐患；三是强化过程把控机制，通过法律、行政、经济、社会等多种手段，加强对安全风险产生、传导、叠加、转化各环节和事前、事中、事后全周期的动态把控，实现从源头到末梢的全程治理；四是建设应急风控机制，进一步提升科学决策、高效指挥、专业处置等能力，把握风险兑现和危机爆发的"黄金"处置窗口，尽力推动问题在第一时间解决、事态在第一环节控制。

（三）以优化公共安全基层治理为途径，构建保障型的公共安全体系

基层一线是公共安全的主战场，而基层工作的重点在于精细化、多主体的社会治理；基于此，县域公共安全体系的进一步优化，应以优化公共安全基层治理为途径，以重心下移为基础、力量下沉为重点、保障下倾为关键，构建保障型的公共安全体系。

当前，公共安全基层治理的优化，应巩固创新纵横联动、政社互动、专群齐动的机制：一是夯实纵横联动机制，优化部门协同、区域协作，探索网格化管理和扁平化治理模式，构建纵横交织、条块结合的基层公共安全网状治理结构，提高信息互通、快速响应、联防联控、信息互通、快速响应、精准落地能力，推动力量在基层整合、问题在基层解决；二是巩固政社互动机制，在党的领导下，促进政社之间的优势互补、良性互动，既要强化社会协同，充分发挥群团组织和志愿服务的专业优势和人员优势，也要完善市场机制，加强安全应急产业发展；三是创新专群齐动机制，拓展群众参与互助互动、民主协商、集体决策、教育培训等的渠道和途径，让人民群众在公共安全"微治理"中增强认同感、获得感，提升安全感、满意度。

近年来，江阴市坚持把安全发展贯穿经济社会发展各领域和全过程，统

筹做好保安全、护稳定、防风险、促发展的各项工作；也在实践探索中积累了一项项经验和创新，涌现出一批批先进和典型。踏上现代化建设新征程，江阴市要更好地统筹发展和安全两件大事，推动高质量发展和高水平安全的良性互动，让人民群众的安全感更有保障、幸福感更可持续、获得感成色更足。

参考文献

唐钧：《应急管理与风险治理》，应急管理出版社，2021。

唐钧：《公共危机管理》，中国人民大学出版社，2019。

唐钧：《健全大安全大应急体系，形成共治共享新发展格局》，《中国消防》2022 年第 11 期。

唐钧：《承担大应急使命　提升大应急能力》，《中国应急管理》2022 年第 1 期。

唐钧：《论安全发展的创建和统筹》，《中国行政管理》2022 年第 1 期。

唐钧：《论公共安全体系的建构和健全》，《教学与研究》2021 年第 1 期。

唐钧、龚琬岚、刘东来、张芳：《县域公共安全体系的构建与愿景——以江阴市为例》，载中共江阴市委全面深化改革委员会主编《江阴市县级集成改革发展报告（2020）——县域治理现代化探索》，2021，第 377～393 页。

龚琬岚：《健全公共安全体系的"江阴市创新"（下）　集成改革发力，争创 2025 公共安全"排头兵"》，《中国安全生产》2020 年第 10 期。

龚琬岚：《健全公共安全体系的"江阴市创新"（中）》，《中国安全生产》2020 年第 9 期。

龚琬岚、冯世腾：《健全公共安全体系的"江阴市创新"（上）》，《中国安全生产》2020 年第 8 期。

唐钧、龚琬岚：《"十四五"公共安全规划的先行先试——以江阴市公共安全体系规划纲要编制为例》，《中国减灾》2020 年第 5 期。

唐钧、龚琬岚：《公共安全的体系健全和十四五规划创新——以江阴市公共安全体系总体规划纲要（2019—2025 年）为例》，《中国机构改革与管理》2020 年第 2 期。

B.14
统筹发展和安全示范区
建设的"常州样本"

龚琬岚[*]

摘　要： 江苏省常州市贯彻落实新发展理念，在全市"532"发展战略中纳入"统筹发展和安全示范区"的部署，着眼全、准、实、新四个维度布局，紧盯面、线、点发力，在促进改革发展稳定方面赢得新突破；其中，常州国家高新区（新北区）作为深水试点区，在2021年建立的"1+26+3+N"公共安全体系规划基础上，坚持以创促建、以建推创、创建结合，全面开展省级安全发展示范城市创建活动。

关键词： 常州市　统筹安全和发展示范区　应急管理　安全发展

一　战略布局："532"统筹发展和安全示范区建设

习近平总书记在庆祝中国共产党成立一百周年大会的讲话中深刻指出，"我们必须增强忧患意识、始终居安思危，贯彻总体国家安全观，统筹发展和安全"[①]。近年来，常州紧扣"国际化智造名城、长三角中轴枢纽"城市定位，规划和实施"532"发展战略，加快建设统筹发展和安全示范区。

---

[*] 龚琬岚，中国人民大学公共治理研究院危机管理研究中心研究员，公共管理学院博士生，主要研究领域为应急管理、风险管理、公共安全，著有《学校安全》《社区安全》等。
[①] 《习近平谈治国理政》第四卷，外文出版社，2022，第12页。

（一）"532"战略明确"统筹发展和安全示范区"

围绕"建设什么样的常州""怎样建设常州"这一核心命题，2021年10月中共常州市第十三次代表大会提出了实施"532"发展战略。其中："5"是指长三角交通中轴、创新中轴、产业中轴、生态中轴、文旅中轴"五大中轴"，构建常州现代化建设的总体布局；"3"是指长三角产业科技创新中心、现代物流中心、休闲度假中心"三个中心"，彰显常州现代化建设的发展优势；"2"是指城乡融合发展示范区、统筹发展和安全示范区"两个示范区"，夯实常州现代化建设的基础保障。

在大力实施"532"发展战略过程中，建设统筹发展和安全示范区具有基础性、保障性和决定性作用。发展与安全，互为条件、彼此支撑。对此，常州市坚持人民至上、生命至上、安全第一，更加注重系统观念，树立法治思维、底线思维，针对影响安全和发展的各类风险挑战，有效有序有力开展防范化解工作。

（二）强化高质量安全发展理念的战略引领

党的十九届五中全会提出"把安全发展贯穿国家发展各领域和全过程"①，明确了统筹发展和安全这两件大事的重要性；发展和安全辩证统一的理念逐渐清晰。对此，常州市认真回答如何将城市的发展和安全总体、全面、根本、系统、长远地统筹起来这一新时代的新考题，探索"常州路径"，打造"常州样板"，努力让统筹发展和安全示范区的建设成为强化高质量安全发展理念的战略引领。

第一，建设统筹发展和安全示范区，是践行新发展理念的政治责任。常州市明确建设统筹发展和安全示范区是在全面建设社会主义现代化新征程上，在高水平全面建成社会主义小康社会之后，城市发展的内在需要。

第二，建设统筹发展和安全示范区，是对人民群众对美好生活的愿望、

---

① 《十九大以来重要文献选编（中）》，中央文献出版社，2021，第812页。

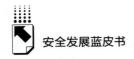

希望和要求的顺应。安全发展是新时代民生的最基本底色。建成统筹发展和安全示范区，是未来常州市应该干、能够干、必须干的事。

第三，建成统筹发展和安全示范区，是让城市高质量发展的支撑更加坚实、根基更加稳固的客观需求。随着常州城市能级的跃升，安全发展将逐步成为常州市的最强底色；同时，更高水平的现代化常州也将支撑更平安的常州，实现更高水平的人民安居乐业、城市安定有序。

（三）完善市域公共安全体系建设的蓝图设计

早在"统筹发展和安全示范区"的概念提出之前，常州市即已开始完善市域公共安全体系建设的蓝图设计。2021年2月，常州市启动部署，科学谋划《常州市公共安全体系总体规划纲要（2021—2025年）》（以下简称《纲要》），并于5月正式出台，为常州市建设统筹发展和安全示范区绘就蓝图。公共安全是保护群众生命财产安全、维护社会安全稳定有序、促进城市安全发展、捍卫国家安全利益的统称。在《纲要》出台前，江苏省还没有地级市系统提出这一理念。常州遵循"统筹发展和安全"的思路，把安全发展贯穿经济发展和社会治理的各领域，结合常州市的市情民意，对公共安全进行全要素整合和全流程创新，并由此形成《纲要》。

常州市公共安全体系以实现"全面安全、系统安全、长效安全"为目标，构建"六横六纵六保障"的总体蓝图框架。规划力争到2025年，常州市初步建成对标先进发达国家水平的公共安全体系；到2035年，建成与基本实现社会主义现代化相适应的安全发展示范城市，为常州高质量发展走在前列奠定更加坚实的安全基础。全面起势，配合《纲要》，常州市又配套出台了29个安全专项规划，梳理六大类39项全市公共安全体系建设重大工程，并积极创建安全发展示范城市，成为首批申报江苏省省级安全发展示范城市创建的城市，2020年已出台实施方案，明确了任务和要求，常州市目前正加大要素投入、加快组织推进，确保创建工作按时完成。其中，新北区作为先行试点地区，将《纲要》细化成行动方案，高点站位、立足区情、深度谋划，以清晰明确的思路和扎实有效的举措推进公共安全体系总体规划和26个专项规划的编制与实施工作。创建安全发展示范城市，是常州市立足公共安全体系建设的规划蓝图，统筹发展和安全示范区建设的重要载体。

（四）提升市域社会治理现代化水平的长远规划

建设统筹发展和安全示范区，体系是基础，行动是关键。在《纲要》指导下，常州市将立足提升市域社会治理现代化水平的长远规划，借力统筹发展和安全示范区建设，力争市域社会治理现代化水平实现新提升：城市治理的法治化、科学化、精细化、智能化水平大幅提升，市域治理体系和治理能力现代化走在全国全省前列。继续突出抓好安全生产，坚决杜绝重特大生产安全事故发生；着力强化公共卫生安全。完善社会治安防控体系，建设高水平平安常州；加快建设风险防控体系，打造更具韧性、更可持续的安全发展城市。

一方面，常州市全面贯彻"科技强安"战略，以信息化、数字化、智能化为突破口，创新安全治理模式、重塑安全治理方式、重构安全治理体系。围绕大数据治理，常州市推动市域社会治理指挥中心、城市智慧脑、网格智能针的"一心两智"建设，搭建"市—区—镇街"的三级联动指挥平台，向上直通各级职能部门，向下直达各个基层网格，通过畅通"网格发现、社区收集、镇街吹哨、分级响应"的办事通道，构建起民生事项70%左右在网格处置、20%左右在社区办结、10%左右在镇街解决的"721"工作格局。① 通过自动化、智能化的连接，发挥"大数据+"的效能，连接更多社会治理力量共治共享，助推"大数据+网络化+铁脚板"治理模式的实战实效。

另一方面，常州市系统谋划社区建设管理和队伍建设，围绕"进入有专项制度、岗位有专业能力、评价有专门标准、待遇有专属保障"的要求，筑牢城市运行的"底盘"。2020年常州市出台关于村（社区）干部专职化管理的系列政策，全面推动村（社区）机构设置规范化、选育管用系统化、

---

① 《常州：党建引领　为城市基层治理赋能增效》，常州长安网，http：//zfw.changzhou.gov.cn/html/czzf/2023/0HQMQHII_0426/21935.html。

保障激励立体化。2023 年初常州市出台 8 个文件，构建基层治理"1+2+5"政策体系："1"是以市委、市政府名义出台的《关于加强基层治理体系和治理能力现代化建设的实施意见》；"2"是以市两办名义出台的《关于进一步加强社区建设和管理工作的实施意见》和《关于加强社区工作者队伍建设的实施意见》；"5"是关于城市基层党建、村（社区）党群服务中心"点亮工程"、村（社区）党组织评星定级、社区工作者薪酬待遇、社会工作服务站（室）等五方面的文件。8 个文件立足为基层赋能、提质、减负、增效，以多为基层考虑、多向基层倾斜、多送基层关怀为导向，从体制机制、阵地载体、硬件软件等多个方面综合施策，不断激发基层能动性，持续促进基层善治。

二 具体实施：以高水平安全护航高质量发展

近年来，常州市牢牢树立安全发展理念，着眼全、准、实、新布局，紧盯面、线、点发力，着力破除与新时代安全发展不相适应的思想观念和思维定式，聚力创新体制机制和方式方法，不断取得新成效、赢得新突破。

（一）高位统筹——突出"全"字抓系统谋划

从 2020 年起，常州市着眼"大安全"工作格局，以全面安全、系统安全、长效安全的"六横六纵六保障"为总体框架，部署启动"1+29"市域公共安全体系建设，突出与安全发展紧密相关的安全生产责任体系、标准化安全管理体系和科技支撑体系，把安全发展贯穿经济社会发展各领域和全过程，着力推动构建覆盖"全员、全域、全要素"的公共安全体系。

1. 构建覆盖"全员"的安全生产责任体系

常州市委常委会、市政府常务会议每月研究部署安全生产工作，常态化落实市委常委安全生产联系点制度，以上率下压实党政领导责任。常州市委成立专项巡察组，对全市 27 个重点部门的安全生产监管责任落实情况开展专项巡察，全面压紧压实责任链条。常州市政府每季度召开市安委会成员单位全体会议，成立由 8 个市领导分别带队的安全生产综合督导组，打破传统职责分工，加大综合督导检查力度。切实发挥 18 个安全生产专业委员会的作用，尤其是在校园安全、群租房、商业场所等新业态新领域新增专业委员会，到边见底压实部门监管责任。对规上企业和规下重点领域企业实施分类指导、分级监管，深化落实安全风险辨识管控和隐患排查治理机制，以点带面压实企业主体责任。

2. 构建覆盖"全域"的标准化安全管理体系

常州市高标准推进达标创建，通过标准化建设、典型化示范，指导企业真创实建、高效运行。高质量完成风险报告，进一步完善常州市风险管控系统，打造风险全流程管控模式，"线上+线下"双管齐下，确保安全监管工作提质增效。高水平建设"一案三制"，着重优化预案体系、加强预案动态管理、强化应急预案执法，实现政企预案的有机衔接，带动应急管理体制、机制和法制建设。2020 年由常州市编制形成的《"盛瑞工作法"学习导则》被国务院安全生产督导组作为江苏省开展安全生产专项整治典型经验在全省推广学习；以此为基础，常州市编印《工业企业安全生产达标创建指南》，总结推广"盛瑞工作法"，强化示范引领，鼓励一企一策，提高广大企业的安全管理能力和本质安全水平。

3. 构建覆盖"全要素"的科技支撑体系

常州市以"一网统管"建设为契机，科学统筹全市"智慧应急"顶层设计，推动信息资源聚、通、用和业务应用共建共享、协同联动、有机集成，建设科学、智慧、快速、精准的安全信息枢纽平台和决策指挥中心。拓展安全生产监管平台功能作用，打造政务、中介、信用、便民"四大超市"，推动实现惠民助企、政务服务便捷最大化。以市大数据中心、市应急指挥中心为基础，对接、融合重点监测预警信息，进一步完善物联网监测预警、城市安全监测预警、应急值班值守管理、应急指挥辅助决策、应急指挥处置联动五大功能，将精准预防、快速处置落到实处。

（二）优化路径——紧盯"准"字抓综合施策

坚持问题导向、靶向发力，聚焦安全生产专项整治中的重难点矛盾问

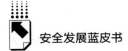

题，多措并举、精准突破，为防范化解安全生产领域风险隐患提供有力的路径支撑。

1. 抓准基层监管落脚点

结合基层综合治理网格运行，常州市积极推动党建和政法综治、民政、城管等各类网格"多网合一"，切实把"党组织建在网格上"，积极构建专属网格治理体系，划分6大类专属网格1100多个，分类编制任务清单和事项清单，推进职能部门进网入格，采取"网格+市场监管""网格+安全生产""网格+民宗"等方式注入多元治理要素，打造专属网格嵌入式治理新模式。其中，专门明确基层安全生产监管专属网格的力量编成、基本原则、工作职责、监管清单、制度机制和保障措施，并持续开展指导督查巡查，着力破解基层监管任务与监管力量不相匹配的矛盾。

2. 找准风险管控发力点

常州市创新研发常州市风险辨识管控系统与"常安码"，助推广大企业特别是中小微企业落实风险辨识管控，深度融合安全生产标准化基本要素、推广运用"常安码"，积极探索企业安全标志规范化、安全风险清晰化、安全规程直观化、应急处置简捷化、安全责任明示化创新做法，打造风险管控全流程管理模式。截至2023年1月，常州市全市32582家企业已常态化运行"常安码"，辨识各类风险点474530处、扫码排查各类问题隐患54458条，连续两年平均排查较大以上风险数居江苏省第1位。①

3. 瞄准监管执法关键点

常州市持续深化专项行动，全面细致开展拉网式排查整治；按照执法对象精准、执法事项精准、执法方式精准、处罚惩戒精准、助企服务精准的要求，聚焦危险化学品、烟花爆竹、金属冶炼、粉尘涉爆等风险等级较高的行业领域，运用飞行检查、明察暗访、随机抽查、联合检查等形式开展执法，增强监管执法的精准性、针对性和实效性；开展"双百行动"，

---

① 《系统谋划 精准发力 夯实安全发展根基》，人民号网，https://rmh.pdnews.cn/Pc/ArtInfoApi/article? id=32678555。

落实对重点上市后备企业的指导服务等"六个一"举措，引领带动全市企业安全管理水平提档升级；深化"说理式"执法，推行重点执法事项事先告知制度，编制轻微违法行为不予行政处罚清单，探索包容审慎监管模式，切实减轻企业负担。

（三）末端问效——聚焦"实"字抓工作落实

在市域系统治理、隐患排查整治、安全宣传教育上下功夫见真章，推动各项工作落地落实。

1. 市域系统治理谋实效

针对散落在乡镇村社的小企业小作坊数量多、底子薄、基础弱的特点，常州市拓展延伸2020年"小化工"整治的成果成效，全力开展全市"危污乱散低"综合治理，按照"3+3"工作模式，实行专班运行，推动健全主要领导挂帅、分管领导包干、责任部门牵头、重点板块落实的协同工作机制，会同各级部门根据产业实际制订全域治理"1457"工作方案，确保重点突出、路径清晰、措施实用。其中，新北区以"1+4+1+7+N"路径（即1总体方案、4重点行业、1汽摩配产业集群、7工业片区、N点状企业）统筹推进开展；经开区全力实施"危污乱散低"综合治理四大行动，变"治标治乱"为"治本治根"。

2. 隐患排查整治亮实招

常州市立足管控安全风险、治理事故隐患，安全生产水平明显提升。以危化品集中治理为主线，围绕化工园区整治、老旧装置治理、大型油气储存基地治理等问题，突出抓好整治提升工作；按照江苏省统一部署，对107家企业开展省、市、区三级核查检查，对"未清零"企业全部实现整改闭环。充分发挥安委办牵头抓总、统筹协调、督促指导的职能，联合文广旅、市场监管等部门集中开展密室逃脱类场所安全专项治理，督促住建部门全面开展自建房专项整治，聚焦"口袋式"工厂、生产性"三合一"场所等大力开展"除患治违"专项行动。针对近三年高坠事故起数和死亡人数长期占工矿商贸事故40%左右的问题，推广高处作业

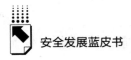
"1311"工作法，全力遏制高坠事故频发的势头。聚焦城镇燃气安全整治工作，深入剖析全市燃气安全现状及难点堵点，全面实施"扫街行动"、软管阀门更换等针对性措施；在全市高危行业领域推行安全生产责任保险，创新风险防范管理模式，"保险+科技+服务"的常州模式得到了应急管理部的充分肯定。

3. 安全宣传教育用实劲

近年来，常州市通过"防灾减灾日""安全生产月""安康杯"竞赛等主题活动，面向社会公众广泛开展常识普及、知识宣传、方法宣讲、技能培训、案例解说、应急演练等多种形式的宣传教育活动，努力提升全民安全和应急意识，提升自救互救能力。2021年1万册公共安全应急知识手册、1000个家庭应急包、30场公共安全自救互救能力提升综合演出送到百姓身边；已在公共场所集中完成375台AED（自动体外除颤器）配置，计划2025年初步实现全市公共场所AED全面覆盖；已建成各类公共安全体验馆17家，计划2025年底完成100家集科普展览、模拟演示、安全培训和互动体验等功能为一体的公共安全体验馆目标任务。

（四）稳步推进——瞄准"新"字抓突破创新

每年谋求新的突破创新，常州市安委会于2023年印发《常州市公共安全体系规划2023年度实施方案》，紧紧围绕"532"发展战略和"建立大安全大应急框架"的总要求，对全市公共安全体系建设年度工作进行全面部署，引领带动公共安全体系建设向纵深推进，为奋力书写好中国式现代化常州答卷提供坚强有力的安全保障。

1. 紧跟时代，谱写公共安全治理"新篇章"

为深入贯彻落实党的二十大报告"完善公共安全体系，推动公共安全治理模式向事前预防转型"① 相关要求和常州市委、市政府关于公共安全体

---

① 习近平：《高举中国特色社会主义伟大旗帜　为全面建设社会主义现代化国家而团结奋斗——在中国共产党第二十次全国代表大会上的报告》，人民出版社，2022，第54页。

系建设部署安排，常州市安委会高度重视、科学谋划公共安全体系建设年度各项工作，进一步细化实化公共安全体系"1+29"规划。实施方案根据构建市域公共安全体系的总体框架和五年规划，提出了 2023 年度工作目标、推进机制、任务分工、实施步骤和保障措施，力求思想再统一、任务再聚焦、行动再加力，大力弘扬"敢为、敢闯、敢干、敢首创"的精神，推动常州市公共安全体系建设展现新气象、实现新作为，奋力谱写中国式现代化公共安全治理新篇章。

2. 创新驱动，探索公共安全建设"新路径"

通过聚共识、强组织、优方案、立机制、集民智等多路径多渠道，压实地区、部门责任，加快建设"六横六纵六保障"公共安全网，在推动安全发展中趟出新路子，在破解疑难问题中彰显新担当，在落实专项规划中取得新成效。按照"工作项目化、项目清单化、清单责任化、责任时效化"的要求，深入研究、迅速行动，聚力推进公共安全体系"1+29"规划 2023 年度 3 大类 84 项重点项目（工作），以及"建设祥和美好、安全稳定的现代化常州"8 大工程 30 项重点项目（工作），努力破解常州市安全发展领域瓶颈难题，积极探索市域公共安全体系建设新路径，力争把规划转变为实实在在的项目推进落实落地。

3. 赋能区域，打造公共安全发展"新样板"

常州市政府鼓励各地各部门勇于改革创新、善于探索研究，打造精品工程项目，创建特色示范样板，形成一批富有常州特色的建设理论和实践成果，促进公共安全治理水平显著提升，带动区域安全发展优势更加凸显。围绕年度目标任务，常州市安委办将充分发挥牵头抓总作用，切实加强工作统筹和督导落实，定期检查实施方案推进情况，协调解决公共安全体系建设和"532"发展战略重点项目（工作）实施过程中遇到的困难和问题，推动各地各部门真抓实干、奋力攻坚，系统打造市域公共安全发展"常州样板"，不断开创公共安全体系建设新局面，以高水平安全护航高质量发展。

三　新北区试点：纵深推进省级安全
发展示范城市创建

常州国家高新区（新北区）（以下简称"新北区"）深入贯彻落实国务院和江苏省、常州市关于推进城市安全发展的部署要求，在 2021 年建立的"1+26+3+N"规划基础上，将创建省级安全发展示范城市作为推动规划落地落实的一项重要抓手，紧紧围绕"城市安全、美好生活"主题和"六个显著"发展目标，全区上下坚持以创促建、以建推创、创建结合，聚焦城市安全发展中的问题短板和薄弱环节，强化问题整改整治，推进重点工程建设，全面开展省级安全发展示范城市创建活动。

（一）强化组织领导，统筹推进创建工作

1. 积极谋划促创建

新北区在探索公共安全体系建设的基础上，按照江苏省、常州市创建安全发展示范城市的要求，认真研究，将创建省级安全发展示范城市确定为重点工作目标，出台《常州国家高新区（新北区）创建省级安全发展示范城市实施方案》，明确了创建主要任务、时间安排、方法步骤、责任分工；同时细化了《常州国家高新区（新北区）创建省级安全发展示范城市考评标准》《常州国家高新区（新北区）创建省级安全发展示范城市序时进度推进表》《常州国家高新区（新北区）创建省级安全发展示范城市工作任务分解表》，明确要求各地区、各部门对照清单抓紧落实各项整改工作，对照现场检查工作要求做好查漏补缺工作。

2. 加强领导抓创建

为切实加强创建工作的组织领导，新北区成立了由区委书记和区长任双组长，区委副书记和常务副区长分别任常务副组长，各区委常委、副区长任副组长，区安委会成员单位主要负责同志为成员的创建安全发展示范城市工作领导小组，建立双组长制，抽调力量组建创建专班，统筹协调推进创建工作。

2022年1月新北区召开全区安全发展推进会议，全面动员部署创建工作；区安委办多次召开创建工作培训会、现场会、推进会，盘点工作任务完成情况，研判安全形势，推动重点工作任务。

3. 健全机制助创建

全面厘清地区、部门责任边界，将51项创建目标细化分解成271项工作清单，将任务清单逐个分解到21个责任部门，全面压实创建工作职责。发挥创建领导小组和工作专班作用，建立联席会议、专项督导、督查考核等工作制度，完善跨地区、跨部门联动机制，形成创建工作合力。加强业务辅导和专家指导，聘请江苏兴安科技发展有限公司专家进行业务指导，增强工作的针对性和实效性。同时，组织创建工作人员先后赴江阴、宜兴、武进等地考察学习，借鉴先行地区的先进经验。

（二）强化源头管理，打造安全发展格局

1. 严格安全规范审批

新北区强化规划引领，扎实开展"三区三线"划定，全面协调生产、生活、生态空间布局，持续深化区级国土空间规划成果。落实全区工程建设项目审批制度实施全流程、全覆盖改革要求，严守安全准入门槛。严格实施危险化学品建设项目安全管理，在各重点环节均聘请专家进行技术把关和合规性审核，实现安全生产源头管控。组织学习和严格落实《危险化学品生产建设项目安全风险防控指南（试行）》，规范危险化学品生产建设项目决策咨询服务、安全审查、安全设施建设、试生产、竣工验收全过程安全风险防控，夯实危险化学品生产企业安全基础。

2. 强化安全风险整治

新北区各地各部门围绕重点行业、重点区域、重点企业开展常态化隐患排查治理工作，全面强化安全风险整治，防范重大安全风险。危化品领域，按照江苏省危化品安全生产专项巡视整改和危化品使用安全整治要求，全面加强危化品生产、经营、储存、运输、危废处置等各环节的风险防范。交通运输领域，聚焦"两客一危"等重点车辆开展打非治违、集中整治工作，对所有危险路段

实施"一路一策"。固废危废领域，率先探索生态环境保护与安全生产工作联动机制，建立健全并有效实施项目源头审批、危险废物监管、环境治理设施监管等方面联动机制和联合执法、联合会商、联合培训等工作机制。群租房领域，成立了区群租房安全生产专业委员会，统筹推进群租房整治部署督导检查、评估验收等工作，以提倡"七必须""七不准""三上墙""两鼓励"，压实"四方责任"举措，探索推进全区群租房安全管理长效监管工作。

3. 提升企业本质安全

从问题暴露被动整改转向寻根溯源主动治理，江苏省率先制定出台《化工企业安全关闭基本要求》《化工企业安全关闭现场监督管理服务规范》2项地方标准，构建专家评估、方案设计、拆解施工、污染治理、土壤修复"五位一体"风险可控腾退方法，形成化工企业关闭腾退全流程闭环，持续加大力度鼓励化工企业主动关闭退出。常州滨江经济开发区（以下简称"滨开区"）紧盯"破解化工围江、打造常州样板"任务，持续开展安全拆除化工生产企业和腾退企业联合检查验收，全面实现沿江一公里范围内低质低效化工企业全部"清零"任务，连片复绿超3000亩，实现沿江生态本质改善、产业发展优化重组和新旧动能接续转换。

（三）强化科技支撑，提升城市防控能力

1. 持续完善安全监管信息平台

新北区建立健全重大危险源监测预警机制，所有涉及重大危险源的危险化学品企业均建设安全风险监测预警系统，实现重大危险源监控预警、可燃有毒气体实时监测、人员在岗在位管理等"五位一体"信息化管理功能。作为江苏省首批认定的14家化工园区之一，滨开区在聚焦"生态大保护、产业大转型、产城大融合"和打造"绿色生态、高端产业、幸福新城"的高质量发展标杆的过程中，以智慧园区建设为基础，开发建设安全与环保监控预警应急一体化平台，融合物联网传感、大数据分析、辅助决策支持等软硬件技术于一体，构建公共安全监控、预警、应急三大体系，基本达到监控全视角、预警全方位、应急全支撑的预期效果。

2. 持续优化区域治理"智慧大脑"

城市安全治理需针对各行业、各板块、各领域、各场所的风险进行全局把控和系统防治，新北区的相关部门和属地以高新技术手段提效增能，建构区域各个安全治理的"智慧大脑"。新北区城市管理局科学建构和全力打造的智慧城市管理指挥平台，集龙城大管家和综合执法、智慧停车、违建管理、长效管理、市容环卫、户外广告监管、垃圾分类、建筑垃圾等业务管理功能于一体，采用集成一体化、资源可视化、要素融合化、流程闭环化、调度扁平化的管理模式，深化科技赋能，提升城市治理科学化、精细化、智慧化水平。奔牛镇聚焦基层治理难点、痛点、堵点，探索建立开放融合、集约高效的立体指挥调度一体化平台，整合上级多部门的平台工单，汇聚本级多方面的信息来源，集风险感知、信息收集、数据汇总、调度指挥、辅助决策、分析研判、监督考核于一体，优化治理形态，提升治理效能。

3. 持续践行专项领域"科技强安"

在专项行业领域，新北区全区创新践行"科技强安"战略，积极引入机械化、信息化、智能化的科学技术手段。建筑施工领域，全区政府投资规模以上项目已实现智慧工地全覆盖，并创新开发"新北区建设工程安全生产智慧监管平台"。城镇燃气领域，新北区在常州市率先对餐饮行业使用瓶装液化石油气的用户推广使用燃气报警系统和紧急事故自动切断阀，并建立在线监测平台实时监管。特种设备领域，新北区针对人员密集场所以及使用15年以上的老旧住宅电梯，建设公共场所电梯安全远程监测工程，免费安装远程监控物联网设备，逐步组建"事前预警、事中处置、事后追溯"的电梯大数据平台和应急救援联动平台。

（四）强化体制完善，提升安全监管效能

1. 压紧压实城市安全责任

新北区委、区政府始终把安全生产、城市安全工作作为重要任务，编制区委区政府领导班子成员安全生产重点工作清单，领导班子成员常态化开展

安全生产督查，指导督促各级安委会、专委会开展本地区、本行业安全生产工作。编制各级党政领导干部、各部门安全生产职责清单，印发企业落实安全生产主体责任工作清单并签署落实责任状，形成"党政领导按单履责—部门监管以单定责—企业主体照单尽责"的责任体系。开展安全生产督导考核，对所有板块和重点部门的安全生产工作进行季度督导、年度考核，层层传导压力。制作安全警示教育片，组织各级党政领导、监管人员和辖区所有企业观看，在最大范围树牢安全发展理念。

2. 强化安全应急能力水平

新北区在 9 个部门增设"安全生产监督管理处"，滨开区、各镇（街道）成立应急管理和消防安全委员会，实体化运作行政执法和安全生产监督管理局，推行安消一体联管。编制全区应急救援工作手册，实现灾害突发事件人员分工、响应流程、救援队伍、物资储备等"一本通"，为随时高效应对奠定基础。持续完善应急预案体系，积极开展各行业领域的应急演练。夯实灾害信息员队伍，建立区、镇、村（社区）三级 198 人灾害信息员网络，打通灾害应急处置"最后一米"。加强应急救援能力，救灾物资、应急避难（疏散）场所、紧急联络方式等情况全部登记造册，全区共设立城北物资库、综合应急救援队器材库、环境应急物资储备库、各类防汛器材库等 39 个物资储备库，建有防汛、危化品、管网、电力、通信、建筑、道路运输等 24 支应急抢险救援队，随时应对备用。①

3. 全面培育城市安全文化

以"生命至上、安全发展"理念为引领，发动全社会力量，从企业安全教育、社会安全宣传、家庭安全知识普及三个维度开展安全宣教培训。充分发挥主流媒体、网络平台和培训机构的辐射作用，以普法宣传、安全培训、警示教育、应急演练、技能比武等形式，开展既有声势又有实效的宣传教育活动。积极开展"防灾减灾社区""平安社区"创建活动，洪福、青

---

① 《常州市新北区应急管理局 2022 年度法治政府建设情况报告》，常州市新北区人民政府网，http：//www.cznd.gov.cn/html/cznd/2023/KCKMKNFH_0329/20726.html。

莲、齐梁等 11 个社区创成国家级防灾减灾示范社区，建成恐龙人防灾避险体验馆、三江口消防主题公园、河海实验小学公共安全体验馆以及罗溪镇公共安全体验馆等 7 个安全体验馆。

四 优化建议：打造祥和美好、安全稳定的现代化常州

常州市聚焦安全发展需要、社会安全需求，同时密切关注群众安全感受，切实解决影响安全底线和群众安全感的痛点难点堵点问题，构建公共安全体系，统筹安全和发展示范区建设，蓝图已基本绘制，接下来针对如何进一步筑牢安全基础，提升城市治理效能，常州市将进一步创新、持续性发力，围绕打造祥和美好、安全稳定的现代化常州这一目标，为全国城市公共安全治理体系和治理能力现代化建设，持续提供有益参考和可行经验。

第一，齐抓共管，着力细化压深压实的安全责任。建立大安全大应急框架，落实"三管三必须"要求；加强相关部门和属地政府的监管能力建设，压实企业全员安全生产责任制，将责任压深至"最后一环"、压实到"神经末梢"；同时，进一步健全群防群治、专群结合的坚实基础，使广大群众真正成为公共安全的参与者。

第二，关口前移，着力实现精准及时的安全预警。做好风险分级管控和隐患排查，推进信息化、工业化与安全风险管控、隐患排查治理等深度融合，落实高危行业、高危岗位、高危企业"机械化换人、自动化减人"措施。加强重点时段风险预判预测，精准动态分析安全生产形势趋势，推行重点行业领域"风险分级管控+隐患排查治理+第三方评估预警"的三重预防体系，逐步建立完善重大安全风险联防联控机制。

第三，建章立制，着力织密系统严格的安全规范。全面厘清各方公共安全职责，衔接好"防""救"的责任链条，确保责任链条无缝对接，形成整体合力。综合运用执法检查、约谈、警示、通报、挂牌督办和问责等措施，实施重点行业领域的安全生产分级分类监管制度，完善网格化、扁平化监管

体系。加强监管执法，健全事中事后的安全监管制度，完善相关执法制度和程序规定，加强安全监管执法保障体系建设。

第四，共建共治，着力建设普及全民的安全文化。以公共安全脆弱人群、重点领域一线员工、特殊工种作业人员、重点场所敏感人群等为重点，全面加强安全知识技能的教育培训。全方位、全过程开展公共安全"七进"活动。从党员干部抓起，加快提升党政领导干部和国家工作人员的危机管理意识、预防预测能力、应急处置水平。充分发挥融媒体功能、新媒体优势，"报、台、网、微、端"共同发力，让"安全之声"传遍大街小巷、深入千家万户。

当前，常州市牢牢把握高质量发展这个首要任务，全力推进"两湖"创新区、新能源之都建设。安全是发展的前提，发展是安全的保障。远见于未萌，避危于无形。安全之网无时不在、无处不在，方能为城市公共安全筑起坚不可摧的防线，接下来，常州市将进一步严格落实党委（党组）安全责任制，坚决守住新发展格局的安全底线，将安全工作与经济社会发展同谋划、同部署、同落实，一体推进高质量发展和高水平安全，奋力书写好中国式现代化常州答卷。

参考文献

唐钧：《应急管理与风险治理》，应急管理出版社，2021。

唐钧：《公共危机管理》，中国人民大学出版社，2019。

唐钧：《健全大安全大应急体系，形成共治共享新发展格局》，《中国消防》2022年第11期。

唐钧：《承担大应急使命　提升大应急能力》，《中国应急管理》2022年第1期。

唐钧：《论安全发展的创建和统筹》，《中国行政管理》2022年第1期。

唐钧：《论公共安全体的建构和健全》，《教学与研究》2021年第1期。

唐钧：《探索统筹发展和安全的"新北样板"——江苏省常州国家高新区（新北区）安全发展系列工作调查》，《中国应急管理》2021年第12期。

龚琬岚、童广武、高志奇：《常州国家高新区：优化公共安全体制机制　提升高质量安全发展效能》，《中国减灾》2021年第24期。

龚琬岚、童广武：《科技助力公共安全体系建设，护航常州国家高新区安全发展道路》，《中国减灾》2021 年第 20 期。

龚琬岚、高志奇：《聚焦治理体系与能力现代化　深入公共安全体系建设——常州国家高新区（新北区）推进公共安全体系建设》，《中国安全生产》2021 年第 12 期。

龚琬岚、童广武：《建立统筹安全和发展示范区　打造县域公共安全体系"新北样板"——常州国家高新区（新北区）深化公共安全体系规划侧记》，《中国安全生产》2021 年第 11 期。

唐钧：《健全公共安全体系　争创高质量安全发展——常州国家高新区（新北区）启动公共安全体系规划》，《中国安全生产》2021 年第 10 期。

社会科学文献出版社

皮 书

智库成果出版与传播平台

✤ 皮书定义 ✤

皮书是对中国与世界发展状况和热点问题进行年度监测，以专业的角度、专家的视野和实证研究方法，针对某一领域或区域现状与发展态势展开分析和预测，具备前沿性、原创性、实证性、连续性、时效性等特点的公开出版物，由一系列权威研究报告组成。

✤ 皮书作者 ✤

皮书系列报告作者以国内外一流研究机构、知名高校等重点智库的研究人员为主，多为相关领域一流专家学者，他们的观点代表了当下学界对中国与世界的现实和未来最高水平的解读与分析。截至 2022 年底，皮书研创机构逾千家，报告作者累计超过 10 万人。

✤ 皮书荣誉 ✤

皮书作为中国社会科学院基础理论研究与应用对策研究融合发展的代表性成果，不仅是哲学社会科学工作者服务中国特色社会主义现代化建设的重要成果，更是助力中国特色新型智库建设、构建中国特色哲学社会科学"三大体系"的重要平台。皮书系列先后被列入"十二五""十三五""十四五"时期国家重点出版物出版专项规划项目；2013~2023 年，重点皮书列入中国社会科学院国家哲学社会科学创新工程项目。

皮书网

（网址：www.pishu.cn）

发布皮书研创资讯，传播皮书精彩内容
引领皮书出版潮流，打造皮书服务平台

栏目设置

◆ **关于皮书**
何谓皮书、皮书分类、皮书大事记、
皮书荣誉、皮书出版第一人、皮书编辑部

◆ **最新资讯**
通知公告、新闻动态、媒体聚焦、
网站专题、视频直播、下载专区

◆ **皮书研创**
皮书规范、皮书选题、皮书出版、
皮书研究、研创团队

◆ **皮书评奖评价**
指标体系、皮书评价、皮书评奖

◆ **皮书研究院理事会**
理事会章程、理事单位、个人理事、高级
研究员、理事会秘书处、入会指南

所获荣誉

◆ 2008年、2011年、2014年，皮书网均
在全国新闻出版业网站荣誉评选中获得
"最具商业价值网站"称号；
◆ 2012年，获得"出版业网站百强"称号。

网库合一

2014年，皮书网与皮书数据库端口合
一，实现资源共享，搭建智库成果融合创
新平台。

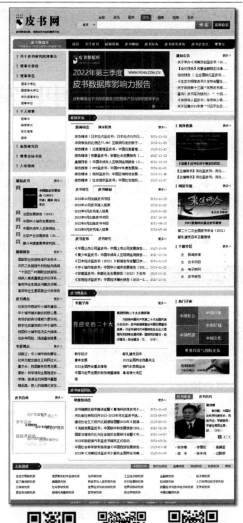

皮书网

"皮书说"
微信公众号

皮书微博

权威报告·连续出版·独家资源

皮书数据库
ANNUAL REPORT(YEARBOOK)
DATABASE

分析解读当下中国发展变迁的高端智库平台

所获荣誉

- 2020年，入选全国新闻出版深度融合发展创新案例
- 2019年，入选国家新闻出版署数字出版精品遴选推荐计划
- 2016年，入选"十三五"国家重点电子出版物出版规划骨干工程
- 2013年，荣获"中国出版政府奖·网络出版物奖"提名奖
- 连续多年荣获中国数字出版博览会"数字出版·优秀品牌"奖

皮书数据库　　　　"社科数托邦"
　　　　　　　　微信公众号

成为用户

登录网址www.pishu.com.cn访问皮书数据库网站或下载皮书数据库APP，通过手机号码验证或邮箱验证即可成为皮书数据库用户。

用户福利

- 已注册用户购书后可免费获赠100元皮书数据库充值卡。刮开充值卡涂层获取充值密码，登录并进入"会员中心"—"在线充值"—"充值卡充值"，充值成功即可购买和查看数据库内容。
- 用户福利最终解释权归社会科学文献出版社所有。

社会科学文献出版社 皮书系列
SOCIAL SCIENCES ACADEMIC PRESS (CHINA)

卡号：497358764917
密码：

数据库服务热线：400-008-6695
数据库服务QQ：2475522410
数据库服务邮箱：database@ssap.cn
图书销售热线：010-59367070/7028
图书服务QQ：1265056568
图书服务邮箱：duzhe@ssap.cn

S 基本子库
SUB DATABASE

中国社会发展数据库（下设 12 个专题子库）

紧扣人口、政治、外交、法律、教育、医疗卫生、资源环境等 12 个社会发展领域的前沿和热点，全面整合专业著作、智库报告、学术资讯、调研数据等类型资源，帮助用户追踪中国社会发展动态、研究社会发展战略与政策、了解社会热点问题、分析社会发展趋势。

中国经济发展数据库（下设 12 专题子库）

内容涵盖宏观经济、产业经济、工业经济、农业经济、财政金融、房地产经济、城市经济、商业贸易等 12 个重点经济领域，为把握经济运行态势、洞察经济发展规律、研判经济发展趋势、进行经济调控决策提供参考和依据。

中国行业发展数据库（下设 17 个专题子库）

以中国国民经济行业分类为依据，覆盖金融业、旅游业、交通运输业、能源矿产业、制造业等 100 多个行业，跟踪分析国民经济相关行业市场运行状况和政策导向，汇集行业发展前沿资讯，为投资、从业及各种经济决策提供理论支撑和实践指导。

中国区域发展数据库（下设 4 个专题子库）

对中国特定区域内的经济、社会、文化等领域现状与发展情况进行深度分析和预测，涉及省级行政区、城市群、城市、农村等不同维度，研究层级至县及县以下行政区，为学者研究地方经济社会宏观态势、经验模式、发展案例提供支撑，为地方政府决策提供参考。

中国文化传媒数据库（下设 18 个专题子库）

内容覆盖文化产业、新闻传播、电影娱乐、文学艺术、群众文化、图书情报等 18 个重点研究领域，聚焦文化传媒领域发展前沿、热点话题、行业实践，服务用户的教学科研、文化投资、企业规划等需要。

世界经济与国际关系数据库（下设 6 个专题子库）

整合世界经济、国际政治、世界文化与科技、全球性问题、国际组织与国际法、区域研究 6 大领域研究成果，对世界经济形势、国际形势进行连续性深度分析，对年度热点问题进行专题解读，为研判全球发展趋势提供事实和数据支持。

法律声明

"皮书系列"（含蓝皮书、绿皮书、黄皮书）之品牌由社会科学文献出版社最早使用并持续至今，现已被中国图书行业所熟知。"皮书系列"的相关商标已在国家商标管理部门商标局注册，包括但不限于LOGO（ ▨ ）、皮书、Pishu、经济蓝皮书、社会蓝皮书等。"皮书系列"图书的注册商标专用权及封面设计、版式设计的著作权均为社会科学文献出版社所有。未经社会科学文献出版社书面授权许可，任何使用与"皮书系列"图书注册商标、封面设计、版式设计相同或者近似的文字、图形或其组合的行为均系侵权行为。

经作者授权，本书的专有出版权及信息网络传播权等为社会科学文献出版社享有。未经社会科学文献出版社书面授权许可，任何就本书内容的复制、发行或以数字形式进行网络传播的行为均系侵权行为。

社会科学文献出版社将通过法律途径追究上述侵权行为的法律责任，维护自身合法权益。

欢迎社会各界人士对侵犯社会科学文献出版社上述权利的侵权行为进行举报。电话：010-59367121，电子邮箱：fawubu@ssap.cn。

社会科学文献出版社